网络空间安全技术丛书

网络空间测绘技术与实践

让互联网情报服务于网络安全

CYBERSPACE MAPPING TECHNOLOGY AND PRACTICE

Use Internet Intelligence to Improve Cybersecurity

赵伟 杨冀龙 周景平 王亮 李艳军 李伟辰 著

机械工业出版社
China Machine Press

图书在版编目（CIP）数据

网络空间测绘技术与实践：让互联网情报服务于网络安全 / 赵伟等著．—北京：机械工业出版社，2022.10（2024.4 重印）
（网络空间安全技术丛书）
ISBN 978-7-111-71605-1

I. ① 网… II. ① 赵… III. ① 计算机网络 – 网络安全 IV. ① TP393.08

中国版本图书馆 CIP 数据核字（2022）第 172956 号

网络空间测绘技术与实践

让互联网情报服务于网络安全

出版发行：机械工业出版社（北京市西城区百万庄大街 22 号 邮政编码：100037）
责任编辑：董惠芝　　责任校对：韩佳欣　王　延
印　　刷：北京铭成印刷有限公司　　版　　次：2024 年 4 月第 1 版第 4 次印刷
开　　本：186mm×240mm 1/16　　印　　张：16.75　　插　　页：1
书　　号：ISBN 978-7-111-71605-1　　定　　价：99.00 元

客服电话：（010）88361066 68326294

作者简介

赵伟

知道创宇创始人兼 CEO，中国反网络病毒联盟资深专家，安全联盟创始人。现任朝阳区政协委员、朝阳区工商联执委、中国网络空间安全协会常务理事、中国互联网协会理事。享有“2021 年中国产业创新百人榜”“2021 年中国数字生态领袖”“2012 年福布斯中美 30 位 30 岁以下创业者榜单”“消费者协会 2015 年十大最美维权人物”荣誉。曾任全国信息安全标准委员会委员（2016—2021）、广东省信息安全技术院士工作站特聘研究员（2013—2016）、工业和信息化软件集成促进中心云计算研究专家（2011—2014）。

杨冀龙

知道创宇联合创始人兼 CTO，中央综合治理办公室网络安全专家组专家。现任中国网络空间安全协会理事、中国互联网协会网络空间安全分会技术委员会委员、兰州大学荣誉教授。中国民间著名白帽黑客团队“安全焦点”核心成员，被《沸腾十五年》评为中国新一代黑客领军人物之一。原创信息安全经典畅销书《网络渗透技术》作者之一。

周景平

知道创宇 CSO 兼 404 实验室负责人、知名黑客、80vul 组织创始人、0x557 成员、TSRC 2015 年度最佳合作伙伴、TSRC 历史“漏洞之王”、MSRC 历史 TOP100 贡献者，被称为网络安全界“传奇黑客”“漏洞之王”。在安全领域曾提出多种攻防创新技术，并得到业界广泛关注及认可，尤其在漏洞挖掘领域有深入的研究，部分成果处于国际领先水平。著有《Web2.0 下的渗透测试》《高级 PHP 应用程序漏洞审核技术》等书籍，是网络空间测绘搜索引擎“钟馗之眼”（ZoomEye）的发起者和倡导者。

李伟辰

知道创宇技术副总裁，负责知道创宇整体技术研发及科研管理工作，获“2021 年度 IT168 技术卓越奖”网络安全类的“数字化转型领军人物奖”。带头研发的知道创宇抗 D 保云防御产品，至今已为全国超过百万个网站提供服务，荣获“2017 年度 WitAwards 云安全产品大奖”等多个奖项。

王亮

知道创宇网络空间测绘产品研发部门总监、资深架构师，曾在华为、汉柏科技、港湾网络等国内知名 IT 设备制造企业负责网络通信设备、大数据安全等产品研发及管理工作。在网络空间测绘领域申请过多项专利并发表多篇论文，参与制定相关产品的国家标准及行业标准。

李艳军

知道创宇网络空间测绘搜索引擎“钟馗之眼”（ZoomEye）的产品经理、高级研发工程师，带领研发团队将 ZoomEye 成功打造成世界知名的网络空间测绘搜索引擎，成为全球重要的 OSINT 工具，为网络空间测绘在安全领域的应用做出了贡献。

序

1997 年，我第一次用 Nmap 端口扫描工具，就发现里面最有用的不是端口扫描，而是存活测试与系统类型识别。2001—2002 年，我在某运营商做项目时需要了解其网络安全风险状态和变化，首先需要的就是找出哪些是重要资产，然后看这些资产是否存在安全漏洞、弱口令、配置错误。那时，我每天用 Nmap 对其全网做一次存活 IP 探测，积累了一个月的存活 IP 数据之后开始进行分析，先筛选出每天持续存活的 IP，标识为重要资产，然后从中筛选出如 Unix、Oracle、Cisco 等高端型号的系统类型和业务服务器，标识为关键资产，最后再分析这些关键资产是否存在漏洞和脆弱性风险，从而量化评估这个由 3 万多台设备组成的网络安全风险等级与变化态势。

后来的很多年，我都在构想一种平台——能够了解互联网中不断变化的资产情况，并能量化和评估互联网中一个国家、一个城市、一个大型集团的安全等级与风险态势，能够描述互联网中的各类活动。2009 年，Shodan 在 DEFCON 安全大会上的正式发布刺激了我，让我觉得不能再纸上谈兵。2010 年，我去广州塔登高望远，心胸开阔，在塔下书店着手写了 ZoomEye 原型，开启了 ZoomEye 的网络空间测绘之路。

这么多年发展下来，我通过测绘见证了网络的蓬勃发展。在现实世界中，网络就像人的神经系统一样，无限延伸到社会的各个角落，打破了原有的国家、城市、企业边界，使网络安全与传统安全有了巨大区别。随着万物互联时代的到来以及 5G、IPv6、云计算、边缘计算、物联网、区块链等新兴技术的蓬勃发展，网络空间中的联网设备呈现爆炸式增长，网络空间资产也变得多种多样。网络空间中的资产普查、资产管理、风险管理、拓扑优化、路径优化等场景，都需要测绘数据作为支撑。网络空间测绘很像人们健康体检时的X光机或CT机，对身体进行全面扫描，发现身体中的病灶和异常，摸清身体健康状况，才能对症下药。同样，网络空间测绘在网络空间中扮演着健康检查、诊断以及伴诊的角色。

在网络空间中，它能够为互联网信息资产的安全防护方构建起网络底图，帮助防护方摸清所管辖的全量和增量网络资产，做到心中有表、心中有数；还能够帮助发现联网信息系统的暴露面、潜在受攻击路径和潜在受攻击点，帮助防护方针对信息系统和网络薄弱环节，有的放矢地部署安全防护方案，不做无效安全防护，提升安全防护效能；更能够在全球网络空间中追踪国家级APT组织、黑客组织、勒索组织、黑产组织的动向，发现它们在网络中所部署的中转跳板、木马服务器、僵尸节点等网络攻击资源，帮助防护方有针对性地提前部署防御方案，抵御来自这些组织的高级攻击。

前面说的这几类对于网络空间测绘的实践应用，是知道创宇公司从研究网络空间测绘伊始就长期致力的方向。我们在网络空间测绘领域已经深耕十余年。ZoomEye目前已经成为国际领先的网络空间测绘搜索引擎，在数据积累、技术能力和产品体系方面都有了深厚的积累。ZoomEye自发布以来，就对全球网络空间进行7×24小时不间断探索，为社会构建互联网安全基础态势测绘底图，并不断感知全球网络空间安全态势，向社会输出全面的安防地图。当然，网络空间测绘还远不止于此，它的外延很大，可以与现实社会治理等方方面面结合起来，为国家在网络空间层面的数字化治理提供支撑。

本书是知道创宇公司结合十多年扎根于网络空间测绘领域技术研究和应用的经验萃取与实践总结。书中既有深入浅出的理论讲解，又有结合ZoomEye的大量生动鲜活、让人印象深刻的网络安全事件案例，从概念原理、技术能力、应用实践等方面为读者系统、全面地介绍了网络空间测绘领域的相关知识和最佳实践。本书旨在帮助读者更好地理解和掌握网络空间测绘的基础原理和具体使用方法，希望能够让更多对网络空间测绘感兴趣的人进入这个领域。

杨冀龙

推荐序一

近年来，以互联网、大数据、云计算、人工智能、区块链等为代表的数字化技术加速创新，引领了社会生产新变革，拓展了国家治理领域，极大地提高了人类认识世界、改造世界的能力，推动全球迈入数字文明新时代和数字经济发展新阶段。网络空间与现实世界相互渗透，逐渐成为人类生产生活的新空间。

随着网络空间在经济发展、国家治理、社会稳定和人民生活中的地位凸显，网络空间发展所面临的安全风险日益突出，世界范围内侵犯个人隐私、侵犯知识产权、网络犯罪等时有发生，网络监听、网络攻击、网络恐怖主义活动等成为全球公害。面对这些问题和挑战，我们需要准确把握新时代发展潮流，在国家网络空间总体布局和统筹指导下，做到思想和行动统一，强化网络空间安全防护手段，构建立体防护体系，全面提升网络空间安全保障水平。

网络空间测绘技术能够实现网络空间资产的发现和识别、网络风险监测、网络目标定位与追踪、网络违规外联预警、数据泄漏隐患发现、网络资产管理评估、网络空间反欺诈等目标，从而满足网络空间安全态势精准感知与有效控制的需求，为开展反渗透、反窃密等行动提供技术支撑。经过多年发展，网络空间测绘已经成为网络安全攻防领域不可或缺的技术，其中的网络空间测绘搜索引擎，比如中国的钟馗之眼（ZoomEye）等已在业界得到广泛应用。尽管网络空间测绘技术以及网络空间测绘搜索引擎已经被广泛使用和认可，但是国内仍然缺少相应的安全专著，对网络空间测绘技术进行系统梳理，并结合网络空间搜索引擎的具体使用方法给出最佳实践，从而为安全从业人员提供参考。

本书作者团队长期从事网络空间测绘技术研究，积累了丰富的网络空间测绘实践经验和技术能力，开发出全球知名的网络空间测绘搜索引擎 ZoomEye。本书作者结合实际工作经验和体会，系统地介绍了网络空间测绘的原理、ZoomEye 的应用以及最佳实践，通过原理和实践的合理结合，从不同视角将多个实践案例展示给读者，让读者能够更加直观地了解网络空间测绘技术的全貌。期待本书的一些精彩观点和案例能够让更多读者获得启发，进而助力网络空间测绘技术发展，为营造良好生态、构建清朗空间、建设网络强国提供有力服务、支撑和保障。

刘烈宏

中国联合网络通信集团有限公司董事长兼首席执行官

中央网络安全和信息化委员会办公室原副主任

国家互联网信息办公室原副主任，工业和信息化部原党组成员、副部长

推荐序二

当前，信息技术日益成为重塑世界竞争格局的重要力量，成为大国综合国力竞争的焦点。党的十八大以来，党中央高度重视互联网、积极发展互联网、有效治理互联网，明确提出努力把我国建设成为网络强国的战略目标。同时，对于网络安全空前重视，“没有网络安全就没有国家安全”已经成为全社会的共识。“网络安全的本质在于对抗，对抗的本质在于攻防两端的能力较量”透彻地表明在网络安全的对抗中如何把握关键。

本书涉及的网络空间测绘是近几年出现的一个概念，主要指用一些技术方法，来探测目标乃至全球互联网空间的节点分布情况和网络关系索引，构建目标乃至全球的互联网图谱。其研究的是如何用搜索引擎方便地搜索到网络空间资产。网络空间测绘作为一项重要的基础性工作，是网络空间国防能力建设的重要部分，是大国博弈背景下网络主权、网络边疆的重要体现。美国“智库”兰德公司曾断言：工业时代的战略战是核战争，信息时代的战略战主要是网络战。网络空间测绘对推动国民经济和保障国家安全都具有十分重要的理论意义和应用价值。美国早在20世纪末就开始研究网络空间测绘技术，也是最早应用网络空间测绘技术的国家。目前，其已建设完成完整的网络空间探测基础设施和体系。业界普遍认为，美国最具代表性的网络空间测绘研究成果有美国国家安全局（National Security Agency，NSA）的藏宝图计划、美国国防部先进研究项目局（Defense Advanced Research Projects Agency，DARPA）的X计划以及美国国土资源部（United States Department of Homeland Security，DHS）的SHINE计划等。我国在互联网出现早期就已经开始对网络拓扑测量展开研究，并取得了一系列成果。据报道，目前国内在工业控制服务探测方面，已经初步形成以网络主动探测技术为基础的对部分重要工业控制系统的在线监测能力，能够支持对 SCADA、PLC 等典型工业控制系统（设备）、Modbus 等部分工业控制协议，以及工业控制有关的通用网络服务进行探测和识别。

在网络安全对抗中，攻防两端能力的较量首先表现在做到知己知彼，以确保攻防中的主动地位。而网络空间测绘是网络空间中明确网络资源组织调用状况及判断攻防态势的基本手段。要实现准确、完整、实时的网络空间测绘，需要各种科技能力，包括多种学科乃至人类行为科学等方面的知识与能力，还需要有效的情报信息支持能力。可以说，这需要高复杂度的能力整合。它在网络安全检查、互联网业务安全防护、网络安全态势研究、网络战中的沙盘推演、互联网安全监管中的“挂图作战”、网络空间资产管理、数字孪生及智慧城市感知与运营等方面都有着广泛的应用。

可喜的是，我国在网络空间测绘方面也具有了相当强的实力。由赵伟、杨翼龙等年轻人领衔创业的北京知道创宇信息技术股份有限公司开发的自主知识产权产品“钟馗之眼”（ZoomEye），已经是全球名列前茅的网络空间测绘搜索引擎，多次入选权威安全机构评选的 OSINT TOP 榜单。本书就是他们成功实践的总结。

本书涉及网络空间及网络空间测绘的背景和理念、网络空间测绘关键技术和能力体系的构建思路、网络空间测绘搜索引擎的价值和实现等内容。书中还对现有知名的相关产品进行了介绍和对比。在此基础上，本书还具体介绍了 ZoomEye 的应用，包括了 Web 界面、拓展应用、专题应用和进阶应用。在“最佳实践”中，本书详细介绍了 ZoomEye 如何对全球范围内网络空间资产的风险暴露面开展排查、对网络空间基础设施威胁进行监测、对安全态势进行感知等。

本书结构清晰、行文流畅，既有相关理论知识阐述又有具体的实践经验和案例介绍，是网络安全科技界极具实践价值的参考书。相信大家能够从中吸取对自己有益的知识，从而提高网络安全保障水平，为建设网络强国添砖加瓦。

中国计算机学会计算机安全专委会荣誉主任

公安部一所、三所原所长

推荐序三

随着互联网的迅速发展及普及，各种新的技术、大量新型互联网产品和服务应运而生。人类世界被越来越多的智能硬件和数据包围，虚拟的网络空间就如同星辰大海，深不见底，难以测绘。网络空间庞大、复杂、多变，承载了很多重要的系统、服务、数据等，已经成为人类生存和生活的“第二空间”。

近年来，全球网络安全事件频发，网络虚假信息、黑客攻击、有组织的网络犯罪、网络恐怖主义等非传统安全威胁激增，并与传统安全威胁相互渗透，给国家安全乃至国际安全带来严峻挑战。网络空间已经成为继陆、海、空、天之后的“第五疆域”，是国家捍卫主权、保障安全和发展利益的重点领域。当前，在百年变局之冲击下，世界进入变革期，加强全球网络空间治理显得尤为重要。

网络空间测绘是一个新兴领域，还处于高速发展阶段。各国都在不断加大对网络空间测绘的关注和投入，尤其是以美国为首的西方国家，早在20世纪90年代就通过相关法令建立网络空间防御体系，成立网络空间研究机构，实施多项网络空间计划，并在近几十年间不断调整网络空间发展的战略重心。我们在借鉴参考它们先进的技术和理论之余，一定要时刻保持警惕，加快我国网络安全的发展进程，积极做好保障国家网络安全的准备。

通过网络空间测绘技术，刻画网络空间资产全息地图，是网络空间安全工作的基石。网络空间测绘能力体系融合了多种技术、多个学科，系统庞大而复杂，如何有效地组织和表达网络空间相关知识，如何利用测绘技术支持网络空间知识图谱构建，一直是学术界和产业界探索的问题。另外，网络空间测绘一直缺少统一规范的标准和要求，导致网络安全产品良莠不齐，这也给网络安全的发展带来一定的影响和制约。所以，社会各界齐心协力将网络空间测绘的研究工作做扎实、做到位，有效支撑和保障网络空间安全的各项活动，才是未来几年的重点方向。我们任重而道远。

第一次阅读本书时，眼前一亮。因为写网络空间测绘知识理论的论文和书籍很多，大多数学者和作者把重心放在技术的研究和效果衡量上，真正落地到安全应用场景的并不多。这本书介绍了如何用现今比较成熟的技术来解决网络空间测绘能力体系构建过程中可能碰到的普遍难题，并提倡利用网络空间测绘搜索引擎实现网络空间资产地图绘制、网络空间安全态势研究、网络安全事件应急等工作，同时提供了很好的实践案例。

再次细读时，书中介绍的每个有趣的用法、有价值的实践，以及对网络空间测绘的一些理念和方法，都让我受益匪浅。

本书通过大量翔实的示例对网络空间测绘搜索引擎 ZoomEye 的应用进行了讲解和演示，可以让读者举一反三，现学现用。本书既可作为初学者的入门读物，也可作为工作在一线的网络空间安全人员和研究学者的参考书籍。

黄澄清

中国网络空间安全协会副理事长

国家计算机网络与信息安全管理中心原主任

工业和信息化部信息中心原主任

前　言

为何写作本书

当前，我国正处于网络和信息化快速发展的关键时期，经济和社会发展对网络和信息化的依赖程度越来越高，网络空间面临的安全威胁与日俱增。网络空间安全关乎着国家安全，支撑着经济的发展。“没有网络安全，就没有国家安全”已经成为全社会的共识。

网络空间测绘是摸清网络空间资产、明确网络空间资产安全状况的核心技术，也是保障网路空间安全的最基础的工作。国内传奇黑客周景平（人称：黑哥）在2019年KCon大会上提出网络空间测绘的两大核心理念：获取更多的数据，赋予数据灵魂，即首先获取更多不同维度、不同粒度的数据，然后进行数据整理、数据挖掘、关联分析及展示，最终让数据蜕变为一种“知识”，甚至成为一种“智慧”，由此为合理的“决策”提供支撑。

在中国的传统文化里有“道”与“器”之辩，所谓“形而上者谓之道，形而下者谓之器”，“道”属于哲学范畴，可以说是一种思想境界，而“器”是指万物，在这里可以理解为“能力”。在网络空间通过测绘“获取更多的数据”是为了“看得清”，而“赋予数据灵魂”就需要我们拥有“看得见”的思维格局，换句话说，“看得清”是能力的体现，是“器”；而“看得见”就是思想的体现，最后关联的是“道”。所谓“仁者见仁、智者见智”，对网络空间资产数据的挖掘并且提炼出知识和结论，取决于实施者对数据的认知、理解、思维视角，也就是说取决于实施者的“视野”“格局”“道”，这就是古代先贤们告诉我们的“以道御器”之法。

格局决定一切！看见取决于格局、道行。所谓“以道御器”，就需要我们“看见还没有看见的，看清我们已经看见的”。知道创宇立志于“不忘初心，为国为民”，坚信只有拥有高视角及大格局，才能看得见前进的方向，才能利用积累的技术优势做更多的实事！

由此，知道创宇提出基于“5W理论”开展网络空间测绘工作，同时提出时空测绘、动态测绘、交叉测绘、行为测绘等理念与技术并落实到各种实践中。比如通过“心脏流血漏洞”测绘得到全球各国安全应急响应情况，通过网络空间资产测绘观察安全事件给国家或地区关键基础设施带来的影响等。

本书探讨的网络空间测绘涉及计算机科学、网络科学、测绘科学、信息科学、社会科学等多门学科，涵盖网络探测、网络分析、实体定位、地理测绘、人工智能等多种技术。从网络空间测绘能力构建的复杂性、实施成本以及使用场景广泛性角度考虑，充分利用OSINT中的网络空间测绘搜索引擎已经成为必不可少的手段，是网络安全保障的必备工具。

知道创宇404实验室于2013年正式发布中国第一款网络空间测绘搜索引擎ZoomEye（中文名为“钟馗之眼”），经过多年努力，沉淀和积累了海量测绘数据及多项核心技术，并且提出很多网络空间测绘的先进理念和方法，积极实践，在国家各项安全保障工作中发挥了重要作用。ZoomEye已经成为网络空间测绘领域“中国制造”的代表，作为全球知名的网络空间测绘搜索引擎多次入选权威安全机构评选的OSINT TOP榜单。

本书将对ZoomEye进行详细介绍，通过多个实践案例讲解如何利用网络空间测绘搜索引擎掌握全球网络安全态势、提升网络空间社会治理能力、推动网络安全和数字化建设。希望读者可以通过本书了解网络空间测绘的背景和技术，掌握网络空间测绘搜索引擎的基础原理和使用方法，为网络安全领域的相关工作添砖加瓦，为保障国家网络安全做出贡献。

关于知道创宇404实验室

知道创宇404实验室的黑客文化深厚，被称为“知道创宇核心而神秘的部门”，是网络安全领域享有盛名的团队和中坚力量。团队专注于Web、IoT、工控、区块链等领域内安全漏洞挖掘、攻防技术的研究及 APT 等组织的威胁情报追踪，曾多次向国内外多家知名厂商如微软、苹果、Adobe、腾讯、阿里巴巴、百度等提交漏洞发现，并协助修复安全漏洞。

经过多年的成长，知道创宇 404 实验室已经成为覆盖包括漏洞研究团队（SeeBug 体系）、网络空间测绘研究团队（ZoomEye 体系）、积极防御实验室团队（创宇安全智脑体系）、区块链安全研究团队、APT 高级威胁情报团队、特种渗透团队、重保支撑团队等多个团队的“大部队”，由国内传奇黑客周景平（为本书作者之一）一手打造并统一领导。

本书主要内容

本书共分为三部分。

第一部分“原理与技术”（第 1 ～ 3 章）：第 1 章对网络空间和网络空间测绘的背景和理念进行介绍；第 2 章对网络空间测绘领域涉及的关键技术及能力体系的构建思路进行阐述；第 3 章讲解网络空间测绘搜索引擎的价值和实现，并对业界知名的产品进行介绍和对比。

第二部分“ZoomEye 的应用”（第 4 ～ 7 章）：分别介绍 Web 界面、拓展应用、专题应用和进阶应用，通过详细的操作步骤和演示图片对我国最早问世的网络空间测绘搜索引擎 ZoomEye 进行详细讲解。

第三部分“最佳实践”（第 8 ～ 11 章）：从 4 个视角详细介绍如何利用 ZoomEye 快速实现全球范围内网络空间资产评估、网络空间资产风险暴露面排查、网络基础设施威胁监测、安全态势感知和网络安全研究等。第二部分和第三部分是本书的重点内容。

附录对网络空间测绘搜索引擎 ZoomEye 中常用的术语、过滤器、搜索语法、数据属性等进行介绍和说明。

本书读者对象

本书适合网络安全从业人员、网络安全科研人员、网络安全专业和信息安全专业的师生阅读和学习，可作为网络安全监管、网络安全保障等职能部门的参考用书，也可以给对网络空间测绘感兴趣的读者提供帮助。

本书内容特色

本书结构清晰，内容兼顾理论和实践。书中案例贴近实战、浅显易懂，降低了读者的学习难度。

资源和勘误

读者可以访问知道创宇官网（https://www.knownsec.com 和 https://www.zoomeye.org）及微信公众号 ZoomEye_Team 获取网络空间测绘领域的相关产品及解决方案。

由于网络空间测绘知识纷繁复杂，书中难免会存在一些疏漏和错误，欢迎广大读者通过邮件指正，我们会非常感谢并及时进行修订。邮箱地址：zoomeye@knownsec.com。

致谢

感谢知道创宇 404 实验室的同事们，尤其是网络空间测绘、漏洞研究、APT 高级威胁情报团队的小伙伴。没有你们多年来的研究成果和技术积累，就没有今天享誉全球的中国制造的网络空间测绘品牌 ZoomEye！特别致谢隋刚、练晓谦、朱铜庆等同事，为本书提供了大量的素材。

感谢曾经为 ZoomEye 的成长做出贡献的前同事们，特别致谢以钟晨鸣先生为首的 ZoomEye 创始团队。向你们当年的努力和执着致敬！

感谢为 ZoomEye 提供过建议和帮助的社区朋友们。因为大家无私的奉献，ZoomEye 才有今天的成就。为你们感到骄傲！

感谢知道创宇的所有同事们。心有所信，方能行远，是你们一直坚持为中国的网络安全保驾护航，你们是最可爱的人！

感谢机械工业出版社编辑杨福川、董惠芝耐心的指导和修订，感谢为本书写序和推荐本书的领导和专家，也感谢本书所参考资料的作者和学者。众人拾柴火焰高，相信通过社会各界人士的参与和关注，大家齐心协力、众志成城，中国的互联网环境一定会更好、更安全。

目　录

第二部分 ZoomEye 的应用

第三部分 最佳实践

第一部分 *Part 1*

原理与技术

网络空间复杂、庞大，网络空间测绘涉及的学科和技术也非常广泛，给学习、研究和工作都带来一定困难。所以，本书第一部分通过3章内容对网络空间测绘相关定义和网络空间面临的安全问题进行概括和提炼，让读者可以更全面地对网络空间的概念、网络空间测绘的背景、相关技术及应用有所了解；同时帮助读者理解OSINT中网络空间测绘搜索引擎所适用的场景及价值，为开展第二部分和第三部分的学习打下基础。

Chapter 1 第1章

网络空间和网络空间测绘

近年来，伴随计算机网络技术的迅速发展，网络空间成为人类生产生活的第二类生存空间。其中包含的软硬件系统、信息、数据等都是国家重要的战略资源，关乎国家安全、支撑着经济发展，影响着世界局势。网络空间被认为是继陆、海、空、天之后，代表国家网络主权的"第五空间"，已经成为世界各国竞相争夺的又一战略制高点。

当前，我国正处于计算机网络和信息化发展的关键时期，经济和社会发展对计算机网络和信息化的依赖程度越来越高，网络空间面临的安全威胁也越来越大。2017年，我国发布的《网络空间国际合作战略》中，明确提出"中国将进一步加快网络空间力量建设，提高网络空间态势感知、网络防御、支援国家网络空间行动和参与国际合作的能力，遏控网络空间重大危机，保障国家网络安全，维护国家安全和社会安定。"这是我国首次强调网络空间国防力量。网络安全已然超越技术范畴，成为国家安全战略方针的新领域和新载体。

网络空间测绘技术通过对网络空间资产进行探测识别、实体定位、深度关联和层级映射，绘制出网络空间地图，基于网络空间资产安全检测机制，对高效管理网络空间、快速应对突发安全事件、维护国家网络空间秩序具有重要作用，也是各国不断加大投入和关注的重要技术之一。

1.1　网络空间的定义

20 世纪 80 年代初，美国科幻作家威廉·吉布森在他的小说中创造了“网络空间”（Cyberspace）一词——在这个广袤的空间里，看不到高山荒野，也看不到城镇乡村，只有庞大的三维信息库和各种信息在高速流动。对比现实社会，计算机及网络信息技术不断发展，小说中描述的大量场景已经变成现实。

随着网络技术的持续发展，网络空间的内涵和外延在不断发生变化。当前，网络空间已经成为由计算机和计算机网络构成的数字化社会的代名词。中国工程院院士方滨兴认为网络空间的组成要素包括载体、资源、主体和操作。

1）载体是网络空间的软硬件设施，是提供信息通信的系统层面的集合。

2）资源是在网络空间流转的数据内容，包括人类用户及机器能够理解、识别和处理的信号状态。

3）主体是互联网用户，包括传统互联网中的人类用户以及未来物联网中的机器和设备。

4）操作是对信息的创造、存储、改变、使用、传输、展示等活动。

基于上述要素，网络空间可以被理解为构建在信息通信基础设施之上的人造空间，支持人们开展信息通信相关活动，兼有物理属性和社会属性。

网络空间资产主要是指网络空间的载体及信息，如图 1-1 所示。载体一般是物理形态的，比如个人终端、工业设备、服务器、网络设备等，信息主要是指这些载体提供的业务及服务，比如 Web 服务、视频服务、邮件服务、FTP 服务等。

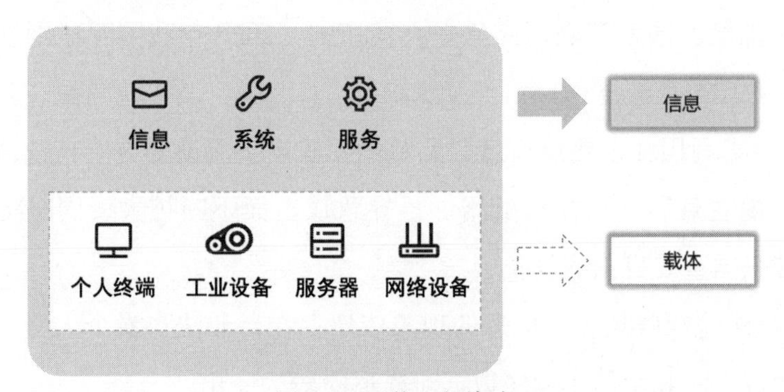

图 1-1　网络空间资产

1.2 网络空间面临的安全问题

随着云计算、大数据、物联网、工业互联网、人工智能等新技术、新应用的大规模发展，互联网上承载的数据和信息越来越丰富，与国家和民生的关系也越发紧密。这些数据和信息资源已经成为国家重要战略资源和新生产要素，与经济发展、国家治理、社会稳定、人民生活息息相关。与此同时，安全漏洞、数据泄露、网络诈骗、勒索病毒、APT 攻击等网络安全威胁日益凸显，有组织、有目的的网络攻击频频出现，网络空间面临的安全威胁非常严峻。而随着当前生产和生活对网络信息系统依赖性增强，网络攻击事件数量将不断增多，影响范围也将更加广泛。相关公开数据显示，在 2015 年至 2025 年，网络攻击引发的全球潜在经济损失可能高达 2940 亿美元。

金融、能源、电力、通信、交通等领域的关键信息基础设施是经济社会运行的神经中枢，是网络安全防护的重中之重，也是最可能遭到重点攻击的目标。在百年未有之大变局下，网络安全已然上升到国家安全的高度，网络战已经成为国家之间对抗的新战场。针对国资国企的网络威胁已经不是传统的 DDoS 攻击、病毒木马等单点威胁，而是大规模的体系攻击，攻击者通过策划组织、武器构建、渗透植入、持续控制等环节对国有数字资产、特别是关键信息基础设施形成多层次的杀伤链。这样的网络安全攻击需要从国家战略层面集聚力量和资源全面应对。

与此同时，全球网络对抗态势进一步升级，网络空间已经成为国际上争夺的重要战略资源。各国采取多种措施不断谋求增强网络防御和对抗能力，导致网络空间对抗态势不断加剧。国家互联网应急中心发布的《2020 年我国互联网网络安全态势综述》总结了我国当前互联网网络安全状况。

1）APT 组织利用社会热点投递钓鱼邮件、攻击供应链等方式持续对我国重要行业实施攻击，随着远程办公需求的增加，导致攻击面不断扩大，同时将网络攻击工具长期隐藏在我国重要机构的设备中。

2）App 违法违规收集个人信息的现象依然存在，非法售卖个人信息的情况仍较为严重，联网数据库和微信小程序数据泄露风险较为突出。

3）历史重大漏洞被重复利用的风险仍然较大，网络安全产品自身漏洞被利用的风险增加。

4）勒索病毒攻击手段不断升级，恶意程序传播与治理对抗性加剧。

5）社会热点容易被网络黑产利用，以社会热点为标题的网页仿冒事件频发。

6）工业控制系统互联网侧安全防护环节薄弱，安全风险高。

而网络空间的多样性、动态性、复杂性，导致安全防护工作面临严峻挑战。

1）安全问题从早期的静态化发展为动态化。网络环境是动态的，网络要素是动态的，网络事件也是动态发生的，甚至很多时候是不能重现的。这些问题给网络空间安全防护工作带来极大挑战。

2）网络空间安全问题是整体的。许多网络威胁由点辐射到面或由面渗透到点，涉及网络空间的各个层面。

3）网络安全防护需要高成本投入。任何解决方案都是相对的，无法应对不同网络安全场景和需求。如何平衡在网络安全防护方面的投入和收益，是迫切需要思考的问题。

4）安全威胁随着网络空间资产增加而加剧，安全漏洞越来越多，安全事件愈演愈烈，攻击者越来越强。

5）安全边界越来越大。IT 基础设施云化、办公移动化、生产自动化，固有的安全边界逐渐消失、模糊。

6）业务变化快、IT 架构复杂，安全建设总是在救火赶场，无法一步到位。

7）网络安全管理的设备、系统越来越多，安全告警处置越来越复杂，安全团队超负荷运转。

8）法律法规虽然陆续出台，监管力度也逐步加大，但安全事件仍时有发生，无法根除。

1.3 网络空间安全需求

从国家到个人都面临着网络安全问题的威胁，随之产生各种各样的网络空间安全需求。

（1）国家需要提升网络安全防御和威慑能力

要落实网络安全责任制，制定网络安全标准，明确保护对象、保护层级、保护措施。要建设高素质的网络安全和信息化人才队伍，向着网络基础设施普及、自主创新、信息经济全面发展、网络安全保障有力的目标不断前进。

（2）政府监管机构需要感知网络安全态势

感知网络安全态势是政府监管机构最基本、最基础的工作。要全面加强网络安全检查、摸清家底、认清风险、找出漏洞、通报结果、督促整改。要建立统一高效的网络安全风险告警机制、情报共享机制、研判处置机制，准确把握网络安全风险发生的规律、动向、趋势。要建立政府和企业网络安全信息共享机制，充分利用企业掌握的大量网络安全信息。

（3）企业自身需要加强安全管理和防护

将安全制度做到常态化、流程化，积极响应国家组织的安全演练，不断提高安全防范、安全应急能力。

（4）个人安全意识需要不断提升

不断提高网络安全意识和甄别网络信息技能，避免遭受网络诈骗及其他利用网络进行的非法行为和活动而使财产、人身安全受到损害。

1.4 国家推动改善网络空间安全

互联网的发展已经超过半个世纪，全球互联网普及率已近三分之二，并进入数字文明新时代和数字经济发展新阶段，网络空间日渐成为现实世界的平行世界，现实世界中的各类问题已映射到网络空间。

信息化、数字化迅猛发展，使得网络空间安全成为国家安全和社会安全的重要组成部分。网络空间是虚拟的，但运用网络空间的主体是现实的，因此网络空间不是“法外之地”。各国纷纷颁布保障网络安全、信息安全、数据安全等方面的法律法规，明确了各方权利与义务。近年来，我国也相继实施和发布了多项法律法规、标准规范等，比较有代表性的如下。

（1）2017年6月1日起施行的《中华人民共和国网络安全法》（以下简称“《安全法》”）

该《安全法》作为我国网络空间安全管理的基本法律，框架性地构建了多项法律制度和要求，重点包括网络信息内容管理制度、网络安全等级保护制度、关键信息基础设施安全保护制度、网络安全审查、个人信息和重要数据保护制度、数据出境安全评估、网络关键设备和网络安全专用产品安全管理制度、网络安全事件应对制度等。

（2）2017年6月1日起施行的《网络产品和服务安全审查办法（试行）》（以下简称“《办法》”）

该《办法》提出关系国家安全的网络和信息系统采购的重要网络产品和服务，应当经过网络安全审查。

（3）2017年6月1日起施行的《互联网新闻信息服务管理规定》（以下简称“《规定》”）

该《规定》进一步加强了网络空间法治建设，促进互联网新闻信息服务健康有序发展，对互联网新闻信息服务许可管理、网信管理体制、互联网新闻信息服务提供者主体责任等做出了规定。

（4）2017年6月1日起施行的《互联网信息内容管理行政执法程序规定》（以下简称“《规定》”）

该《规定》旨在规范和保障互联网信息内容管理部门依法履行行政执法职责，正确实施行政处罚，保护公民、法人和其他组织的合法权益，促进互联网信息服务健康有序发展。

（5）2018年11月1日起施行的《公安机关互联网安全监督检查规定》（以下简称“《规定》”）

根据该《规定》，公安机关应当根据网络安全防范需要和网络安全风险隐患的具体情况，对互联网服务提供者和联网使用单位开展监督检查。

（6）2019年5月13日起施行的《信息安全技术 网络安全等级保护基本要求》（等保2.0）（以下简称“《基本要求》”）

该《基本要求》将基础信息网络（广电网、电信网等）、信息系统（采用传统技术的系统)、云计算平台、大数据平台、移动互联、物联网和工业控制系统等作为等级保护对象(网络和信息系统),在原有通用安全要求的基础上新增了安全扩展要求。安全扩展要求主要针对云计算、移动互联、物联网和工业控制系统提出了特殊安全要求,进一步完善了信息安全保护工作的标准。

(7)2020年1月1日起施行的《中华人民共和国密码法》(以下简称“《密码法》”)

该《密码法》是我国密码领域的第一部法律,旨在规范密码应用和管理,促进密码事业发展,保障网络与信息安全,提升密码管理科学化、规范化、法治化水平,是我国密码领域的综合性、基础性法律。

(8)2020年3月1日起施行的《网络信息内容生态治理规定》(以下简称“《规定》”)

该《规定》以网络信息内容为主要治理对象,以建立健全网络综合治理体系、营造清朗的网络空间、建设良好的网络生态为目标,突出了“政府、企业、社会、网民”等多元主体参与网络生态治理的主观能动性,重点规范网络信息内容生产者、网络信息内容服务平台、网络信息内容服务使用者以及网络行业组织在网络生态治理中的权利与义务。这是我国网络信息内容生态治理法治领域的里程碑事件,而且以“网络信息内容生态”作为网络空间治理立法的目标,这在全球也属首创。

(9)2020年6月1日起施行的《网络安全审查办法》(以下简称“《办法》”)

关键信息基础设施对国家安全、经济安全、社会稳定、公众健康和安全至关重要。我国建立网络安全审查制度,目的是通过网络安全审查这一举措,及早发现并避免采购产品和服务给关键信息基础设施运行带来风险和危害,保障关键信息基础设施供应链安全,维护国家安全。该《办法》的出台为我国开展网络安全审查工作提供了重要的制度保障。

(10)2021年9月1日起施行的《中华人民共和国数据安全法》(以下简称“《安全法》”)

该《安全法》明确数据安全主管机构的监管职责,建立健全数据安全协同治理体系,提高数据安全保障能力,促进数据出境安全和自由流动,促进数据开发利用,保护个人、组织的合法权益,维护国家主权、安全和发展利益,让数据安全有法可依、有章可循,为数字化经济的安全健康发展提供了有力支撑。

（11）2021 年 9 月 1 日起施行的《关键信息基础设施安全保护条例》(以下简称“《保护案例》”）

该《保护条例》建立了专门保护制度，明确各方责任，提出保障促进措施，保障关键信息基础设施安全及维护网络安全。国家对关键信息基础设施实行重点保护，采取措施，监测、防御、处置来源于中华人民共和国境内外的网络安全风险和威胁，保护关键信息基础设施免受攻击、侵入、干扰和破坏，依法惩治危害关键信息基础设施安全的违法犯罪活动。

（12）2021 年 11 月 1 日起施行的《中华人民共和国个人信息保护法》（以下简称“《保护法》”）

该《保护法》是一部保护个人信息的法律条款，涉及法律名称的确立、立法模式问题、立法的意义和重要性、立法现状以及立法依据、法律的适用范围、法律的适用例外及其规定方式、个人信息处理的基本原则、与政府信息公开条例的关系、对政府机关与其他个人信息处理者的不同规制方式及其效果、协调个人信息保护与促进信息自由流动的关系、个人信息保护法在特定行业的适用问题、关于敏感个人信息问题、法律的执行机构、行业自律机制、信息主体权利、跨境信息交流问题、刑事责任问题，对个人及行业有着很大的作用。

（13）2022 年 2 月 15 日起施行的《网络安全审查办法（修订版)》（以下简称“《办法》”）

该《办法》明确，对掌握超过 100 万用户个人信息的网络平台运营者赴国外上市，施行强制性网络安全审查。

1.5　网络空间测绘的定义及重要性

合理、有序地开展网络空间安全相关工作需要深入了解所处网络环境所包含网络空间资产的状态、各类信息系统现状和受攻击可能性等大量信息。所有信息的收集整理和分析提炼都需要通过网络空间测绘技术来完成。

网络空间测绘技术从地理测绘技术延伸而来。地理测绘是对地理环境中实体对象的空间结构特征进行概括和抽象，并对其空间位置进行测量和绘制，是物理空间地图绘制的基本手段。而网络空间测绘借鉴了地理测绘的理论、技术和方法，对网络空间中各种资产及其信息进行主动或被动地探测、采集与分析，并辅以信息科学技术，绘制实时、可靠、有效的网络空间地图。

网络空间测绘技术是识别和控制网络空间要素，防范网络威胁，维护网络安全的有效手段。通过绘制的网络空间全息地图，我们可以达成网络空间要素发现和识别、网络安全风险监测、网络目标定位与追踪、网络违规外联预警、数据泄露隐患发现、网络空间资产管理评估、网络空间反欺诈等目标，实现网络空间安全态势精准感知与有效控制，为开展反渗透、反窃密等行动提供支撑。

网络空间测绘的主要对象是网络空间组成要素中的载体及资源，我们也称之为网络空间资产。网络空间资产具有四大特点。

1）范畴广：应用于各行各业、各种领域，使用范围大、用途广。

2）数量大：可以使用超过 42 亿的 IPv4 地址空间、用之不竭的 IPv6 地址空间和域名，数量极其庞大。

3）种类多：涉及软件、硬件、服务、数据等多种形态，比如业务系统、工控设备、终端、应用软件等。

4）变化快：涉及 IP 变化、端口变化、域名变化、服务变化、资产变化、存活性变化、属主变化等。

这些特点导致网络违法成本低、监管难、防范难等问题出现。所以针对上述特点，我们在进行网络空间测绘时，一定要先解决 5W 问题。

1）What：比如，这是什么资产，提供什么服务？对应资产用途和类别问题。

2）Who：比如，这是属于谁的资产，现在谁在用？对应资产归属问题。

3）Where：比如，这是哪儿的资产，如何精准定位，还有哪些同类资产？对应资产定位、资产分布以及挖掘同类资产问题。

4）When：比如，这是什么时候出现的资产，发生过什么变化？对应资产起源和变化规律问题。

5）Why：比如，为什么提供这个服务，为什么开放这么多端口，有什么目的？

对应资产情报问题。

网络空间测绘使用到的关键技术通常包括网络探测扫描技术、资产识别技术、IP定位技术、拓扑测绘技术、流量解析技术、漏洞扫描与验证技术、大数据分析与存储技术、网络可视化技术等，是一个系统化的大工程。

确保网络安全需要充分运用多学科知识构建立体网络安全防护体系。网络空间测绘则是网络安全能力建设的基础性工作。因此，加强对网络空间测绘的研究和实施，对于保障网络空间安全具有切实的作用和价值。

1.6　网络空间测绘在网络安全领域的应用

随着网络技术和信息数字化不断发展，网络空间面临的安全问题引起了广泛关注。网络空间测绘为解决日益严峻的网络安全难题提供了新的视角和思路，衍生出了广泛的应用场景。

（1）网络安全检查

网络安全检查是网络空间测绘技术的重要应用场景之一。通过对网络空间资产进行不间断测绘，得到庞大的、丰富的网络空间资产地图数据；利用网络空间测绘搜索引擎及时对关注的网络空间资产进行盘点、对账，找出暗资产；结合常见的设备漏洞信息，梳理出资产威胁暴露面，并及时整改，做到防微杜渐，最终形成以摸清家底、认清风险、找出漏洞、通报结果、督促整改为工作思路的流程化工作方式。用户类型不同，网络安全检查的相关工作内容也有所不同，如表1-1所示。

表1-1　网络安全检查工作

用户类型	工作内容
国家机关	先通过网络空间测绘技术或者网络空间测绘搜索引擎绘制出全网空间地图，然后对数据进行分析，提取出关键信息基础设施和重要监控对象并进行信息监测，对可能存在漏洞的资产进行筛查，对网络测绘历史数据进行回溯分析，对高级持续威胁追踪溯源
监管机构	先通过网络空间测绘技术或者网络空间测绘搜索引擎绘制出管辖区域内的网络空间地图，然后对区域内的网络空间资产进行盘点，对区域内的资产暴露面进行监控，对区域内的漏洞进行预警，对重大安全漏洞的影响进行评估，对区域内的安全事件进行应急响应，对重要威胁追踪溯源

（续）

用户类型	工作内容
企事业单位	先通过网络空间测绘技术或者网络空间测绘搜索引擎绘制出企事业单位的网络空间地图，然后对内网资产进行梳理、管控，对资产暴露面进行监控，对业务系统进行监测，对资产进行漏洞检测和修复，对特定威胁追踪溯源
个人 / 团体	利用网络空间测绘搜索引擎，对外提供安全服务，进行红蓝对抗演练，进行漏洞挖掘与研究，对网络空间进行研究、分析，对外提供安全技能培训

（2）互联网业务安全防护

随着互联网的普及，网络诈骗、网络赌博、钓鱼网站、数据泄露等新型互联网犯罪事件层出不穷。我们可以通过网络空间测绘搜索引擎来检索数据库类型的网络空间资产，及时对没有配置口令认证的资产进行安全加固；通过域名和特征检索钓鱼网站、含有敏感或非法信息的网页，及时向用户发起安全提示并通报给监管和安全职能部门，协助其对网站进行关停和查办等执法行为。

（3）网络安全态势研究

正所谓“聪者听于无声，明者见于未形”，看得见、看得清，才能防得住。感知网络安全态势是最基本、最基础的工作，也是网络空间测绘技术的重要应用场景之一。我们利用网络空间测绘技术可以进行安全领域的科学研究，观察高危漏洞爆发时网络空间资产受到的影响，以及资产所有者对该漏洞的修复情况。通过分析网络空间资产的分布情况及增量趋势，我们可以观测到全球网络安全建设情况等。

一方面，随着思维升级、理论知识积累，我们最终可做到准确把握网络安全风险发生的规律、动向、趋势。另一方面，加强网络安全宣传，可以进一步提升全民网络安全意识和技能，促进网络安全人才培养和技术创新。

（4）网络空间作战中的沙盘推演

在传统军事作战中，作战地图是分析地形地貌、判断双方态势、实施兵力部署和辅助指挥决策制定的重要工具。当下，网络空间已经成为大国政治的新竞技场，网络空间测绘在网络空间作战中被赋予新的使命和意义。而要在网络空间形成一招制胜的攻击能力或构筑超强防御能力，则需要对网络空间有全局的洞察能力和深层信息的刺探能力。

通过对网络空间进行测绘，对国家之间、组织之间网络中的信息中枢、关键基础设施、防御要塞、可用资源等进行深度感知和有效标识，进而构建网络空间全景地图，可以为沙盘推演、排兵布阵、态势掌控、指挥作战等提供重要支撑。

（5）互联网安全监管中的“挂图作战”

“挂图作战”是通过直观的图表形式将计划的实施方案、工作流程和执行进度等呈现出来，以指导计划的具体实施。其具备直观性和客观性，方便任务进展跟踪，因此被一些重大项目（例如，灾害防治、环保监测等）采用，在趋势研判和指挥调度中成效显著。近年来，随着信息化、网络化全面推广，网络监管和安全保障越来越重要，各地相关部门纷纷开始构建用于互联网安全监管的挂图作战指挥平台。

通过网络空间测绘对全局资产的信息采集及网络安全态势的展现与挂图作战思路不谋而合，这为其在互联网安全监管业务中的应用提供了广阔舞台。在绘制出的网络空间地图中，资产标识、漏洞分布、安全影响一目了然。一旦爆发安全漏洞或攻击，监管部门便能及时收到预警，看到相关被攻击目标和位置坐标，并据此迅速展开应急响应。

（6）网络空间资产管理

网络空间资产是指计算设备、信息系统、网络、软件、虚拟计算平台以及相关软硬件等。资产管理的核心是跟踪、审计和监控资产全生命周期状态。不同于静态的物理资产，信息资产在整个生命周期中的状态通常在不断变化，而且形态多样。仅依靠人工统计，显然跟不上信息资产的变化速度。对于网络空间资产规模庞大且部署分散的组织，资产管理难度很大，特别是对国家关键基础设施的监管更是一个大的工程挑战。

基于网络空间测绘勾勒出的信息资产全息样貌，决策者可以从全局视角把握资产属性、运行状态和发展趋势，减少资产管理决策活动的不确定性。同时，绘制出的网络空间地图还可以与相关安全系统做深度整合，充分发挥其对动态信息资产的跟踪能力，及时捕捉信息资产在全生命周期任一阶段出现的异常情况，辅助开展资产的脆弱性管理和风险控制，并最终实现资产的安全运营。

（7）数字孪生及智慧城市感知与运营

作为城市信息化高级形态，智慧城市基于精细化和动态管理，极大地提升了城市运营效率，改善了市民生活质量。智慧城市是由数据驱动的，其建设与运营依托互联网、物联网、云计算、大数据等新一代IT技术。

通过网络空间测绘绘制出的城市级网络空间地图，可以成为智慧城市运营的基础。其主要作用如下。

1）保证信息资产的能见度。智慧城市中不断增加的托管资产和物联网设备是管理难题。网络空间地图可以帮助识别环境中的所有资产，以便了解它们当前所处的生命周期阶段，进而帮助管控风险，提升安全防护能力。

2）有助于制订资产管理计划。网络空间地图可以提高智慧城市的运营效率，便于跟踪和展示网络空间资产，并为漏洞发现、威胁感知、事件响应、故障排除等提供解决方案支撑。管理者可以基于网络空间地图获取相关状态信息来推进资产管理。

3）有助于保证合规性。网络空间地图可以帮助管理者审核软件和硬件是否经授权，从而有效降低法律风险。

4）有助于控制成本。网络空间地图提供的资产数据有助于资产利用率分析和预算规划，以便最大限度地提高现有资产利用率，优化资产使用并控制资产采购。

当然，网络空间测绘技术可以落地的远不止上述这些应用场景，更多的可能性等待人们去挖掘和探索。

1.7 国内外的研究成果

网络空间作为人类的第二类生存空间、一个国家的全新战略领域，给世界带来四大变化。

1）科技的作用发生突变：从拓展人类社会实体空间活动范围转变为构造虚拟生存空间。

2）边界概念出现突破：从固化的实体空间边界线转变为弹性的网络新边疆。

3）国家主权概念发生变化：从陆海空天实体空间的主权延伸到对虚拟空间的管辖。

4）国防力量的承载体正在扩展：从传统的“飞船巨舰”加速向网络空间信息武

器映射。

因此，国与国之间未来可能发生的碰撞必然始于网络空间，终于网络空间。只有及早进行全球范围的不间断、持续的网络空间测绘、研究和积累，我们才能在时间和空间上占据主动，才能打赢网络空间保卫战。

美国网络空间战略发展过程见表1-2。在1998年克林顿政府发布的《克林顿政府对关键基础设施保护的政策》中明确提出保护国家关键信息基础设施，开启相关防御体系建设。在这几十年发展过程中，美国在网络空间战略的重心有着很明显的变化，并实施了多项重量级计划，将网络空间战略从本土扩展到了全球。总体来说，美国网络空间战略发展经历了4个阶段。

1）第一阶段（1998—2002年）：网络安全态势感知体系发展、基本组件构建阶段，倡导建立基本防御体系。

2）第二阶段（2005—2010年）：基本能力构建阶段，目标是建立完备的数据获取、分析能力，建立国家级信息安全运营中心等。

3）第三阶段（2010—2015年）：扩展能力构建阶段，掌握全球形势，形成主动探测能力快速响应和作战能力，开始了3个重量级计划，即藏宝图计划、SHINE计划、X计划。

4）第四阶段（2011—2018年）：溯源反制能力构建阶段，倡导建立主动防御、溯源反制能力，并不断进行扩展和延伸，从积极防御转变为攻击威慑。

表1-2 美国网络空间战略发展过程

年份	名称	主要目标	单位
1998年	《克林顿政府对关键基础设施保护的政策》	成立国家关键基础设施保护中心和信息共享和分析中心，组建关键基础设施协调小组，开启了关键信息基础设施保护组织架构的建设	白宫
1998年	《信息保障技术框架》（IATF）	为保护美国政府和工业界的信息与信息技术设施提供技术指南，并首次提出网络安全需要采用一个多层次、纵深的安全措施来保障信息安全	NSA
2002年	《联邦信息安全管理法案》（FISMA）	明确联邦机构保障联邦信息与信息系统安全的主要职责，并提出制定标准、监督检查、应急处理等保障措施	司法部
2008年	《国家网络安全综合计划》（CNCI）	提出要提高美国重要网络设施的防御能力，旨在保护美国的网络空间安全，防止遭受各种恶意或敌对的电子攻击，打造和构建国家层面的网络安全防御体系	白宫

（续）

年份	名称	主要目标	单位
2011年	《网络空间行动战略》	进一步将网络空间列为与陆、海、空、天并列的行动领域，并提出美军网络空间行动的主动防御、网络威慑和集体防御网络三大核心战略	国防部
2012年	藏宝图计划	通过对网络空间多层数据的捕获和快速分析，从而形成大规模的情报生产能力，并为合作伙伴提供情报支持	NSA
2012年	SHINE计划	旨在监控美国本土关键信息基础设施网络组件安全状态，通过网络空间测绘搜索引擎（Shodan）对本土相关地址进行安全态势感知，并由美国工控系统网络应急响应小组定期向其所有者推送安全通告，保证关键信息基础设施网络安全	DHS
2012年	X计划	为网络战部队提供战场地图快速描绘能力，辅助生成和执行作战计划，并将作战结果反馈给中枢指挥机关，从而提高网络作战效率和能力	DAPRA
2015年	《网络空间战略》	指导国防部网络作战力量的发展，加强网络防御和网络威慑能力	国防部
2017年	《2018财年国防授权法案》	澄清美国的网络慑止政策和战略，并指示政府应运用国家的所有工具来慑止和回应任何针对美国利益的网络攻击或敌对行动。同时批准增加网络作战行动预算，全面支持国防部的防御性和进攻性网络空间能力建设与策略执行	国会
2018年	《国防部网络战略》	提出通过网络空间行动收集情报和构建网络空间前置防御能力，寻求先发制人、击败或威慑针对美国关键基础设施的恶意网络活动	国防部

（1）藏宝图计划

美国国家安全局（NSA）在2012年提出的“藏宝图计划”，是通过建立大规模互联网映射、探测和分析引擎系统，绘制近实时的交互式全球互联网地图，目的是掌握任何时间点互联网上任何地点的任何设备。它主要用于网络空间安全的态势感知，计算机攻击、漏洞利用环境的准备，以及网络侦查、作战有效性的测量等。它涉及的范围很广，探测目标是全球IPv4地址空间和部分IPv6地址空间，涵盖地理空间、网络空间、社会空间这3个空间的5个层次（见图1-2），分别是地理层、物理网络层、逻辑网络层、网络角色层、人物角色层，主要聚焦于物理网络层中路由信息的收集和自治域系统（Autonomous System，AS）的测绘。

藏宝图的数据来源非常丰富，包括互联网的开源情报，学术界研究成果、开源工具和数据集，通信情报，商业渠道购买的应用数据，以及针对自有资产的信息梳理数据等。数据种类也很丰富，包括BGP路由数据、Traceroute路由数据、用户注册表数据、域名数据、操作系统指纹特征数据等。

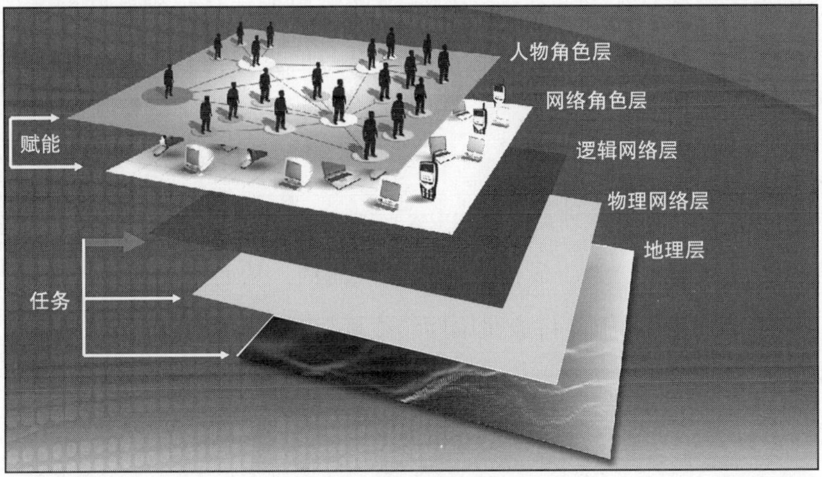

图 1-2　藏宝图计划

（2）SHINE 计划

美国国土资源部（DHS）在 2012 年提出的“SHINE 计划”（Shodan Intelligence Extraction），旨在定期监测本土关键基础设施网络组件的安全状态，通过网络空间扫描引擎对本土网络空间地址进行探测和安全态势感知，保证关键基础设施的网络安全。它的核心组件就是网络空间测绘搜索引擎 Shodan（见图 1-3）。

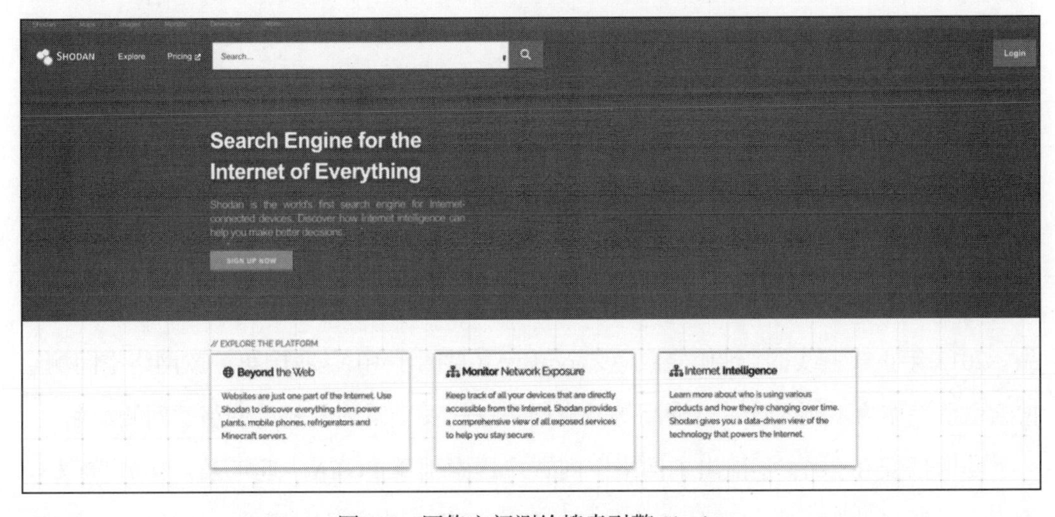

图 1-3　网络空间测绘搜索引擎 Shodan

Shodan通过分布在世界各地的服务器不间断地对全网设备进行扫描，并且维护着一个相当大的数据库，通过各个设备返回的服务信息识别互联网上的服务器、摄像头、打印机、路由器等，并将这些网络设备信息存储在数据库中，便于查找、分析。

（3）X计划

美国国防部高级研究计划局（DAPRA）在2012年提出的"X计划"，旨在通过快速描绘网络战场地图，为生成作战计划提供辅助，从而推动网络作战效率和能力的提升，为网络空间内的士兵打造通用性作战规划。

X计划主要包括流程和技术使用两大方面，具体包括网络安全工作和作战流程、网络工具、数据模型、建立行动课程4个方面。

1）在网络安全工作和作战流程方面，军方士兵将利用其设计的工作流程完成各项作战任务并实现边界防御。构建边界防御是X计划的核心关注点之一。

2）在网络工具方面，X计划为网络防御人员提供多种网络实战应用软件，将原本需要网络信息技术专业知识的工具以应用软件和应用商店的形式呈现，使其更易于使用。

3）在数据模型方面，X计划网络战项目所建立的数据模型严格定义了网络空间中的技术与对象，例如互联网协议地址、介质访问控制地址、网络接口或者软件片段，同时协助构建网络威胁信息共享机制。

4）在建立行动课程方面，X计划允许作战人员打造适合自身需求的可视化与图形化行动课程，并通过应用商店进行交付。这套编程模型与抽象方案已经凭借出色的可视化机制成为战场空间的重要焦点，进一步降低美国在网络战方面的操作难度，提升作战效率。

近年来，我国在网络空间测绘领域，也涌现出一批有代表性的网络安全企业和产品。2013年正式上线的"钟馗之眼"(ZoomEye)(见图1-4）是我国第一款网络空间测绘搜索引擎，作为示例入选了普通高等教育网络空间安全系列教材《网络空间测绘》。

华顺信安在2015年推出了网络空间资产搜索引擎FOFA。近年来，360、奇安信等安全厂商也发布了类似产品。这些产品各有特色、功能各有侧重。

图 1-4　网络空间测绘搜索引擎“钟馗之眼”

在 IP 定位方面也有不少表现出色的厂商和产品。埃文科技专注于刻画网络空间、地理空间和社会空间的映射关系，通过绘制三维一体的网络空间地图，为网络安全、业务安全、网络优化和精准营销等领域提供高精准的网络空间 IP 定位技术服务。天特信科技（IPIP.NET）专注于 IP 地理位置以及 IP 画像数据的研究、整理与发行，在广告行业、网络安全行业、电商行业、娱乐行业、金融行业等细分领域有着不俗的表现。

网络安全的本质在于对抗，对抗的本质在于攻防两端能力的较量。对于目前中国网络空间测绘技术来说，未来发展任重道远。我国要制定网络安全标准，落实网络安全责任制，明确保护对象、保护层级、保护措施，需要科研单位、企业及社会各界人士齐心协力，攻坚克难，占据网络空间安全保障战役的制高点。

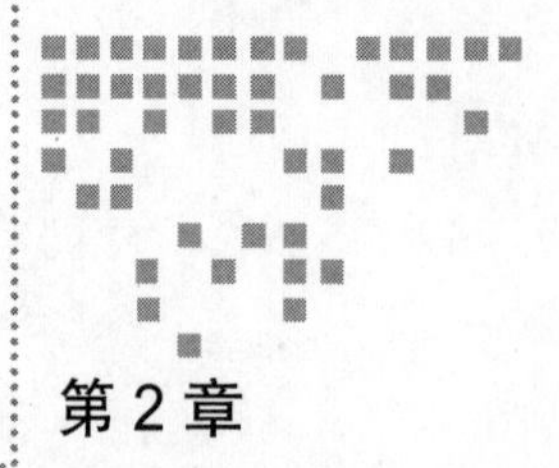

Chapter 2 第2章

网络空间测绘关键技术及能力体系

网络空间测绘能力体系的构建涉及多项关键技术。本章将对这些关键技术一一介绍，并提出构建网络空间测绘能力体系的思路和方法。只有掌握了网络空间测绘的关键技术，才能为网络空间安全保障提供有力支撑。

2.1 网络空间测绘关键技术

网络空间测绘涉及计算机科学、网络科学、信息科学、社会科学等多门学科，涵盖网络探测、数据分析、实体定位、地理测绘、人工智能等多种技术。其关键技术主要包括网络空间测绘技术、网络空间资产识别技术、漏洞扫描和验证技术、拓扑测绘技术、高精度 IP 定位技术、知识图谱分析技术、大数据存储与分析技术、网络空间可视化技术等。

2.1.1 网络空间测绘技术

网络空间有约 43 亿个 IPv4 地址和几乎无限多的 IPv6 地址，这些网络地址分布于全球各地，是网络联通和信息服务的基础。与 IPv4 和 IPv6 地址相对应的是域名地址。截止到 2021 年年底，全球已注册域名超过 3.67 亿，并以每年超 1000 万的数量增长。网络空间是由使用了这些地址的网络空间资产构成的，所以需要大量探针基于 IP 和域名地址去访问、识别和记录这些海量节点的信息要素。

1. 高性能数据包处理技术

如何对如此庞大的网络目标进行全方位测绘？首先是提升探测报文和响应报文的收发处理性能，比如通过 DPDK（Data Plane Development Kit，数据平面转发套件）技术，或者其他具备零复制特性的网络报文处理技术，减少报文从网卡到内核的中间处理环节，提升报文处理效率。

DPDK 是 Intel 公司开发的一款高性能网络驱动组件，旨在数据平面中为应用程序提供一个简单、完整、快速的数据包处理解决方案。

DPDK 的工作原理是使数据包绕过 Linux 内核的网络驱动模块（见图 2-1），直接从网络硬件到达用户空间，不需要进行频繁的内存复制和系统调用。根据官方给出的数据，DPDK 裸包反弹每个包需要 80 个时钟周期，而传统 Linux 内核协议栈反弹每个包需要 2000 ～ 4000 个时钟周期。由此可见，DPDK 能显著提升虚拟化网络设备的数据处理效率。

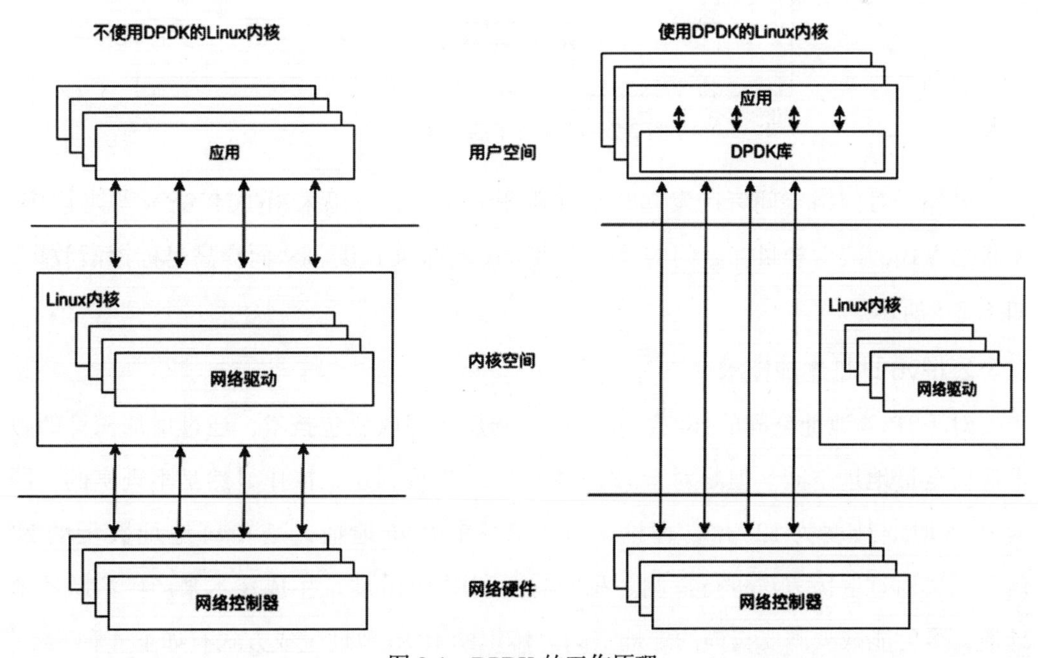

图 2-1　DPDK 的工作原理

DPDK 通过 UIO（Userspace I/O）技术来实现高效处理数据包。UIO 技术将设备驱动分为用户空间驱动和内核空间驱动两部分。相比较没有使用 DPDK 的处理流程，内核空间驱动只负责设备源分配、UIO 设备注册和少量的中断响应函数，不再负责数据包的操作。DPDK 通过 UIO 框架提供的接口将 UIO 的驱动注册到内核，注册完成后生成存有设备物理地址等信息的 MAP 文件。用户态应用程序进程访问该文件将设备对应的内存空间地址映射到用户空间，即可直接操作设备的内存空间，避免了数据在内核缓冲区和应用程序缓冲区的多次复制，提高数据处理效率。UIO 技术的工作原理如图 2-2 所示。

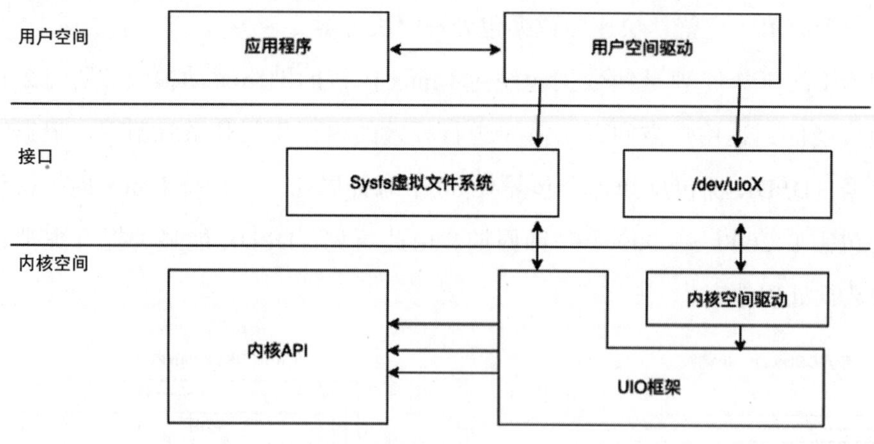

图 2-2 UIO 技术的工作原理

另外，对网络空间资产发起存活性探测的时候，可以采用 TCP SYN 等半连接、无状态方式，减少和目标之间的握手次数、缩短报文长度，从而提高目标探活效率，如图 2-3 所示。

2. IPv6 地址生成技术

对于 IPv4 地址空间的探测，我们可以利用上述收发包技术，通过增加探针的数量遍历全量地址空间。但是对于 IPv6 地址空间来说，这么操作显然是不现实的，因为 IPv6 地址长度为 128 位，理论上存在 2^{128} 个 IPv6 地址，是 IPv4 地址数量的 2^{96} 倍，无法通过遍历方法进行探测。我们需要利用 IPv6 地址生成技术来产生活跃的地址池，尽可能减少需要扫描的地址空间。传统的 IPv6 地址生成方式有如下 4 种。

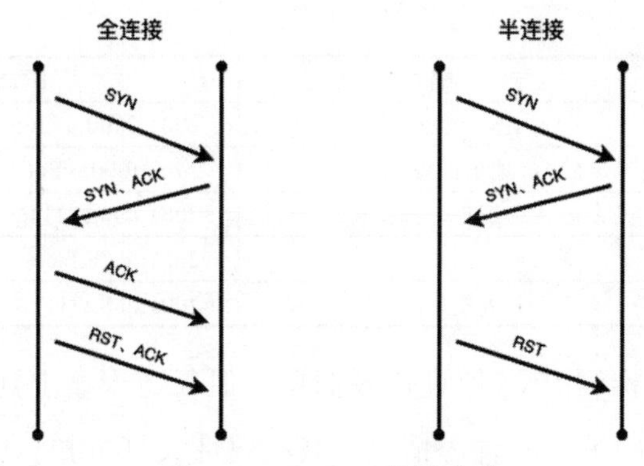

图 2-3　TCP SYN 连接方式

（1）基于域名与 IPv6 地址的相互映射关系

当前互联网的 DNS 服务器上存在大量有效域名，并记录了与之相对应的 IPv6 地址映射关系（AAAA 记录）。我们可以通过采购第三方数据或者开源渠道来获取这些 DNS 记录，也可以利用域名爆破的方式，向 DNS 服务器发起解析请求，如果 DNS 服务器返回 IPv6 地址，则可证明该 IPv6 地址是有效地址。通过 DNS 服务器收集 IPv6 地址方式的优点在于其中很多地址都是提供服务的设备地址，存活率高；缺点是可以获取的 IPv6 地址数量比较有限。

（2）基于 IID（Interface Identifier，接口标识）分配类型

IPv6 地址前 64 位中绝大部分取值可以从公开的 BGP 和分配的地址信息中获取，但是对于后 64 位的取值往往是未知的。IID 长度为 64 位，用于标识链路上的接口。在每条链路上 IID 必须唯一，可以作为 IPv6 地址后 64 位的取值。基于 IID 分配类型获取 IPv6 地址的方式较为复杂，因为有许多人为决定因素，并没有完全统一的标准。常见的基于 IID 分配类型获取的 IPv6 地址如表 2-1 所示。如果 IPv6 地址的 IID 类型是 Low-Byte，那么只需要对 IPv6 地址末尾的取值进行递增暴力扫描就能够探测出这种 IID 类型的全部 IPv6 地址。

表 2-1　基于 IID 分配类型获取 IPv6 地址

IID 分配类型	描述	IPv6 地址示例
Random	随机设定取值	2402:f000:6:8601:ca70:72df:75b3:c5d8
Low-Byte	连续零值和低位零值	2001:da8:a0:f015::1
IPv4 嵌入	IPv4 地址嵌入	2001:db8:122:344::192.0.2.33

（续）

IID 分配类型	描述	IPv6 地址示例
Teredo	接入 IPv6 网络的隧道技术	2001:0000:4136:e378:8000:63bf:3fff:fdd2
EUI-64 嵌入	MAC 地址嵌入	2402:f000:6:8601:221:2FFF:FEB5:6E10
Modified EUI-64	嵌入组织唯一标识符	2001:db8::1234:56ff:fe00:ffff
Wordy	嵌入英语词汇	2001::cafe:face
Port	嵌入服务端口	2001:db8::21

通过这种方法来推测 IPv6 地址比较简单，但仅适用于上述几种 IID 分配类型，对于临时分配、复杂的手动配置等情况，其有效性大打折扣。同时，IPv6 地址生成技术还在不断更新，不能完全排除在实际应用中出现更多、更复杂的地址配置模式和地址格式。

（3）基于 ICMPv6 协议对错误数据包响应的特性

我们可以利用 ICMPv6 协议对错误报文响应的特性获得有效的 IPv6 地址。首先构造 IPv6 数据包逐条选项头或者目的选项头中的选项类型字段为二进制 10xxxxxx 的错误数据包；然后将 IPv6 数据包传输到本地网络的所有节点的组播地址（FF02::1），本地网络的活动主机在收到数据包后，根据选项中的选项类型字段丢弃数据包，并且发送 ICMPv6 参数问题消息到探测源地址。通过监听收到的 ICMPv6 参数问题报文，我们可以快速获得本地链路的活跃主机地址，从而达到收集本地 IPv6 地址的目的。该方案的弊端是使用组播技术只能获取本地子网内活动主机的 IPv6 地址，无法获取跨域主机的 IPv6 地址。

基于 ICMPv6 协议对错误数据包响应的特性获取 IPv6 地址的流程如图 2-4 所示。

（4）通过伪造路由宣告（Router Advertisement，RA）报文

主机接入网络时会先向路由器发送路由请求（Router Solicitation，RS）报文，等待路由器回复 RA 报文后，根据 RA 报文的内容决定是否利用 DHCPv6 协议向路由器获取 IPv6 地址。扫描主机通过模拟路由器设备，将假冒的 RA 报文传送到本地网络的所有节点的组播地址（FF02::1），报文的源地址指向扫描主机的本地链路地址。当本地链路中的活跃主机收到 RA 报文后，将 RA 报文中的前缀部分和链接的接口标识符部分结合生成新的地址，并进行重复地址检测（Duplicate Address Detect，DAD）。扫描主机通过截获并解析邻居请求（Neighbor Solicitation，NS）报文，就可

以获得本地链路中所有活动主机的 IPv6 地址。该方法的问题是伪造 RA 报文会导致链路主机地址发生改变，影响主机的正常通信，而且目前大部分网络设备对伪造 RA 报文具有阻断作用。通过伪造 RA 报文获取 IPv6 地址的流程如图 2-5 所示。

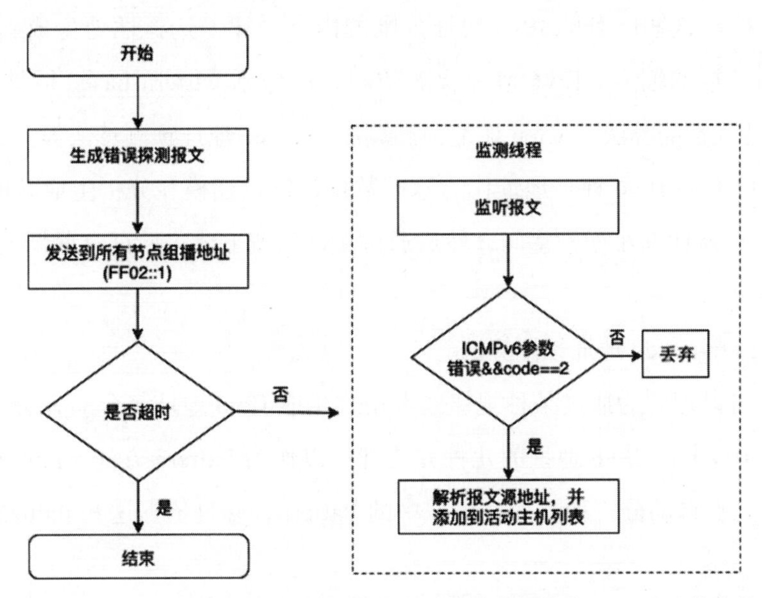

图 2-4　基于 ICMPv6 协议对错误数据包响应的特性获取 IPv6 地址的流程

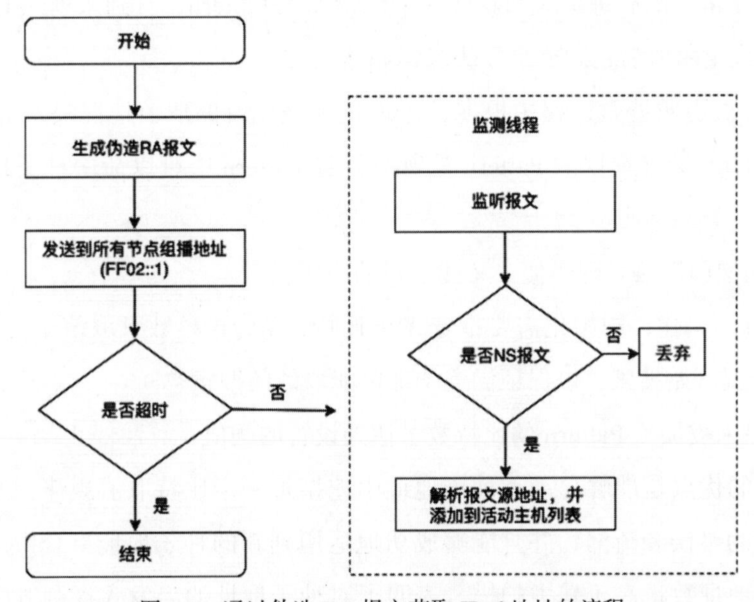

图 2-5　通过伪造 RA 报文获取 IPv6 地址的流程

上述介绍的传统的IPv6地址获取方法存在效率低、覆盖度较低问题，甚至还会引起网络中正常业务中断。我们可以通过基于种子地址的IPv6地址智能预测方法来弥补传统方法的不足。种子地址指的是研究者收集的曾经或者一直存活的IPv6地址。通过挖掘这些已有的IPv6地址分配的内在规律，选择性地生成新的IPv6地址作为主动扫描的输入。IPv6地址智能预测方法包括Pattern-based地址预测算法、Entropy/IP地址预测算法、6Gen地址预测算法、6Tree地址预测算法等。这些算法的共性就是将已有的IPv6种子地址作为基础数据，通过建模和分析生成新的可能存活的IPv6地址，从而缩小搜索空间，然后通过主动探测方式去验证这些新的IPv6地址是否存活。

（1）Pattern-based地址预测算法

Pattern可以理解为通过某种规律或者模式生成IPv6地址集合的方法，比如前文列举的基于IID分配IPv6地址的几种方法都可以作为Pattern方法。Pattern-based地址探测算法能够自动分析种子地址集合中的Pattern，并且依据这些Pattern生成新的IPv6地址。

Pattern-based地址预测算法的核心是利用递归的地址生成算法。算法从最初设置的比特开始搜索，此后每次递归新增一个比特加入Pattern，直到未列入Pattern的比特数量达到设定阈值为止。整个算法流程如下。

1）在每次递归搜索过程中根据种子地址在该比特的取值情况决定Pattern中的取值（0或1）。最终提取的Pattern是所有候选Pattern中可以命中种子地址数量最多的那个。

2）使用递归算法实现类似二叉搜索树的遍历。

3）进行初始化，初始化需要指定X个比特，X为正整数且取值至少为1。算法从2^X取值情况开始搜索，以保证涵盖全部可能取值的搜索空间。

4）如果未被加入Pattern的比特数量达到设置的阈值，算法停止。

该方法的优点是能够自动从种子地址中挖掘每一个比特取值规律，避免人工分析可能存在的错误和疏漏，并且能够成功地运用到新的种子地址集合中。另外，该方法发现的地址数量高于暴力扫描，表明了对种子地址的启发式探测方法优于暴力扫描方法。该方法的缺点是，如果种子地址随机化现象比较严重，会导致 Pattern 的挖掘结果不够准确，命中率变差。

（2）Entropy/IP 地址预测算法

Entropy/IP 地址预测算法是一种自动挖掘种子地址结构的方法。Entropy/IP 地址预测算法流程如下。

1）计算 IPv6 地址集合每个半字节的熵。熵用于解决信息度量问题，取值范围是 [0，1]。熵值越大表示该变量不确定性越大，随机性就越强。

2）地址分段。一个 IPv6 地址总共有 32 个半字节（128 位），将熵值相近的半字节合并成段。判断熵值是否相近的阈值不能设置得过大或者过小，不然会严重影响分段的正确性，导致贝叶斯建模效果变差。

3）分段信息挖掘。这里主要是对步骤 2 划分的段做一些统计分析，包括该段最多的取值，取值最密集的范围、最小值、最大值等。这些统计信息会作为贝叶斯网络建模的输入。

4）贝叶斯网络建模。根据段与段之间的取值条件概率构建整个地址的贝叶斯概率图模型。这个模型描述的是每个段的取值以及每个段取值与之前段的条件概率。最终，该模型遍历整个概率取值空间，计算出更多 IPv6 地址（选取用户设定地址数量作为待探测目标）。

Entropy/IP 地址预测算法的主要贡献是提出了启发式地址生成模型并给出了可视化 IPv6 地址结构的有效方法。通过这些可视化地址集合的熵和概率图，研究者可以很清楚地了解 IPv6 地址集合在每一个半字节上的取值情况。该方法的优点是在处理规模较大的种子地址集合时耗时较短，另外一旦完成贝叶斯建模，后续的地址生成无须再重新建模，所以在持续探测场景中有良好的应用。该方法的缺点是，生成的地址命中率较低，并且随着 IID 分配类型越来越随机化，导致 IPv6 地址后 64 位的半字节的熵很容易接近 1。这样，IPv6 地址后 64 位都可能作为一整个大段或者几个段被处理，严重影响算法效果。

（3）6Gen 地址预测算法

6Gen 地址预测算法是从已知活跃的 IPv6 种子地址集合中识别取值密集的区域，

并将这些密集区域作为需要扫描的候选地址。该方法主要基于一个很直观的假设：已有的 IPv6 种子地址在不同半字节取值最密集的区域也是未知地址最可能的取值区域。6Gen 地址预测算法流程如下。

1）采用基于密度的带噪空间聚类方法（Density-Based Spatial Clustering of Applications with Noise，DBSCAN）初始化每个种子地址为一个聚类。

2）遍历当前全部聚类。

3）寻找能使聚类密度最大的种子地址。

4）复制种子地址并加入聚类，更新聚类范围，返回第二步迭代，直到达到终止条件为止。

6Gen 地址预测算法还可以检测出生成 IPv6 地址的别名地址和别名前缀。种子集合中存在大量别名地址会严重影响地址生成算法的普适性，会使得生成的地址具有“偏见”，即很可能探测到的大部分存活地址指向同一个接口。

该方法的优点是，能够发现更多 IPv6 地址，且在较小的地址集合中生成的 IPv6 地址的命中率较高。但是在性能方面，随着种子地址集合增大而增大，耗时呈指数级增长，而且各个聚类集合存在大量交集，使得内存消耗也比较大。

（4）6Tree 地址预测算法

6Tree 地址预测算法核心思想是将已知的 IPv6 活跃地址作为种子地址来学习它们的分布特征，将 IPv6 地址理解为高维向量，并在相应的种子向量上执行分裂层次聚类，以生成空间树。该数据结构表征不同维度下半字节值的变化。

由于活跃地址对应的向量分布不均匀，并且某些维度比其他维度具有更多的可变值，即它们的信息熵是不同的。扫描器可以优先搜索这些可变维度，因为未发现的活跃地址对应的向量可能在这些维度具有不同的值，但在其他稳定的维度具有相同的值。

该方法的优点是能处理较大规模的种子地址集合，且能够探测到更多的存活地址。整个预测过程中，计算资源消耗也比较小。该方法下的地址生成和扫描是同时进行的。该方法会根据扫描结果动态调整生成地址的空间，还会进行别名地址检测，所以总体耗时会较高。这种交互行为让 6Tree 算法很难应用于一些对时效要求高的场景。

2.1.2　网络空间资产识别技术

网络空间资产识别技术是获取网络空间资产信息的主要手段，直接影响网络空间地图绘制的全面性和准确性。网络空间资产识别主要分为获取网络空间资产的服务信息、对返回的网络空间资产的服务信息进行识别和提取两个阶段。

1. 获取网络空间资产的服务信息

网络空间资产的服务信息一般称为 Banner 信息，描述了网络空间资产提供的服务、协议等。比如探测节点模拟客户端访问 Web 站点时，该站点返回的 HTTP 响应报文就是 Banner 信息，内容包括 HTTP 版本、状态、类型和响应正文等。一个典型的 HTTP Banner 如下：

```
HTTP/1.1  200 OK
Server: nginx/1.18.0
Content-Type: text/html
Connection: keep-alive
Vary: Accept-Encoding
X-Permitted-Cross-Domain-Policies: master-only Date: Thu, 28 Apr 2022 22:08:46
```

网络空间资产返回的 Banner 信息因服务类型而异，西门子 S7 工业控制系统返回的 Banner 信息如下：

```
Module: 6ES7 511-1CK01-0AB0
Basic Hardware: 6ES7 511-1CK01-0AB0
Version: 2.8.3
System Name: S71500/ET200MP-Station_1
Module Type: PLC_1
Serial Number: S V-N3AA90262021
Plant Identification:
Copyright: Original Siemens Equipment
```

上述内容描述了该设备的型号、固件、版本、序列号等。

通过下述几个步骤，我们可获取网络空间资产的存活性及其服务信息。

（1）基于 ICMP、TCP SYN、UDP 报文快速探测目标和端口的存活性

该方法主要是向特定的目标主机发送 ICMP（Internet Control Message Protocol，因特网报文控制协议）Echo 请求报文，如果目标主机有应答，则可以判断其为存活状态。还可以通过模拟 TCP 发送 SYN 报文和目标主机的端口建立连接，如果目标主

机有 ACK 应答，则可以判断该端口为 OPEN 状态；对于主机的 UDP 端口，可以根据常用的 UDP 来模拟客户端报文，也可以使用 NULL 报文触发目标主机做出应答。

（2）基于 TCP/IP 协议栈编写客户端探测报文，并主动发给目标主机的服务端口

互联网设备通过 TCP/IP 协议栈中的 TCP 或者 UDP 来提供应用层的数据传输服务。为了提高探测效率，一般会先进行主机存活性探测，然后才会对存活的主机 TCP 或者 UDP 端口进行服务内容的探测。探测节点可以模拟客户端，发送服务所对应的协议握手或者请求报文，以触发目标主机的应答。如图 2-6 所示，探测节点模拟客户端向 HTTP 服务器端发送请求报文“GET / HTTP/1.0”。

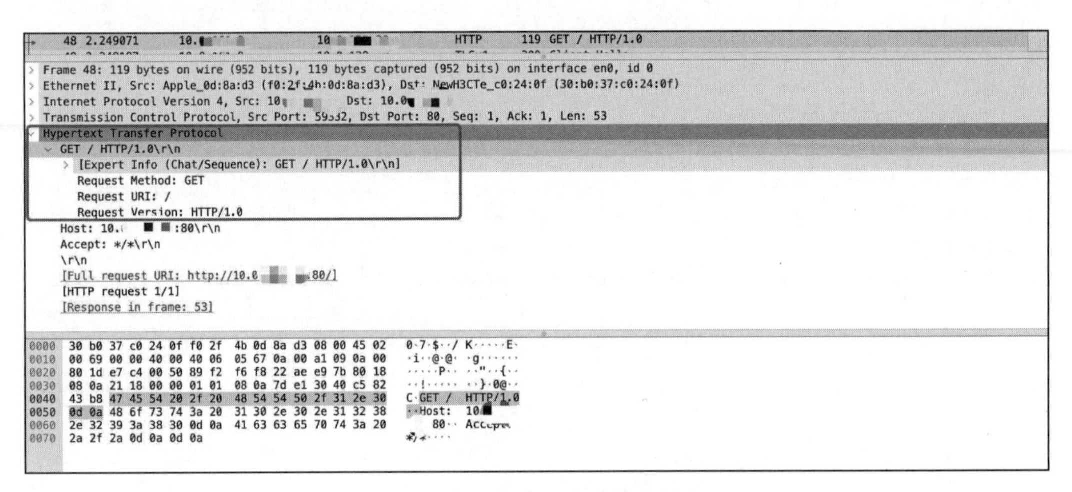

图 2-6 向目标主机发送请求报文

主机收到客户端请求后会根据协议要求，返回对应的响应信息（见图 2-7）。此时，探测节点就可以收到目标主机的 Banner 信息。

（3）基于 TCP/IP 协议栈编写探测脚本，与目标端口服务进行深度交互

有些服务需要对客户端发起的请求或者协商过程进行校验，有些服务需要客户端和目标主机进行多次握手操作后，才会返回有用的响应信息，所以我们可以通过编写探测脚本的方式，模拟客户端和服务器端的通信行为和交互过程。该方法相较于只发送一次客户端请求的探测报文方式，效率明显降低，但是获取的主机服务信息会更加全面，尤其适合工业互联网等场景。

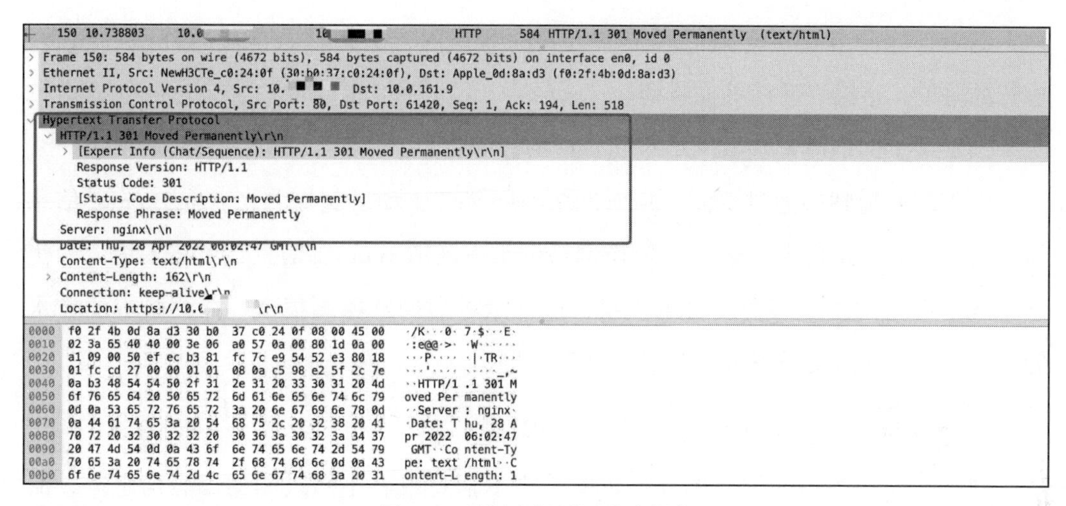

图 2-7　目标主机返回响应报文

图 2-8 所示为利用 IEC 60870-104 规约协议编写探测脚本，通过和目标设备进行 3 次交互，获取某智能配电终端的 Banner 信息，具体步骤如下。

1）向目标设备发送 U 帧报文，进行链路测试（TESTFR）并请求进行连接；目标设备同意建立连接后回复连接成功的确认信息。

2）客户端收到目标设备回复的确认信息后，继续向目标设备发送 U 帧报文，启动数据传送命令（STARTDT）；目标设备收到启动命令后回复确认信息。

3）客户端收到目标设备回复的确认信息后，向目标设备发送 I 帧报文，要求目标设备传递指定的数据信息；目标设备收到信息后开始传送数据。

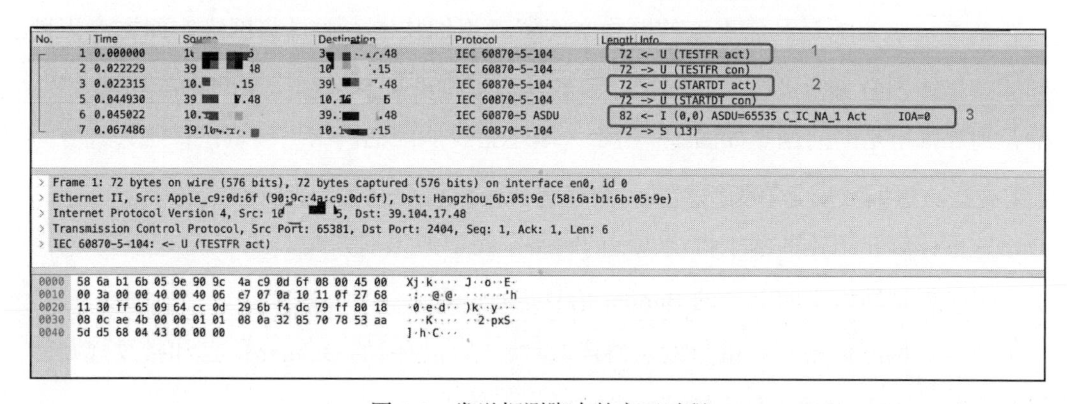

图 2-8　发送探测脚本的交互过程

此时，探测节点所模拟的客户端收到的数据内容包括该智能配电终端的状态，执行的遥控、遥感、遥信等操作码。

（4）基于网络流量获取网络空间资产的服务信息

除了前面提到的通过探测节点对网络空间资产主动发起探测来获取Banner信息的方式，我们还可以通过监听、镜像网络流量来获取Banner信息。该技术最大的优点是既不会给网络空间资产带来干扰，也不用考虑构造探测报文、探测脚本的技术细节，但是需要解决流量大、信息繁杂等问题。

2. 对返回的网络空间资产进行识别和提取

网络空间资产返回的原始数据可能是文本信息或者十六进制的编码信息等，需要我们对网络协议、网络组件等知识非常熟悉，才能读懂其中的含义。网络空间资产识别和提取就是利用网络探测技术获取目标网络中设备的服务信息，基于指纹匹配等技术并结合积累的网络空间资产各类知识库来识别和提取网络空间资产的端口、操作系统、协议、设备类型、组件名称、主机名称等信息。

基于指纹匹配对网络空间资产进行识别的想法源于生物学中的基于人体指纹对人身份的识别。所以，我们也可以把网络空间资产指纹作为网络空间资产的标识。网络空间资产指纹是指在不考虑现有标识符（如IP地址和MAC地址）的情况下，可以对网络资产进行唯一身份标识的Banner信息，具有一定的特征。对于某一类网络空间资产来说，其指纹特征可能存在部分共性。

基于指纹匹配是目前主流的网络空间资产识别技术，通过将网络空间资产识别问题转化为网络空间资产分类问题，能够在一定程度上解决网络空间资产数量庞大，而识别规则不足的问题。如图2-9所示，基于指纹匹配的网络空间资产识别大致分为5个步骤：数据采集、数据预处理、指纹提取、构造指纹规则库、指纹匹配。

这里详细介绍几种基于指纹匹配的网络空间资产识别方式。

（1）根据网络空间资产的Banner信息进行匹配

通过对网络设备开放端口发送协议探针，结合返回的Banner信息和指纹规则库进行匹配。图2-10为FTP服务返回的Banner信息。

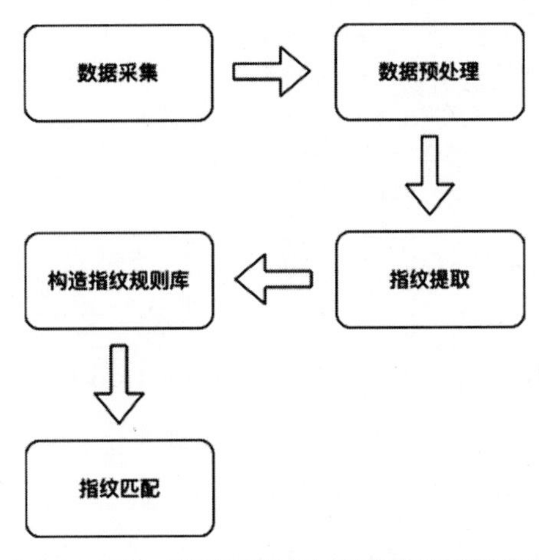

图 2-9　基于指纹匹配的网络空间资产识别

```
130… 2539.297668   199                FTP    115 Response: 220 MikroTik FTP server (MikroTik 6.48.1) ready
> Frame 130551: 115 bytes on wire (920 bits), 115 bytes captured (920 bits) on interface en0, id 0
> Ethernet II, Src: ce:2d:b7:22:35:64 (ce:2d:b7:22:35:64), Dst: Apple_0d:8a:d3 (f0:2f:4b:0d:8a:d3)
> Internet Protocol Version 4, Src:        210, Dst: 172.20.10.12
> Transmission Control Protocol, Src Port: 21, Dst Port: 64861, Seq: 1, Ack: 17, Len: 49
v File Transfer Protocol (FTP)
  > 220 MikroTik FTP server (MikroTik 6.48.1) ready\r\n
  [Current working directory: ]

0000  f0 2f 4b 0d 8a d3 ce 2d  b7 22 35 64 08 00 45 00   ·/K····- ·"5d··E·
0010  00 65 00 00 00 00 40 06  88 86 c7 1a 74 d2 ac 14   ·e····@· ····t···
0020  0a 0c 00 15 fd 5d 34 b1  5d db 5f 87 8c eb 80 18   ·····]4· ]·_·····
0030  10 0a 32 d9 00 00 01 01  08 0a 1e 8f 12 b5 59 69   ··2····· ······Yi
0040  87 43 32 32 30 20 4d 69  6b 72 6f 54 69 6b 20 46   ·C220 Mi kroTik F
0050  54 50 20 73 65 72 76 65  72 20 28 4d 69 6b 72 6f   TP serve r (Mikro
0060  54 69 6b 20 36 2e 34 38  2e 31 29 20 72 65 61 64   Tik 6.48 .1) read
0070  79 0d 0a                                           y··
```

图 2-10　FTP 服务返回的 Banner 信息

针对目标主机回复的 Banner 信息，根据如下指纹规则进行匹配，能够高效、精确地识别网络空间资产的多种信息：

```
rule MikroTikRF
{
    meta:
        rule_id = "1"
        service = "FTP"                    #服务名称
        product = "MikroTik router ftpd"   #组件名称
        device = "router"                  #设备类型
        vesion = "$1"       #版本号
```

```
        layer = "4"            # 资产分类
        softhard = "2"         # 硬件或软件
    strings:  #$a 为正则表达式，$b 为字符串
        $a = /^220 MikroTik FTP server \(MikroTik v?([\w._-]+)\) ready\r\n/
        $b = "220 MikroTik FTP server"
    condition: # 条件
        body/banner contains ( $a or $b )
}
```

上述内容可以识别组件名称为 MikroTik router ftpd，设备类型为路由器，服务名称为 FTP 等信息。如果深入关联 IP 地理位置信息库、行业信息库、设备厂商信息库等，网络空间资产画像可以变得更直观、立体。

（2）根据 HTTP 响应报文的状态码解释和头部字段顺序进行匹配

每个 HTTP 响应报文中都包含一个表示请求处理的状态码（如 200、404、500 等）以及相关的原因短句。不同 Web 服务器对状态码解释的原因短句可能有所差异，比如 404 类型的错误码，Apache 返回的是 Not Found，而 IIS 5.0 返回的是 Object Not Found。另外，不同 Web 服务器返回的 HTTP 响应报文头部字段顺序也是不同的（见表 2-2）。所以，我们可以把对 HTTP 响应报文状态码的解释或者头部字段顺序作为识别不同 Web 服务器的一种方法。

表 2-2 不同 Web 服务器返回的 HTTP 响应报文头部字段顺序

Web 服务器	字段 1	字段 2	字段 3	字段 4
Apache 1.3.23	Data	Server	Last-modified	Etag
IIS 5.0	Server	Content-location	Data	Content-type
Netscape Enterprise 4.1	Server	Data	Content-type	Last-modified
Web 服务器	**字段 5**	**字段 6**	**字段 7**	**字段 8**
Apache 1.3.23	Accept-ranges	Content-length	Connection	Content-type
IIS 5.0	Accept-ranges	Last-modified	Etag	Content-length
Netscape Enterprise 4.1	Accept-ranges	Content-length	Connection	

（3）根据 Web 服务器对特殊请求的处理方式进行匹配

Web 服务器对正常的、符合标准的 HTTP 请求处理方式基本相同。由于 RFC 并没有对如何处理特殊请求进行规定，因此软件开发者均按照自己的方式进行相关处理，以至于产生了不同的处理方式。因此根据 Web 服务器对各种特殊请求的处理方式也可以定义为基于指纹的一种网络空间资产识别方法。

例如 HTTP1.0 及 HTTP1.1 中定义的 Delete 方法能够删除指定的服务器资源，这对 Web 服务器来说是十分危险的。对于 Delete 请求，Apache 1.3.23 会返回状态码 405 及原因短语“ method not allowed”；IIS 5.0 会返回状态码 403 及原因短语“forbidden”。

对于协议中不规范的请求，不同的 Web 服务器处理方式也不尽相同。例如当请求为 Get/HTTP/1.1（正确的请求应该是 GET /HTTP/1.1）时，有些 Web 服务器可按照正常的方式处理，而有些 Web 服务器则判断为请求错误。

由于类型和型号不同的网络空间资产的数量远大于处理方式的数量，该方法识别精度不高。而且，向目标设备发送多个异常请求是存在一定风险的，因为有的安全设备或软件会将异常请求判定为攻击行为，从而触发安全报警，甚至对探测方进行封堵或者反制；也可能会造成目标设备缓冲区溢出，导致拒绝服务，影响目标设备正常运行。因此，探测请求应尽可能与正常请求相似，尽量不要使用特殊或者畸形请求，以免影响网络设备正常运行和被安全防护措施封堵。

2.1.3　漏洞扫描和验证技术

漏洞扫描和验证技术是基于漏洞特征或漏洞产生机理，主动开展信息采集和协议交互的漏洞识别技术，是发现威胁进而及时处置的重要手段。对于新爆发的漏洞，传统的漏洞扫描技术主要在更新漏洞识别规则后对指定的资产开展全新的漏洞检查，这对于局域网或小范围的网络较为有效，但对国家范围或者互联网范围内的节点进行漏洞排查则效率过低。

网络空间地图包含网络空间资产分布、网络空间资产属性和系统特征等信息。在新漏洞爆发时，先对这些信息与漏洞特征进行快速比对，然后利用大量分布式节点对筛选出的可疑目标进行快速验证，以确保在短时间内摸清大范围网络空间的漏洞分布与设备受影响面。而网络空间测绘技术可以提前绘制出网络空间地图。

（1）漏洞扫描技术

首先探测目标网络的存活主机和存活端口，对存活端口进行资产扫描以获取 Banner 信息，然后根据指纹识别技术提取目标主机的服务、组件、操作系统等信息，以确定其提供的网络服务。漏洞扫描技术即对目标主机的操作系统及其提供的网络服务等信息，与漏洞信息库中已知的各种漏洞详情进行逐一匹配、检测。漏洞扫描一般过程如下。

1）主机扫描：确定目标网络中的主机是否在线。

2）端口扫描：获取目标主机开放的端口以及服务。

3）OS 识别：获取目标主机的操作系统。

4）漏洞检测：对目标主机提供服务的端口进行探测、扫描，获取 Banner 信息。

5）漏洞匹配：利用完整的漏洞信息库和目标主机的资产信息进行匹配，发现可疑漏洞。

6）数据库弱口令漏洞检测：对于提供数据库服务的网络空间资产，可以通过口令爆破、默认口令等方法，检测是否存在弱口令漏洞。

现有的网络漏洞扫描器主要是对漏洞特征和网络空间资产信息进行匹配，最终识别可能存在的各种已知漏洞。该方法效率高、实现简单，但是仅通过匹配关联的方式进行识别，存在误报的可能性。

除了通过主动对网络空间资产进行漏洞扫描的方式发现安全风险外，我们还可以先通过解析网络流量，发现流量中源和目的的资产情况以及异常报文特征，再关联漏洞信息库进行漏洞识别。检测原理和主动漏洞扫描相同，这里不再赘述。

（2）漏洞验证技术

PoC（Proof of Concept，概念证明）是指可以证实发布的漏洞真实性的测试代码。在信息安全领域，我们一般通过 PoC 来证明漏洞是否真实存在。我们可以用多种开发语言（如 Python、Go、Java 等）来写 PoC，也可以利用多种开源框架来执行 PoC，如 PoCsuite3、OpenVAS、Bugscan、Nuclei 等。

常见的编写 PoC 的步骤如下。

1）构建 PoC 框架。我们可以直接选择上面介绍的 PoC 开源框架，也可以自己编写框架，但需要熟练掌握 PoC 框架编写的代码规范和接口，这些都是编写高质量 PoC 的基础。

2）熟悉漏洞详情。在写 PoC 之前，首先需要了解漏洞的详细信息。对于一些开源 CMS 的漏洞，我们可以到官网或者 GitHub 找到对应版本的源码，搭建模拟环境进行研究；对于非开源系统的漏洞，可以在网上找一些案例进行黑盒测试，复原漏洞产生过程。

3）构建漏洞靶场。搭建模拟环境对 PoC 进行调试，一般可以利用虚拟机或者 Docker 来实现，不能直接利用互联网中的网络空间资产来调试 PoC，以免对目标主机造成破坏。

4）选择编程语言。尽量选择有丰富库函数的开发语言，比如 Python、Java。Python 提供强大的类库，可以让编程者将精力放在具体漏洞研究上，而不用去纠结诸如如何实现 HTML 解析、HTTP 发送等辅助功能的细节。

PoC 是对目标主机的漏洞进行验证，准确率很高，但是效率相较漏洞扫描方式较低，不太适合对大范围网络空间资产进行漏洞检测。需要注意的是，在没有得到目标资产所有者授权的情况下，坚决不能对互联网中的网络空间资产执行 PoC 验证，这可能对网络空间资产的正常服务造成破坏，也会触犯网络安全红线。

2.1.4 拓扑测绘技术

网络拓扑即网络互联结构，如同四通八达的交通图。全球互联网由一个个自治系统（Autonomous System，AS）连接而成，每个 AS 在全球有唯一的自治系统编号（Autonomous System Number，ASN），对应某个管理机构控制下的路由器和网络群组，即分支众多的路由节点和数量庞大的 IP 地址。这些 AS、路由节点、IP 地址组成了全球互联网的网络拓扑。全球目前共分配有超 17.6 万个 ASN，遍布 240 个国家和地区。其中，中国所分配的 ASN 超过 2800 个。

网络拓扑测绘主要基于 Ping、Traceroute、SNMP、ARP、DNS 和 NETCONF 等探测技术，以及公开信息采集和开源情报辅助等手段，对指定国家、区域、网段等进行拓扑探测和绘制，自顶向下可分为 AS 层、汇聚点层（Point of Presence，PoP）、路由器层和接口 IP 层拓扑测绘，如图 2-11 所示。AS 层拓扑测绘包含 AS 类型划分、AS 连接类型划分和 AS 影响力度量；汇聚点层拓扑测绘包含网络时延聚类分析和 PoP 级拓扑测绘；路由器层拓扑测绘包含路由器候选对生成、路由器别名识别和路由器级拓扑测绘；接口 IP 层拓扑测绘包含被动网络路径数据采集、网络路径预处理[⊖]。

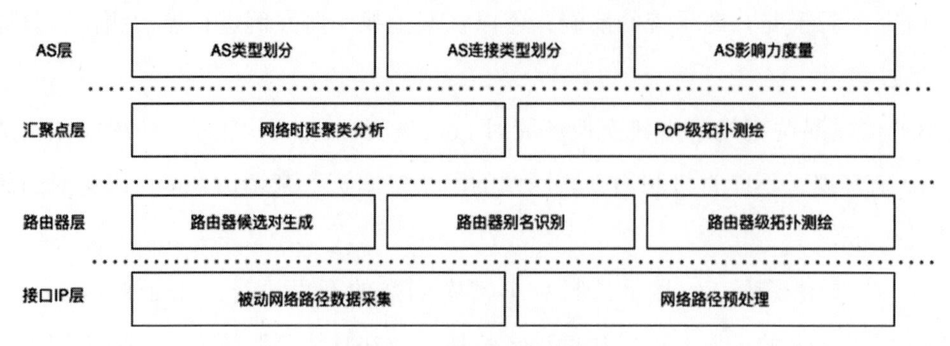

图 2-11 网络拓扑测绘层级

通过构建包括 AS 层、汇聚点层、路由器层、接口 IP 层的网络拓扑，我们可实现对网络的分层、分区域显示。拓扑测绘需要一定规模的分布式探测节点对全球互联网开展持续监测，涉及算法复杂、数据存储空间与运算量大。

1. AS 层拓扑测绘

我们可以通过 AS 类型划分、AS 连接类型划分和 AS 影响力度量这几个方面对 AS 层进行拓扑测绘。

（1）AS 类型划分

根据 Whois 中的 AS 注册信息（包含 AS 名称、AS 注册机构和 AS 注册国家等）以及服务类型，我们可将 AS 注册机构划分为 4 种类型，分别是大型传输运营商、小型传输运营商、内容提供商 / 主机托管提供商和企业客户。

首先，根据是否提供网络传输服务，AS 划分为传输 AS 和末端节点 AS；其次，根据传输服务的覆盖范围，AS 注册机构划分为大型传输运营商和小型传输运营商，如中国电信骨干 AS 提供全球网络传输服务，其是大型传输运营商；北京电信 AS 仅提供北京地区的网络传输服务，其是小型传输运营商；最后，根据末端节点 AS 提供的服务类型，AS 注册机构划分为内容提供商 / 主机托管提供商、企业客户，如百度和 Google 的 AS 提供内容服务，则它们属于内容提供商 / 主机托管提供商，而清华大学的 AS 仅为清华大学师生提供服务，则其是企业客户。

⊖ 来自埃文科技 https://www.ipplus360.com.

（2）AS 连接类型划分

AS 连接类型划分步骤如下。

1）AS 路径提取：对基于 BGP、RIPE IRR 和 Traceroute 三种来源得到的 AS 路径进行验证，完成有效的 AS 路径提取。

- 基于 BGP 得到的 AS 路径：从两个公开的 BGP 数据源 Router Views（University of Oregon Route Views Project，俄勒冈大学的全球 BGP 路由表浏览项目）和 RIS(Routing Information Service，世界互联网组织的路由信息服务）获取 BGP 数据，使用 BGPdump 等工具读取文件中的 AS 路径等内容，并删除含有私有 AS 的路径。
- 基于 RIPE IRR 得到的 AS 路径：RIPE 不仅存储了 IP 分配信息，还存储了路由策略信息（Internet Routing Registry，IRR）。从某 AS 的相邻 AS 接收的通告信息中，我们可以提取出该 AS 的路径。
- 基于 Traceroute 得到的 AS 路径：从 BGP 数据中得到 IP 前缀到 AS 的映射，然后将 Traceroute 数据中接口 IP 的连接关系映射到 ASN 的连接关系，从而提取出 AS 路径。

2）AS 重要性度量：基于 AS 路径，计算 AS 的连接度数和传输度数，度量 AS 的重要性。连接度数即邻居 AS 的数量，传输度数是某个 AS 在 AS 路径上起到传输作用的次数。

图 2-12 中有 6 个节点和 3 条 AS 路径，分别是 AS 路径 1（C → A → B → E）、AS 路径 2（C → A → B → F）和 AS 路径 3（A → D）。A 的 AS 邻居有 C、B 和 D，因此 A 的连接度数是 3。A 在 AS 路径 1 和 AS 路径 2 中起到传输作用，而在 AS 路径 3 中无法将 D 的路由信息传递给其他 AS，所以起不到传输作用，因此，根据 A 在 AS 路径中能起到传输作用的数量来计算，A 的传输度数是 2。B 的 AS 邻居有 A、E 和 F。B 在 AS 路径 1 和 AS 路径 2 中起传输作用，因此，B 的连接度数是 3，传输度数是 2。末端 AS（如 C、D、E 和 F）的连接度数是 1，传输度数是 0。

3）AS 连接类型划分。基于路由策略规则、AS 的传输度数和 AS 路径，我们可将 AS 连接类型划分为提供商到客户（Provider to Customer，PC）、客户到提供商

（Customer to Provider，CP）、对等（Peer to Peer，PP）和同机构下的对等（Sibling to Sibling，SS）。其中，提供商到客户关系与客户到提供商关系是相互对立的关系，同机构下的对等关系是对等关系中的一种特殊情况。因此，在对 AS 连接类型进行划分时，可以只考虑提供商到客户和对等两种类型。

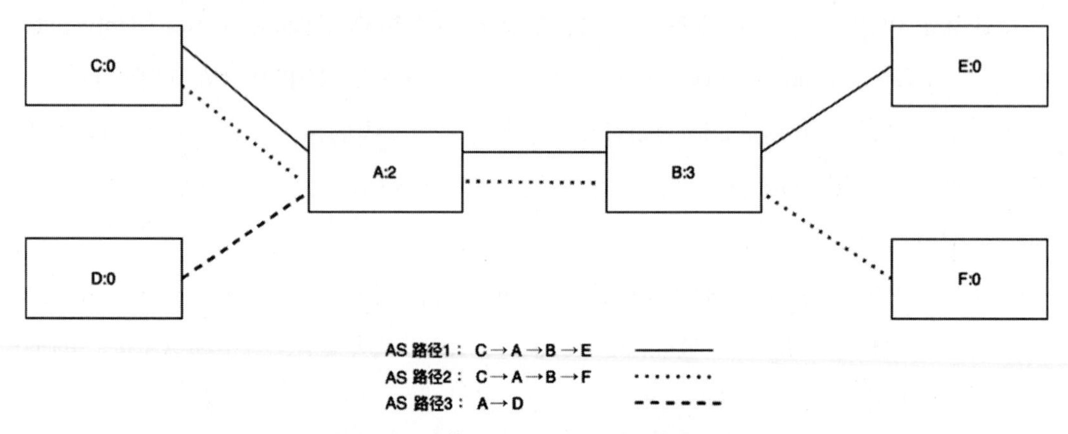

图 2-12 计算 AS 的连接度数和传输度数

出于经济利益考虑，路由策略是优先选择提供商到客户的 AS 路径，其次选择对等关系的 AS 路径。

具体来说，大部分网络采用的路由策略规则如下。

1）来自客户关系 AS 宣告的路由信息允许传递给其他客户 AS、对等 AS 和提供商 AS。

2）来自对等 AS 宣告的路由信息允许传递给客户 AS，但不允许通告给其他的对等 AS 以及提供商 AS。

3）来自提供商 AS 宣告的路由信息允许传递给客户 AS，但不允许通告给其他的对等 AS 以及提供商 AS。

（3）AS 影响力度量

基于 AS 连接类型，计算 AS 所管辖的 AS 数量可进行 AS 影响力度量。AS 所管辖的 AS 数量是指其通过提供商到客户关系能触达的客户 AS 个数，包含直接相连和非直接相连的客户 AS，但不包含通过对等关系到达的客户 AS。按照 AS 影响力进行排名，我们可完成 AS 影响力分析。图 2-13 中带有向上箭头的线表示客户到提供商的关系，没有箭头的线表示对等关系，如 AS4134 与 AS4538、AS4134 和 AS23724 是客户到提供商的关系，而 AS4134 和 AS9929 是对等关系。AS4134 的客户 AS 有 AS4538、AS23724、AS132552、AS63727 和 AS37963，因此 AS4134 的客户数量是 5；AS4538 的客户 AS 有 AS132552 和 AS63727，因此 AS4538 的客户 AS 数量是 2；同理，AS23724 的客户数量是 2，AS9929 的客户 AS 数量是 2，AS4808 的客户 AS 数量是 1。结点 AS，如 AS132552、AS63727、AS37963 和 AS7641 的客户 AS 数量是 0。

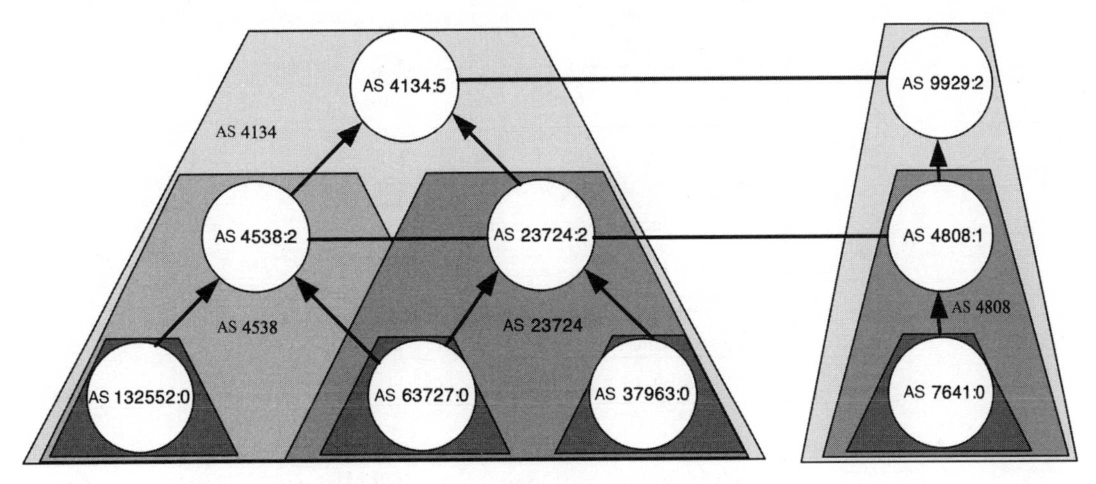

图 2-13　AS 影响力分析

2. 汇聚点层拓扑测绘

汇聚点层拓扑测绘需要先进行网络路径时延优化，结合路由器的位置信息和相邻路由器之间的相对时延，迭代聚类路由器形成汇聚点。

（1）网络路径时延优化

由于网络不稳定，主动、被动探测的网络时延可能会发生膨胀，即测量的网络时延大于真实的网络时延。在某些情况下，当前跳的路由器测量时延过于膨胀，而大于后一跳的路由器时延。我们需要对网络路径时延进行优化，保证在路径中当前跳的路由器时延小于或等于后一跳的路由器时延，使探测机到同一个路由器的时延最小且相同。时延优化分为横向倒序优化和纵向优化两种方式。

1）横向倒序优化时延。从目标 IP 开始，逐个倒序优化路由器的时延，使得当前跳的路由器时延小于或等于后一跳的路由器时延，如图 2-14 所示。

第一次优化，最后一跳的路由器 R4 的时延是 7ms，大于目标 M1 的时延 5ms，因此把 R4 的时延优化为 5ms；第二次优化，倒数第二跳的路由器 R3 的时延是 6ms，大于最后一跳的路由器 R4 的时延 5ms，因此把 R3 的时延优化为 5ms。最终，从探测机 V1 到目标 M1 的路径中，当前跳的路由器时延都小于或等于后一跳的路由器时延。

2）纵向优化时延。获取探测机到同一个路由器的最小时延，并更新路由器的时延，如图 2-15 所示。

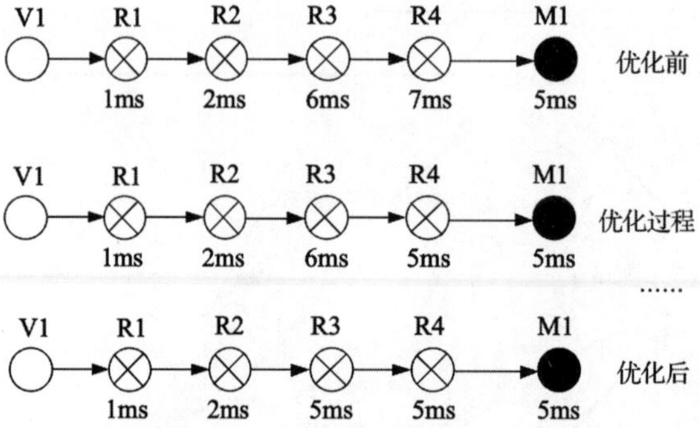

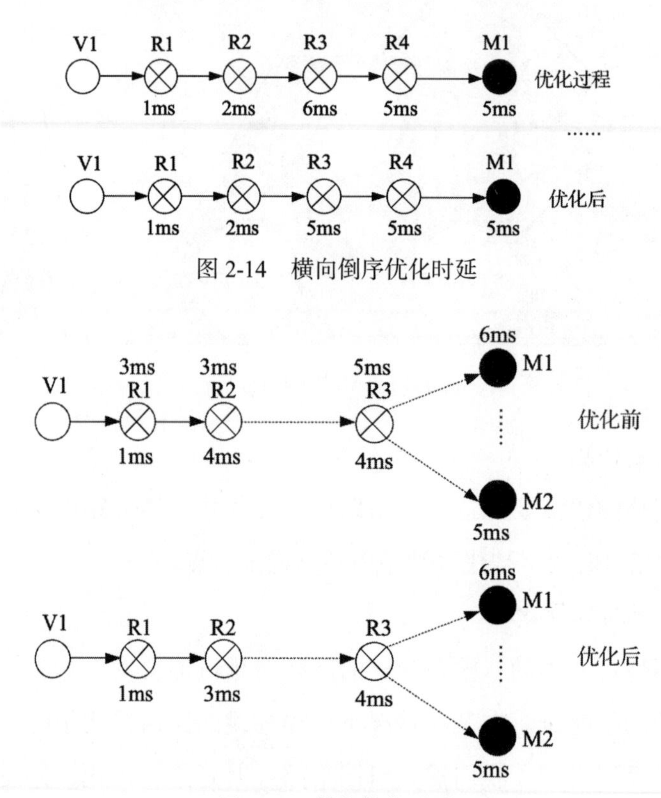

图 2-14 横向倒序优化时延

图 2-15 纵向优化时延

优化前，探测机 V1 通过路由器 R1、R2、R3 到达目标 M1 和 M2 的时延分别为 3ms、3ms、5ms、6ms 和 1ms、4ms、4ms、5ms；公共路由器 R1、R2 和 R3 的最小时延分别为 1ms、3ms 和 4ms；优化后，探测机 V1 到公共路由器 R1、R2 和 R3 的时延分别为 1ms、3ms 和 4ms。

（2）聚类路由器形成汇聚点

基于路由器位置和时延的汇聚点层拓扑测绘有以下 5 个步骤。

1）对在街道、楼宇级别地理位置的路由器进行标记。

2）将已标记路由器周围的未标记且之间时延小于 1ms 的路由器进行汇聚。

3）针对 IP 定位精度不高的路由器，融合多家 IP 定位库给出的候选位置，基于时延与物理距离之间的换算关系，确定路由器的位置。

4）当已知准确位置的邻居路由器数量大于等于 3 时，基于它们与未知路由器的时延，确定路由器的位置。

5）循环第 2 ～ 4 步，直到无法再汇聚到路由器，形成汇聚点层拓扑。

针对重点区域，汇聚点层拓扑测绘包含两个汇聚点之间的直连关系、汇聚点连接时所使用的路由器及接口 IP 情况、汇聚点内部路由器连接情况和关键汇聚点分析。

3. 路由器层拓扑测绘

路由器层拓扑测绘主要解决路由器别名引起的测量误差问题。互联网中的路由器一般有多个物理接口，连接多个网络。不同的接口分配有不同的 IP，因此一个路由器往往持有多个 IP，这种情况下就会出现路由器别名。路由器别名将导致探测得到的网络结构和实际网络结构存在差异。我们可以先通过路由器别名候选对生成算法，将彼此相近的 IP 收集起来，形成路由器别名候选对列表，然后通过路由器别名识别技术，对这些 IP 对进行识别，分辨出属于一个路由器的多个 IP，从而实现路由器层拓扑精准测绘。

（1）路由器别名候选对生成

该算法基于网络地址分配特征和网络路径推测，得到路由器别名候选对列表，为后续路由器别名识别提供数据依据。将路由器别名候选对中的 IP 放到彼此附近，可提高路由器别名识别效率和准确率。

1）基于网络地址分配特征的路由器别名候选对推测。在收集到的网络地址中，若一个接口 IP 和其附近接口 IP 相减的差值在某一个范围，如 192.168.1.3、192.168.1.5 和 192.168.1.7，则将这些 IP 组成多个 IP 对添加到路由器别名候选对列表中。

2）基于网络路径的路由器别名候选对推测。如图 2-16 所示，网络路径中连续两跳路由器的接口 a 和 c，与接口 c 在同一个子网中的其他可用 IP 地址为接口 b（与 c 点对点连接），因此，将接口 a 和 b 添加到路由器别名候选对列表中。

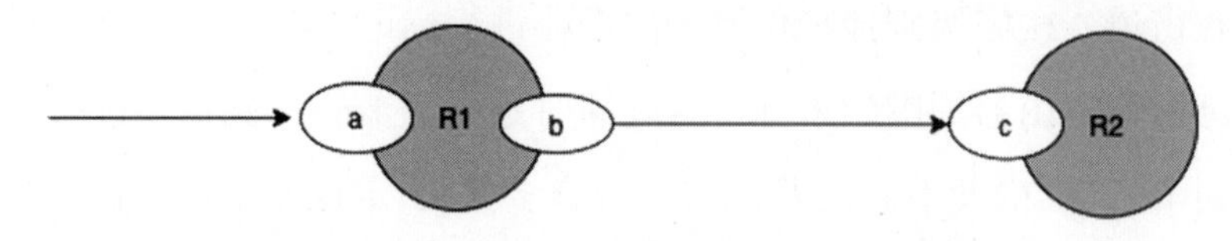

图 2-16 基于网络路径的路由器别名候选对推测

（2）路由器别名识别

我们可以使用基于单调性边界测试（Monotonic Bounds Test，MBT）的路由器别名识别技术和基于图论与主机名指纹的路由器别名识别技术，来实现接口 IP 到路由器的聚类，精准绘制路由器层拓扑结构。

1）基于单调性边界测试的路由器别名识别技术。

传统的基于 IP ID（IP IDentifier，IP 报文头部中的 16 比特标识符）的别名解析技术 Ally 和 Radar Gun 都无法满足大规模路由器别名识别需求。Ally 技术是向一组疑似路由器别名的 IP 交叉发送探测报文，然后比较接收到的响应报文中的 IP ID，以判断这两个路由器是否为同一个路由器的别名。网络中的每个路由器都有一个 IP ID 计数器，并且各个接口都共享这个计数器数据，如果接收到的响应报文中的 IP ID 是有序的并且值是相近的，则判定这两个 IP 是同一个路由器的别名。Ally 在对探测报文不响应的路由器和限制了探测速率的路由器上会失效，并且针对 N 个 IP 地址的别名识别时，需要 $O(n^2)$ 的探测量，因此，Ally 无法进行大规模网络探测。Radar Gun 技术基于对探测目标返回包含 IP ID 响应报文的速度建模算法来解决 Ally 的性能问题，将 N 个 IP 地址的别名识别探测量从 $O(n^2)$ 降低到 $O(n)$。Radar Gun 给每一个接口 IP 地址发送 30 次探测报文，根据响应报文计算 IP ID 值增长速率，进而估算某一时刻的 IP ID 值，分别对两个 IP 地址的探测响应报文进行分析，若这些响应报文中的 IP ID 值相近，并且 IP ID 值增长速率相近，则认为二者很有可能是同一路由器的别名。但由于 IP ID 字段仅有 16 比特，即最大值是 65 535，因此在一次测量中，IP ID 值超过最大值后，会重新从 0 开始计数，无法确保形成线性的 IP ID 变化率，导致会漏掉部分正确的路由器别名。Radar Gun 需要控制每次探测的 IP 地址数量，以便尽快完成测量。因此，Radar Gun 也无法进行大规模网络探测。

基于单调性边界测试的路由器别名识别技术可以解决现有别名解析技术无法大规模进行路由器别名识别的问题。该技术的实现可分为 4 个阶段。

- 评估阶段。在该阶段，首先确定针对接口 IP 地址的最佳探测方法。对于每一个路由器接口 IP，从 ICMP、UDP、TCP 和 TTL 受限间接探测的 4 种方法中确定一种进行探测，提高路由器接口 IP 的响应率。为了避免在选择探测方法时出现潜在偏差，我们需要将每个目标的探测顺序随机化。其次，对每一个路由器接口 IP 使用选择的间接探测方法进行 30 次探测，收集每个探测响应报文的接收时间和 IP ID，形成一个时间序列，以评估每个 IP 的 IP ID 变化速率，为创建滑动窗口提供依据。在评估阶段，我们只关心单个目标的属性，不需要跨目标收集重叠的时间序列，因此探测目标数量本质上可以任意扩展。
- 发现阶段。在该阶段，首先使用在评估阶段发现的 IP ID 变化速率生成一个滑动窗口探测计划，然后按照该计划，使用选择的探测方法探测每个目标。滑动窗口执行过程如图 2-17 所示，每条虚水平线表示特定执行轮中的路由器接口 IP，每条垂直线表示所有轮中的相同目标地址，实线表示一个窗口。该图显示了 30 轮次到 90 轮次的探测情况。在图的下半部分，以 ID/s 为单位显示路由器接口 IP 响应报文中 IP ID 的变化速率。图中标记了 4 个目标地址 A、B、C 和 D，并用垂直线突出显示了它们的目标索引。从图中可以看出，地址 A 和 B 具有相似的 IP ID 变化速率，在 35 ～ 83 轮次中共享滑动窗口；地址 A 和 C 的 IP ID 变化速率相差不大，在 70 ～ 83 轮次中共享滑动窗口；地址 A 和 D 的 IP ID 变化变化速率相差大，因此，地址 D 直到第 85 轮次在地址 A 退出之后才进入滑动窗口。该过程可以对大量 IP 进行单调性边界测试，以发现可能共享滑动窗口的 IP 对。
- 消除阶段。在该阶段，对潜在的路由器别名对使用单调性边界测试，以降低路由器别名识别的假阳率。单调性边界测试检查两个地址的 IP ID 序列是否满足单调性要求，这是共享滑动窗口的必要条件。

- ❑ 确证阶段。在该阶段，对每个候选别名集进行整体的探测并应用单调性边界测试确认，排除误报，推断出可靠的路由器别名集。

该技术支持多个探测节点同时对任意数量的 IP 目标进行评估；能确保 IP ID 是单调递增的，降低路由器别名识别的假阳率；使用滑动窗口机制可对具有相近的 IP ID 变化率的 IP 地址进行多轮次探测，实现大规模探测的同时确保路由器别名识别的准确性。

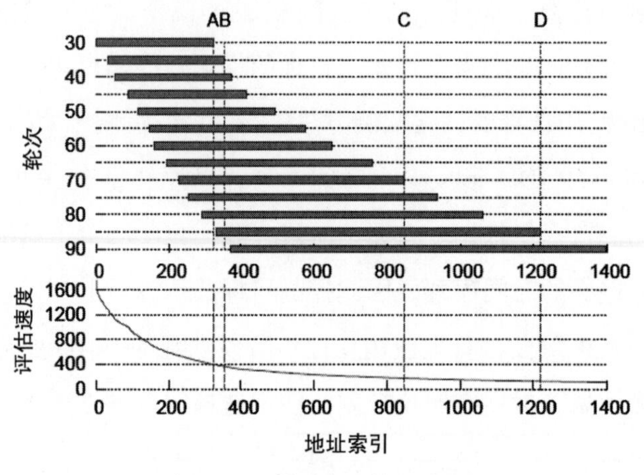

图 2-17 滑动窗口执行过程

2）基于图论和主机名指纹的路由器别名识别。

- ❑ 基于图论的路由器别名识别。其主要根据网络路径中的 2 跳或 3 跳 IP 连接段，利用图论技术迭代推断路由器别名，并使用路由器别名集，验证推断的正确性，形成准确的、完整的路由器别名识别机制，实现过程分为如下 3 个阶段。

在识别子网阶段，基于所有的 3 跳 IP 连接段，识别合理的 IP 子网，在推断 IP 子网大小时，尽可能推断小的 IP 子网。推断的 IP 子网越大，推断得到的路由器别名假阳率概率越大。合理的 IP 子网需要满足 3 个规则：无广播地址规则，即一个 IP 子网中的开头 IP 地址和结尾 IP 地址是广播地址，无法在网络路径中出现，如 1.1.1.0/30 的 1.1.1.0 和 1.1.1.3 是广播地址，可用的 IP 地址仅有 2 个，分别是 1.1.1.1 和 1.1.1.2；正确性规则，即推断的 IP 子网中的两个 IP 地址不能同时出现在同一条网络路径中的相邻跳；完整性规则，即要求一个子网中至少一半的可用 IP 地址出现在网络路径中，才能推断子网存在，如 1.1.1.0/28 中的可用 IP 地址有 14 个，仅当有 7 个及以上 IP 地址出现在网络路径中，才能推断子网存在。

在路由器别名推断阶段，针对拥有同一 IP 子网的网络路径，利用图论技术对所有收集到的网络路径，迭代推断路由器别名，直到推断的接口 IP 出现在同一条路径中（同一条路径中的 IP 不可能是路由器别名），完成路由器别名推断。图 2-18 中大圆代表路由器，小圆代表路由器上的接口 IP，在不同的网络路径中出现了 a、b、c、d、e 五个接口 IP，并且 c 和 d 在子网识别阶段被推断为在同一个子网中，那么 a、b、c、d、e 可能有图中所示的 3 种拓扑情况。如果 b 和 e 也在相同的子网中，那么拓扑情况为第二种或第三种情况，即 b 和 d 一定是同一个路由器上的两个接口 IP。进一步通过之前基于单调性边界测试方法得到 a 和 e 是同一个路由器上的两个接口 IP，那么拓扑情况一定是第三种情况，即 b 和 d，a 和 e 一定是同一个路由器上的两个接口 IP。

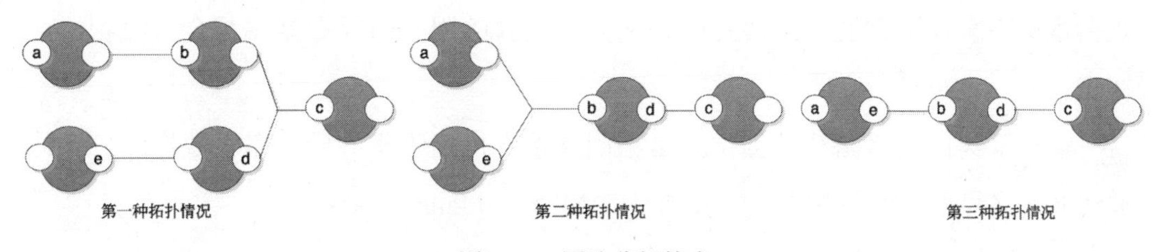

图 2-18　图论分析技术

在验证识别结果阶段，使用接口 IP 的 TTL 值验证前两个阶段的结果，降低路由器别名识别的假阳率。验证方法是在识别子网阶段和路由器别名推断阶段，利用多个探测节点收集每个识别子网中的接口 IP 的 TTL 值。每个探测节点得到的结果差值不能超过 1。

- ❑ 基于主机名指纹的路由器别名识别。其使用域信息搜索器工具，获取路由器接口 IP 对应的主机名称，将路由器主机名称相似的 IP 聚合，对路由器别名进行补充，实现路由器别名的识别。

路由器的主机名称中往往含有接口类型、带宽、角色、位置、厂商和运营商等信息。具有相近路由器主机名称的 IP 地址识别为属于同一个路由器。如在路由器主机名称 xe-11-1-0.edge1.NewYork1.Level3.net 中，xe-11-1-0 表示接口类型和带宽，是 Juniper 路由器独有的定义方式，说明该路由器是 Juniper 厂商开发的，带宽是 10GE，接口是 11-1-0；Level3.net 表示运营商是 Level3；edge 表示路由器角色是边缘路由器；NewYork1 表示路由器的位置为美国纽约。如果两个 IP 的主机名称分别是 xe-11-1-0.edge1.NewYork1.Level3.net 和 xe-11-1-1.edge1.NewYork1.Level3.net，那么这两个 IP 属于同一个路由器。

4. 接口 IP 层拓扑测绘

通过被动采集的网络路径数据与主动探测得到的网络路径数据相结合，并对合并后的网络路径进行预处理，我们可实现接口 IP 层拓扑测绘。

（1）被动采集的数据网络路径与主动探测得到的网络路径数据相结合

针对相同的目标 IP，在不同位置、不同网络下的探测节点得到的网络路径是不完全相同的。在主动网络路径探测中，由于探测器获取能力有限，获取的网络路径数据难免不全面，因此，需要将主动和被动获取的网络路径数据相结合，两者相互补充。

被动采集的网络路径数据主要是指国外学术机构收集的网络路径数据。公开的被动网络路径采集项目有 3 个，分别是 DIMES、iPlane 和 Ark。

（2）网络路径预处理

针对收集到的接口 IP 层网络路径进行预处理，形成 IP 连接段（2 跳和 3 跳），结合 IP 定位技术，实现对目标网络的 IP 级拓扑测绘，同时为路由器级拓扑测绘提供基础数据。

针对收集到的网络路径进行处理，将不响应跳以星号表示，并删除循环路径，提取 2 跳或 3 跳 IP 连接段，形成正确的、完整的拓扑路径，具体操作如图 2-19 所示。

1）如果任何一跳对多个探针有多个响应，将所有组合视为有效路径，如图中的 A 所示；

2）删除路径头部和尾部的不响应跳，如图中的 B 所示；

3）将私有 IP 地址作为不响应跳处理；

4）如果在上述处理之后只剩下 2 跳，则丢弃该网络路径；

5）如果检测到一个环路，只保留环路之前的部分，如图中 C 所示；

6）将路径分成相互重叠的 2 跳和 3 跳 IP 连接段，如图中将 A-B-C 拆分成 A-B 和 B-C。如果 2 跳或 3 跳 IP 连接段与包含不响应跳的 3 跳 IP 连接段的边缘 IP 地址匹配，则丢弃包含不响应跳的 3 跳 IP 连接段；若 C-D-E 和 C-*-E 同时出现，则丢弃 C-*-E，保留 C-D-E；若 C-E 和 C-*-E 同时出现，则丢弃 C-*-E，保留 C-E。

7）对于不响应跳，在保守场景下，丢弃从已知节点到无响应节点的所有连接来创建一个干净的图，即将不响应跳当作不存在来处理。

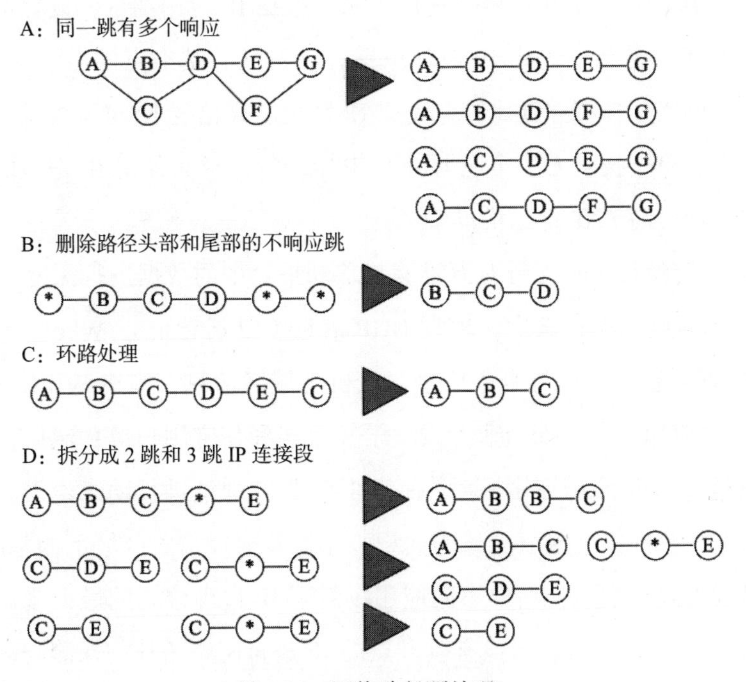

图 2-19　网络路径预处理

基于网络路径预处理形成的 IP 连接段，利用高精度 IP 定位技术获取 IP 地理位置信息，以逻辑层和地理层两种展现形式对接口 IP 层进行拓扑测绘。

2.1.5　高精度 IP 定位技术

世界各国的 IP 地址由互联网名称与数字地址分配机构（The Internet Corporation for Assigned Names and Numbers，ICANN）进行分配。大部分地理位置信息服务厂商基于 IP 地址的分配规则、路由探测、情报分析等手段进行 IP 定位。这种 IP 定位精度相对较低，只能达到城市级别的精度。

城市级精度可以满足一般性的资产所在地理位置的标注需求，但是对于网络空间资产监管、网络空间挂图作战、网络空间资产暴露面梳理、网络空间资产管理、网络空间资产行业分析等场景远远不够，需要更高精度的 IP 定位技术。

高精度 IP 定位技术采用数据挖掘与网络测量相结合的先进理念，融合多种数据源与测量技术，先划分 IP 应用场景再进行 IP 定位，最终实现街道级的 IP 定位。针对有基准点的 IP，利用基准点聚类定位算法，根据 IP 应用场景，设置不同的聚类参数，进行动态聚类分析，确定 IP 地理位置；针对没有基准点的 IP，采用 IP 实时定位算法，进行网络拓扑相似度比较，完成 IP 定位。高精度 IP 定位技术解决了基准点数据利用率低、单一技术无法实现街道级 IP 定位等问题，使得 IP 定位的精度达到米级，极大程度地提高了 IP 定位的准确率。

高精度 IP 定位技术首先针对万维网、移动平台中的数据进行深度挖掘，形成 IP 基础信息和基准点数据；其次，根据 BGP 信息（IP 运营商）、Whois 信息（IP 所属机构）、使用者信息、端口与服务信息、主机与域名信息、周边 WIFI 信息和基准点信息等划分 IP 应用场景，如企业专线、学校机构和住宅用户等；然后，结合基准点信息和应用场景，对不同应用场景下有基准点的 IP 地址进行动态聚类分析，针对不同的聚类参数，权衡聚类覆盖区域的面积大小以及聚类覆盖区域下的基准点召回率，找到效果最优的聚类参数，给出不同应用场景下 IP 地理位置的最大覆盖范围，完成有基准点的 IP 定位；最后，对没有基准点的 IP 进行网络拓扑的探测与分析，将其与具有相似网络拓扑结构的基准点进行绑定，完成 IP 定位。高精度 IP 定位技术原理如图 2-20 所示。

高精度 IP 定位包含两个关键技术，分别是基于物理特征与网络特征的 IP 应用场景划分技术、海量基准点数据挖掘技术[⊖]。

（1）基于物理特征与网络特征的 IP 应用场景划分技术

对于 IP 应用场景分类，相关行业并没有统一的标准。有些厂商会根据 IP 地理位

⊖ 埃文科技网址：https://www.ipplus360.com.

置采集方式来确定 IP 的应用场景，将 IP 分为咖啡馆、网吧等，这种分类方法划分颗粒度比较大，停留在运营商、数据中心等级别，无法精准划分 IP 应用场景。

基于物理特征与网络特征的 IP 应用场景划分技术是根据 IP 用途，利用机器学习分类算法，结合物理特征和网络特征进行三级 IP 应用场景划分。第一级：结合 IETF 数据、IANA 数据、5 个 RIR 数据、BGP 数据、主动测量数据和基准点数据，划分 IP 的使用状态，将 IP 划分为保留 IP、未分配 IP、不可路由 IP、未使用 IP 和已使用 IP。第二级：针对已使用 IP，根据运营商的服务类型，分析 IP 所属的组织名称等物理特征，将 IP 划分为数据中心、交换中心、学校单位、卫星通信和运营商。第三级：针对运营商，集合 IP 的物理特征和网络特征（如基准点数量、基准点覆盖范围、域名数量、ICMP 到头率和 IP 开放端口等信息），利用机器学习分类算法，将 IP 详细划分为企业专线、组织机构、住宅用户、移动网络、WLAN 热点、基础设施、专用出口等。

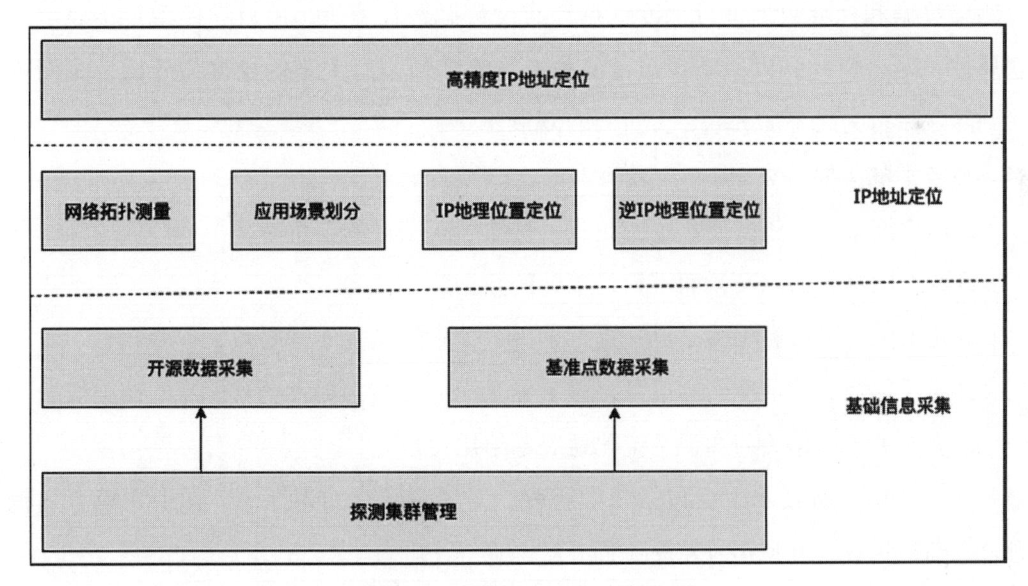

图 2-20　高精度 IP 定位技术原理

（2）海量基准点数据挖掘技术

基准点是指具有精准地理位置的 IP 地址。高精度 IP 定位需要海量的基准点做数据支撑。

海量基准点数据挖掘一般分为两个步骤：首先需要搭建高效的分布式数据采集平台，对不同的数据源采用不同的采集策略，以便高效全面地收集基准点数据；其次，由于数据源存在多样性，多个数据源之间的数据可能相互矛盾，所以需要分析与研究不同来源的数据特征，搭建完善的基准点分析过滤模型，对采集到的基准点数据进行清洗、过滤，最终得到海量、有效的基准点数据。

2.1.6 知识图谱分析技术

首先在多源网络空间资产数据的语义模型构建、语义数据采集和存储基础上，建立网络空间核心资产的知识图谱，形成基于知识图谱的网络空间资产指纹库；接着进行异构多源的网络空间资产数据上下文描述标准化、语义建模及上下文语义查询和推理，实现基于上下文语义的精确资产数据源搜索、定位和网络空间资产数据源的动态绑定。该技术核心在于对多模、异构多源数据的高效处理与可视化展示，对测绘数据和社会数据进行深度挖掘，通过数据融合分析，用数学模型直接表示关联属性，融合成一张以关系为纽带的数据网络。通过对关系的挖掘与分析，我们可找到隐藏在行为之下的关联，并进行直观展示。

该技术的主要特点如下。

- 用户搜索次数越多搜索范围越广，搜索引擎获取的信息越多。
- 赋予数据新的意义，而不只是单纯的数据。
- 几乎融合了所有相关学科，提升了用户搜索体验，不需要频繁查阅知识。
- 为用户找到更加准确的信息，做出更全面的总结并提供更有深度的相关信息。
- 把与关键词相关的知识系统化地展示给用户。

知识图谱分析技术主要包括知识获取、知识表示、知识存储、知识建模、知识融合、知识计算、知识运维 7 个方面。

（1）知识获取

知识图谱中的知识来源于结构化、半结构化和非结构化数据，如图 2-21 所示。

通过知识抽取技术，我们可从这些不同结构的数据中提取出计算机可理解和计算的数据，以便进一步分析和利用。知识获取即提取不同来源、不同结构的数据，形成体系化的知识并存入知识图谱。

（2）知识表示

知识是人类在认识和改造客观世界过程中总结出来的客观事实、概念、定理和公理的集合。知识具有不同的分类方式，例如按照作用范围可分为常识性知识与领域性知识。知识表示是将现实世界中存在的知识转换成计算机可识别和处理的内容，是对知识的一种描述或一组约定。

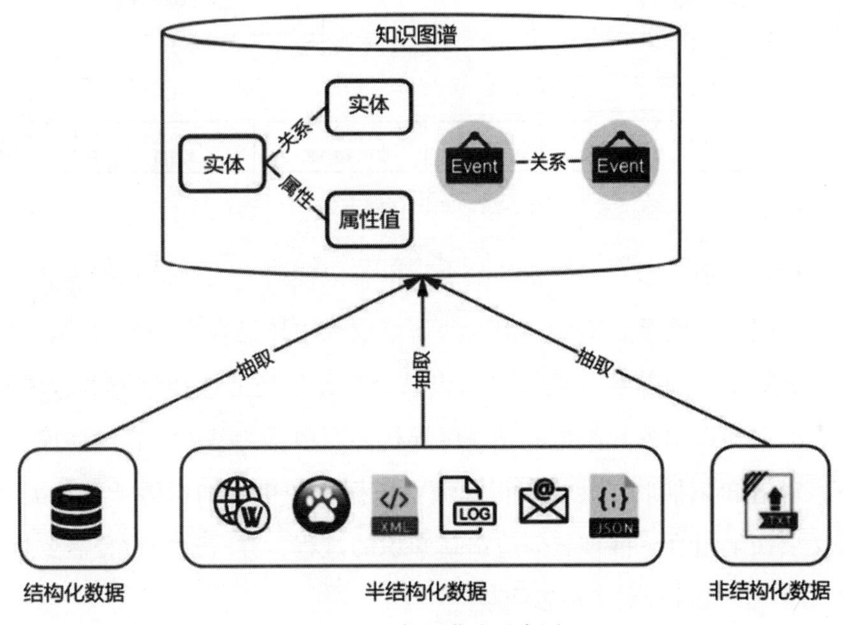

图 2-21　知识获取示意图

（3）知识存储

知识存储是以知识表示形式设计的底层存储方式，完成各类知识的存储，以便对大规模图数据的有效管理和计算。知识存储方式如图 2-22 所示。知识存储对象包括基本属性知识、关联知识、事件知识、时序知识和资源类知识等。知识存储方式直接影响着知识图谱中知识查询、知识计算及知识更新的效率。

（4）知识融合

知识融合概念最早出现在 20 世纪 80 年代，是指对来自多源的不同概念、上下文和不同表达等信息的融合。武汉大学的唐晓波、魏巍教授认为知识融合是知识组织与信息融合的交叉学科，它面向需求和创新，通过对众多分散、异构资源上知识的获取、匹配、集成、挖掘等处理，获取隐含的或有价值的新知识，同时优化知识的结构和内涵，提供知识服务。

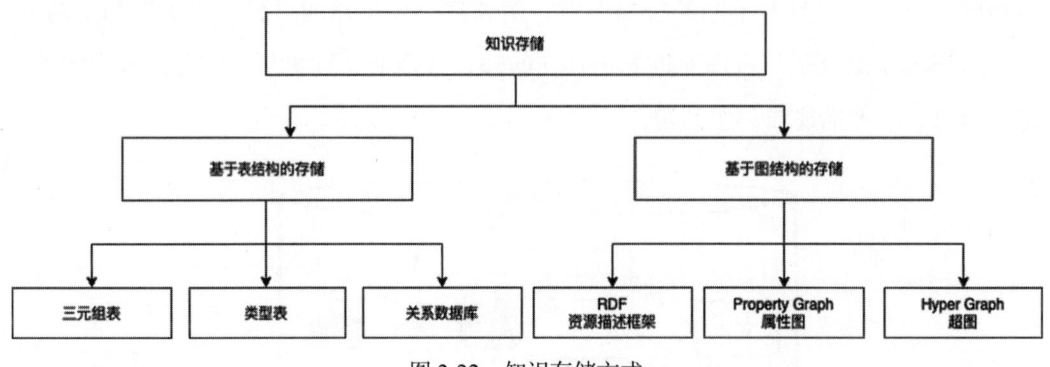

图 2-22 知识存储方式

知识融合是一个不断发展变化的概念，尽管以往研究人员的具体表述不同、所站角度不同、强调的侧重点不同，但这些研究成果中还是存在很多共性。这些共性反映了知识融合的固有特征，可以将知识融合与其他类似或相近的概念区分开来。知识融合是面向知识服务和决策问题，以异构多源数据为基础，在本体库和规则库的支持下，通过知识抽取和转换获得隐藏在数据资源中的知识因子及其关联关系，进而在语义层次上组合、推理、创造出新知识的过程，并且这个过程需要根据数据源的变化和用户反馈进行实时动态调整。

（5）知识建模

知识建模是指建立知识图谱的数据模型，即采用什么样的方式来表达知识，构建一个本体模型对知识进行描述。本体模型中需要构建本体的概念、属性以及概念之间的关系。知识建模是知识图谱构建的基础，高质量的数据模型能避免许多不必要、重复的知识获取工作，有效提高知识图谱构建效率，降低数据融合成本。不同领域的知识具有不同的数据特点，可构建不同的本体模型。

知识建模一般有自顶向下和自底向上两种方法。

1）自顶向下构建是指在构建知识图谱时首先定义数据模式（即本体），从最顶层的概念开始定义，然后逐步细化，形成良好的分类层次结构。

2）自底向上构建则相反，首先对现有实体进行归纳，形成底层概念，再逐步往上抽象形成上层概念。自底向上构建多用于开放域知识图谱的本体构建，因为开放域知识太过复杂，自顶向下构建无法考虑周全，自底向上构建则可满足概念不断增加的需求。

（6）知识计算

图谱质量和知识完备性是影响知识图谱应用的两大因素。图谱质量提升、潜在关系挖掘与补全、知识统计与知识推理成为知识图谱应用的重要研究方向。知识计算是基于已构建的知识图谱进行能力输出的过程，是知识图谱能力输出的主要方式。知识计算主要包括知识统计与图挖掘、知识推理两大部分内容。知识统计与图挖掘重点研究的是知识查询、指标统计和图挖掘；知识推理重点研究的是基于图谱的逻辑推理算法，主要包括基于符号的推理和基于统计的推理。

（7）知识运维

由于构建全量的行业知识图谱成本很高，在真实场景中，我们一般遵循小步快走、快速迭代的原则进行知识图谱的构建和演化。知识运维是指在知识图谱初次构建完成之后，根据用户的使用反馈对不断出现的同类型知识以及新的知识来源进行全量的行业知识图谱的演化和完善的过程。运维过程中，我们需要保证知识图谱的质量。

知识运维包括两方面：基于增量数据的知识图谱的构建过程监控；知识错误修正，例如错误的实体属性值、缺失的实体间关系、未识别的实体、重复实体等问题。这些问题会在知识图谱构建、算法组合、算法调整、新增业务知识优先级排列等过程中进行解决，提升图谱质量并丰富知识框架。知识运维需要基于用户反馈和专家发现问题及修正、自动的运行监控，因此是一个人机协同的过程。

2.1.7　大数据存储与分析技术

据威瑞信（Verisign）统计，截至2021年第四季度末，全球已注册顶级域名超过3.67亿，较第三季度增加330万，数量增长迅速。如果按照子域名来估算，域名的量级非常庞大。除此之外，还存在着海量的IPv4地址空间、IPv6地址空间。这些暴露在互联网中的设备所产生的信息量，及对信息采集和处理的模式都具备大数据特点。

另外，随着工业互联网、物联网、5G通信等信息化建设的推进，智能终端、网络设备和软件应用等的爆发式增长，以及现实世界与网络世界的融合，进一步激发了网络空间资产数据的增长。

网络空间测绘需要对海量网络空间资产数据执行存储、分析、挖掘、标注、检索等操作，所涉及的需求实现、应用开发都需要大数据平台来支撑。

常见的大数据平台架构如图2-23所示，可以分为数据接入层、数据存储层、数据分析层、数据应用层、系统监控层5个层次。

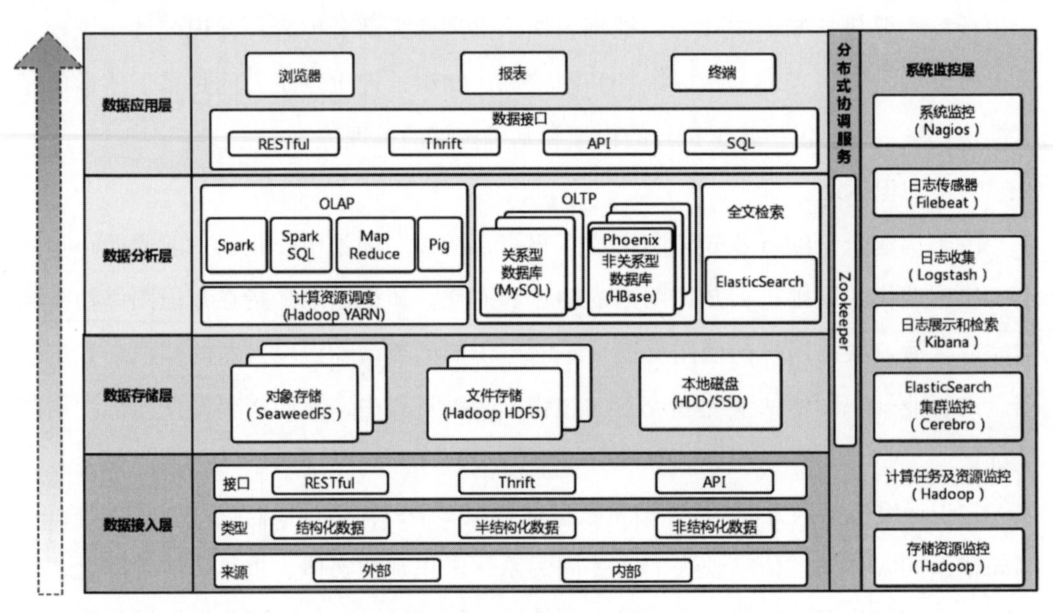

图2-23 大数据平台架构

1. 数据接入层

网络空间设备类型丰富，数据来源广泛、内容多样、格式不统一，所以需要数据接入层对这些异构多源数据进行采集和清洗。

首先要定义数据接入规范，对不同来源、不同采集方式的数据进行定义，统一接口和处理方式，规范存储路径、文件名称等，降低接入复杂度和成本。

其次需要定义数据规范，包括数据意义、字段类型、数据格式等，将采集到的结构化、半结构化、非结构化数据按照规范进行清洗、整形。

最后需要定义标准化的接口，供平台中的其他层调用。标准化的接口可以将数据接入层抽象出来，降低和数据接入层内部处理逻辑的耦合，同时更好地支持上层进行并发调用。

2. 数据存储层

数据存储层是大数据平台架构的核心。传统的分散、单一的存储方式，无论在性能、容量、效率上，还是在安全、成本上，都无法满足新兴的大数据业务需求。大数据背景下，要求数据存储层具备弹性扩展、高可靠性、高容错性、低成本等特性。

数据存储层采用分布式存储系统。当存储数据时，大数据存储任务被切分成子任务，分配到集群环境中的各台机器去完成。当需要读取数据时，分布式存储系统会通过本地副本和节点调度来收集相关数据。

分布式存储系统分为块存储、对象存储以及文件存储 3 种类型。

（1）块存储

块存储会将数据拆分成块，并单独存储。每个数据块都有一个唯一标识符。分布式块存储系统会将数据分布到可以更好地提供服务的多个环境中。当用户请求数据时，底层存储软件会重新组装这些环境中的数据块，并将它们呈现给用户。数据块通常会部署在存储区域网络（SAN）环境中，而且必须绑定到正常运行的服务器上。每个数据块独立存在，且可被分区存储，因此可以通过不同的操作系统进行访问，易于使用和管理。

由于允许用户直接操作块存储设备，因此分布式块存储系统具有高性能和低时延的特点，且支持随机读写，但是存储成本高，而且处理元数据的能力有限。

常见的分布式块存储系统有 GlusterFS、Ceph 等。

（2）对象存储

对象存储也称为基于对象的存储，是一种扁平结构，其中的文件被拆分成多个部分并散布在多个硬件间。在对象存储中，数据会被分解为称为“对象”的离散单元，并保存在单个存储库中，而不是作为文件夹中的文件或服务器上的块来保存。对象存储卷作为模块化单元来工作，每个存储卷是一个自包含式存储库，含有数据、对象的唯一标识符以及描述数据的元数据。对象存储的元数据信息非常详细，比如图片的拍摄地点、所用拍摄设备和图片描述等。分布式对象存储系统可以更好地分配负载，并允许管理员应用策略来执行更强大的搜索。

分布式对象存储系统通过 RESTful 接口提供服务，适用于永久类型静态数据的长期存储。其灵活性和扁平性意味着可以通过扩展来存储大量数据。分布式对象存储系统有足够的信息供用户查找，并且擅长存储非结构化数据。其典型应用场景有图片存储、视频存储、海量小文件存储、软件安装包存储、归档数据存储等。

常见的分布式对象存储系统有 Swift、SeaweedFS、Ceph 等。以 Swift 为例，Swift 系统可以构筑在比较便宜的标准硬件存储基础设施之上，无须采用 RAID（磁盘冗余阵列），通过在软件层面引入一致性散列技术和数据冗余，牺牲一定程度的数据一致性来达到高可用性和可伸缩性。Swift 系统包含 3 个主要对象：Proxy Server 负责组件间的相互通信；Storage Server 提供磁盘存储服务；Consistency Server 作用是查找并解决由数据损坏和硬件故障引起的服务错误。Swift 最主要的是实现了横向扩展，其前端的 Proxy 组件实现了数据分发。该组件可以执行多个实例，每个实例可以在一台物理服务器上运行。由于 Proxy 可以横向扩展，因此不会成为性能瓶颈。Proxy 中最核心的算法是一致性哈希算法。该算法实现了将对象映射到物理设备。为了保证整个系统的可靠性和可用性，Swift 将设备划分为若干等级，比如 Zone、Host 和 Disk。通过不同设备的分发，我们可实现故障域的隔离。

典型的 Swift 系统包含一台 Proxy Server 和若干台 Storage Server。其中，用户通过客户端 Proxy Server 连接，Proxy Server 和 Storage Server 通过专用的私有网络连接，以保证数据的私密性。Swift 系统的优势和特点包括支持多租户、无单点故障、没有目录结构、不适合保存经常变化的文件、不支持修改操作。

（3）文件存储

分布式文件存储系统（Distributed File System，DFS）是指文件系统管理的物理存储资源由计算机集群中的多个节点构成，存储节点之间通过计算机网络相连，或是通过若干不同的逻辑磁盘分区或卷标组合在一起而形成的完整的、有层次的文件系统。DFS 为分布在网络上任意位置的资源提供一个逻辑上的树形文件系统结构，从而使用户访问分布在网络上的共享文件更加简便。

DFS的典型应用场景有日志存储、带目录结构的数据存储及共享等。常见的DFS有GlusterFS、HDFS、Ceph、SeaweedFS等。以HDFS为例，一个HDFS集群包括一个NameNode以及一定数量的DataNode。NameNode作为Master Server负责管理文件系统的命名空间以及客户端对文件的访问，同时决定数据块到DataNode的映射。DataNode负责管理连接到该节点上的存储，执行数据块的生成、检测、复制等操作。在文件系统内部，一个文件被分为一个或多个数据块，这些数据块被存储到一组DataNode上。

典型的HDFS系统中中心机器（只含有一台）只运行NameNode，其他机器运行DataNode。

HDFS系统的优势和特点如下。

1）高容错性，能够探测错误并迅速修正。

- 数据自动保存多个副本。它通过增加副本的方式，提高容错性。
- 某一个副本丢失以后，可以自动恢复。

2）适合大数据处理场景。

- 能够处理数据规模达到GB、TB，甚至PB级别的数据。
- 能够处理数量在百万规模以上的文件。

3）强调数据访问的高吞吐，而不是数据访问的低时延。

4）不适合海量小文件存储。

5）不支持文件并发写，不支持随机修改文件。

3. 数据分析层

数据分析层包含多种类型的数据库和数据计算分析引擎，用来支撑对海量数据进行检索、分析、统计、挖掘、标注等。

1）利用在线事务处理（On-Line Transaction Processing，OLTP）引擎实现对数据的增、删、改、查、关联、扫描等操作。

常用的OLTP引擎有HBase、MongoDB、MySQL等。HBase是基于列式存储的分布式数据库，底层采用的是LSM树数据结构，是Hadoop生态下核心系统之一。

其建立在 HDFS 之上，具备高可靠性、高性能、列存储、可伸缩、实时读写等特点。它仅能通过主键和指定主键的范围来检索数据，主要用来存储非结构化和半结构化的松散数据。

典型的 HBase 部署方案是基于 HDFS 集群，部署一台服务器作为 HMaster 主节点，其他机器作为 Region Server 节点。HMaster 主要执行 Region Server 的管理、DDL（创建、删除表）操作等。Region Server 主要用来对读写数据。当用户通过客户端访问数据时，客户端会和 Region Server 进行直接通信。其底层的数据存储还是依赖 HDFS。HDFS 的 DataNode 存储了 Region Server 所管理的数据。

使用 NoSQL 类型数据库 HBase 或者 MongoDB 存放各类知识库数据、操作日志和任务信息等，并通过对数据进行 CURD、多表关联等操作；使用关系型数据库 MySQL 存放用户信息和统计结果等，并基于 Web 界面快速展示，是目前比较常用的方法。

2）利用在线分析处理（On-Line Analytical Processing，OLAP）引擎实现对数据仓库的聚合、上卷、下钻、切片、切块等操作。

常用的 OLAP 引擎有 Spark SQL、ClickHouse、Hive 等。ClickHouse 是开源的列式存储数据库（DBMS），主要用于在线分析处理，能够使用 SQL 查询并实时生成分析报告。其针对算法和特殊业务场景做了很多优化，在在线分析处理上表现优异，受到很多企业的青睐。

ClickHouse 不同于 HDFS、HBase 这类主从架构的分布式系统，它采用多主（无中心）架构，集群中的每个节点角色对等，客户端访问任意一个节点都能得到相同的效果。ClickHouse 分布式架构依赖 ZooKeeper 协调服务，通过配置文件实现分布式部署，同一集群可以配置多个分片节点，每个节点都配置同样的配置文件。

使用 Spark 对网络空间资产的海量历史数据进行统计和挖掘，使用 ClickHouse 对不同维度的数据进行聚合、即席查询等，是目前比较常用的方法。

全文检索引擎 Elasticsearch 可实现对海量数据的快速检索。Elasticsearch 是一个分布式搜索和分析引擎，适用于包括结构化和非结构化等在内的所有类型的数据的搜索和分析。它以简单的 RESTful 接口、分布式架构、高级和可扩展等特性而闻名，被很多公司使用。Elasticsearch 支持模糊查找、关键词查找、短语查找、通配查找等，支持多种搜索语法，比如且、或、非等，还支持丰富的条件过滤器。

典型的 Elasticsearch 系统是一台服务器作为主节点，一台服务器作为协调节点，集群中的其他机器作为数据节点。主节点负责集群中元数据管理，比如索引的创建、删除、分片分配以及数据的动态平衡等，不负责数据的检索与聚合，所以负载较轻。协调节点负责处理路由请求、搜索聚合以及分发索引请求等。大型 Elasticsearch 集群中一般会独立部署协调节点。数据节点保存了数据分片，负责执行数据相关操作，比如分片的 CURD、搜索和整合等。数据节点一般负载较高，所以需要选择资源充足的硬件配置，部署成本较高。

使用 Elasticsearch 存储网络空间资产的原始 Banner 数据和识别结果，并提供准实时的全文检索，是目前比较常用的方法。

4. 数据应用层

用户可以通过数据应用层提供的各类接口来对大数据平台进行操作。数据应用层提供了 RESTful 接口。接口预定义了一组操作。无论什么资源，用户都可使用同一接口进行访问。接口使用了标准的 HTTP 方法如 GET、PUT 和 POST，并遵循这些方法的语义，实现对资源的新增、变更、删除等操作。

Thrift 是一种接口描述语言和二进制通信协议，被用来定义和创建跨语言服务，可当作一个远程过程调用（RPC）框架来使用。它通过一个代码生成引擎及一个软件栈，来创建不同级别的、无缝的跨平台高效服务。

自定义接口支持使用如 JDBC 这类数据库的访问，支持通过 SQL 语言访问数据。用户通过大数据平台中的 OLAP、OLTP、全文检索等引擎，执行即席查询、统计分析、创建报表、导出报告等操作，并通过浏览器、命令行等方式进行输出和展示。

5. 系统监控层

系统监控层主要负责对大数据集群的健康状况、计算资源、存储资源等进行监控，让管理员可以随时掌握集群的运行情况，以便及时对告警反馈的故障进行修复。比如可以通过开源的网络监视工具 Nagios 收集集群中各节点的 CPU、内存、硬盘等资源使用情况，也可以监测各节点上应用程序运行状态等；通过开源的日志采集器Filebeat收集集群中各节点的日志数据，并通过开源的可视化分析工具Kibana对日志中的告警进行展示和检索，对大数据集群中的Elasticsearch服务进行监控和管理；通过Hadoop自带的存储资源和计算资源监控页面，观察集群中存储节点的空间占用情况、运行情况、资源分配情况、任务执行情况等。

2.1.8 网络空间可视化技术

网络空间可视化技术是以地图制图方法为基础，结合可视化相关理论与方法对网络空间及其要素进行可视化表达的技术。通过对网络空间存在的事物、发生的现象和过程进行可视化表达，人们可探索发现、全面认识、深入理解和有效管理网络空间。基于网络空间测绘成果，利用可视化技术绘制网络空间的全息地图，可以直观展示网络空间资产的地理位置、物理链路、逻辑拓扑、画像、业务流转等多维度信息，为掌握网络空间状况、网络空间资产分布、漏洞影响范围、安全态势等提供重要手段。

空间是与时间相对的一种客观存在形式，两者密不可分。按照宇宙大爆炸理论，宇宙从奇点爆炸之后，状态由初始的"一"分裂开来，有了不同的存在形式、运动状态等。物与物的位置差异由"空间"来度量，位置的变化由"时间"来度量。空间由长度、宽度、高度、大小表现出来。

网络空间具有地理学上的空间意义，同时又明显有别于以实体、距离和边界定义的传统地理空间。因此，按照网络空间及其要素的空间相关性，网络空间地图的绘制方法可分为强相关、弱相关和非相关3种。

1. 空间强相关的网络空间制图方法

空间强相关的网络空间制图方法可以视作传统地图绘制理论与方法在网络空间的应用，其中涉及的关键技术和核心算法均为已有的传统地图绘制方法。该类方法主要通过表示网络空间中在地理上明确空间位置的要素进行制图，如用于支撑网络空间的物理基础设施（数据中心、网络设备等），或者地理空间的互联网用户分布等。该类制图方法仍然是以传统的制图方法为主，如地图投影、地图符号、统计地图表示方法等。

（1）空间强相关的网络空间地图绘制具体方法

1）专题地图符号及统计地图表示方法。

1853年绘制的“美国、加拿大、新斯科舍电报站地图”就是一幅典型的在基础地图背景下，利用专题地图符号并配以表格来描述网络空间基础设施的地图。如图2-24所示，电报站以黑点表示，并且配以城镇的注记。美国国家网络线路简化成直线段的黑色细线。基础地图显示了海岸线、州边界、主要河流和湖泊，以便为读者提供必要的地图上下文背景。地图左侧提供了“国家电报税率”信息表格，按照字母顺序列出了670个电报站的从匹兹堡到各地发送信息的费用。

统计地图常常用以描述互联网全球化以及网络资源分布或增长情况等。常见的统计地图表示方法包括等值区域法、分区统计图表法和质底法等。以等值区域法为例，首先把整个制图区域按行政区（或自然分区）分成若干个统计区，然后按各统计区专题要素的相对集中程度（密度或强度）或水平划分级别，再按级别的高低分别填上明暗、浓淡不同的色阶（即色级统计图），或用粗细、疏密不同的纹理，甚至三维高度的差异，来显示专题要素的数量差别。通过颜色由浅到深（或由深到浅）、纹理由疏到密（或由密到疏）的变化，我们可以判断出各要素的空间集中或分散态势。

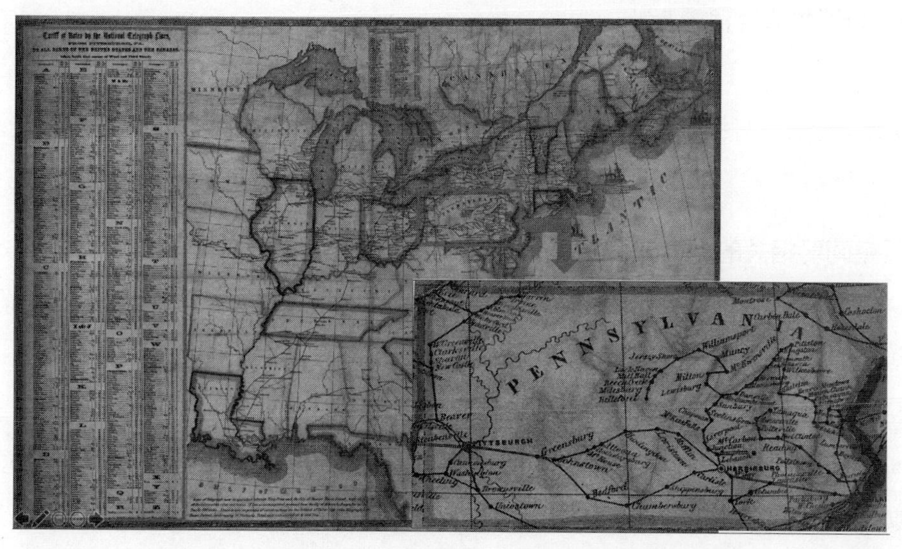

图2-24 1853年美国、加拿大、新斯科舍的电报站地图

2）地图投影。

MacDonald Gill 在 1945 年制作了“大圆”地图，采用了斜方位投影方法，将英国置于地图的中心来展示英国电信公司遍布全球的海底线缆和无线电台，试图彰显英国当时的重要地位。地图中通过黑点表示无线电台位置，通过实线和虚线分别表示海底电缆和无线电台的线路分布和连接关系。地图的边框处还通过 6 个圆形表示该公司采用不同类型的技术来满足不同的应用场景。

（2）空间强相关的网络空间地图绘制难点

1）网络空间地图符号设计空白。

地理空间地图的通用符号体系已经比较成熟。但是，网络空间地图符号的设计与表达尚处于空白，需要一套成熟且完整、能应用于网络空间地图可视化表达的符号规范，以促进网络空间资产的应用。

2）地理统计单元的有效性选择问题。

通常，在地理空间中以行政区为统计单元来描述和分析全球地理信息，在网络空间是否仍然适用有待进一步研究。地图空间是有限的，而统计地图上大部分面积表示地域广袤却人烟稀少的地方，难以体现甚至会掩盖占地较小却在网络空间重要的节点。

3）地图投影算法选择难。

现有地图投影算法已经非常成熟，但是需要结合网络空间制图的需求，深入分析已有地图投影算法的优劣，选择合适的地图投影算法，或者重新设计适应网络空间制图的投影算法。

2. 空间弱相关的网络空间制图方法

这类方法主要用来表示要素和要素之间的相对空间关系，如网络空间中节点的关系等。空间弱相关的网络空间制图方法多采用一些非传统 / 主流的制图方法（如 FlowMap、Cartogram 等方法），并结合信息可视化的相关方法进行表达。

所谓非传统 / 主流的制图方法是相对近百年西方主流地图学派而言的。这一学派强调地图的精确性和详细性，重视工艺，遵循诸多制图惯例，如以北为上，河流以蓝色表示，陆地以褐色表示，世界投影多采用墨卡托投影等。非主流 / 传统的制图方法不再一味强调地图的准确性和详细性，而是强调通过合理的简化、变形等手段，有效提高地图的信息传输效率。

（1）空间弱相关的网络空间地图绘制具体方法

1）Flow Map 方法。

在描述网络空间中节点之间的流量、节点状态以及链路利用率等信息时，FlowMap 是一种非常有效且应用广泛的表示方法。如图 2-25 所示，2018 年 TeleGeography 公司出版的全球互联网地图就采用了 FlowMap 方法。

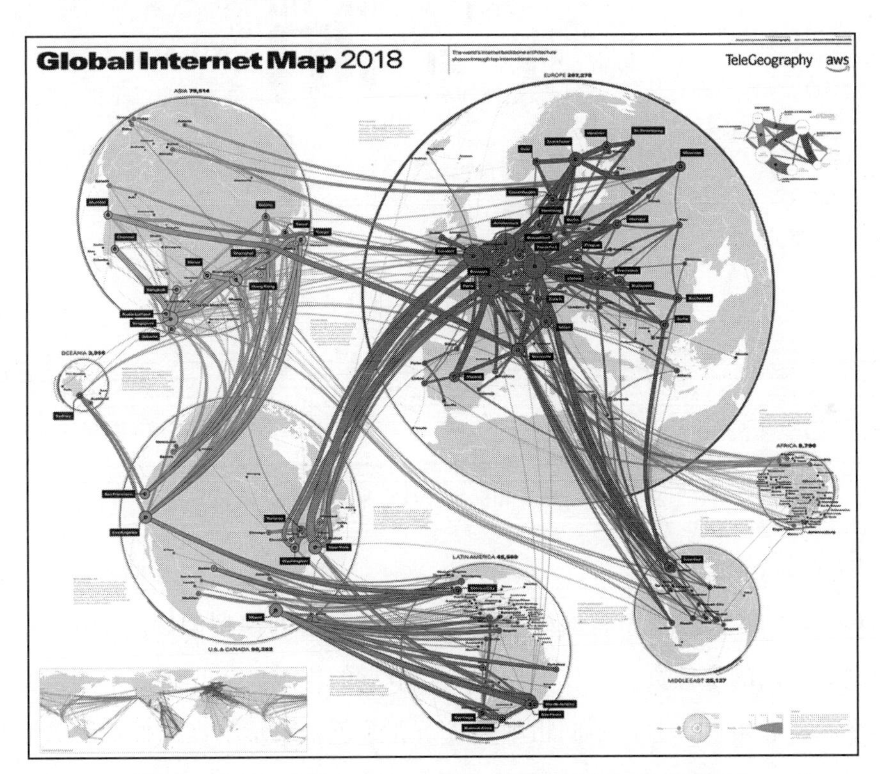

图 2-25　2018 年 TeleGeography 公司出版的全球互联网地图

2）Cartogram 方法。

Cartogram 结合了地图和图表的特性，是一种以对象尺寸来表示地理对象属性的图形表达方法。它使用一定的法则对地图进行几何转换，使得距离或者区域面积与某个属性值成比例，同时尽量保持相对正确的空间关系，从而得到一种地理空间“扭曲”的表达。Cartogram 适用于表达全球网络资源的空间分布。此外，Cartogram 还可以和信息可视化方法结合来表示网络空间相关资源，如和标签云结合来表示全球域名分布（见图 2-26）。

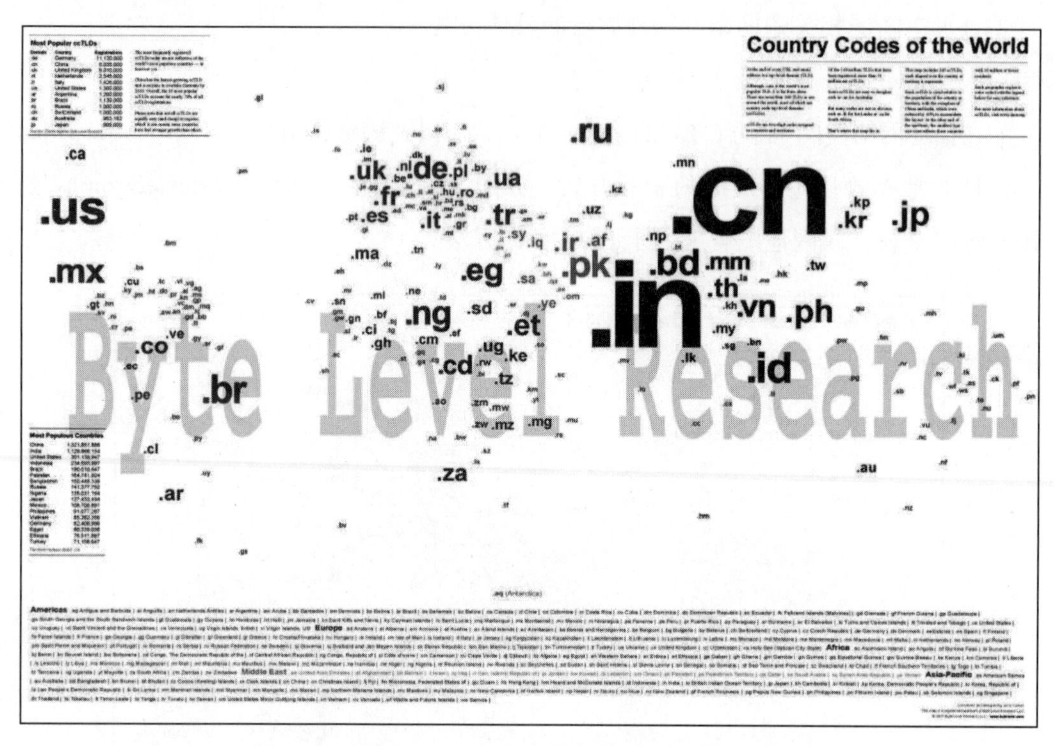

图 2-26 Cartogram 和标签云结合来表示全球域名分布

3）Network Map 方法。

Network Map 方法基于将网络空间视作节点和链的模型假设。Network Map 可以描绘网络空间的实体资源，比如通过不同节点的样式、大小来表示网络空间中不同的网络设备和角色，通过不同粗细的线条和颜色来表示节点间的逻辑关系和业务流转（见图 2-27）。网络图也可以有效反映信息、用户之间的关系，比如用网络图表示新浪微博名人被关注的情况，用节点的大小表示受关注的程度，节点的颜色达标相应的群体，从而清晰地看到群组的分布情况。

（2）空间弱相关的网络空间地图绘制难点

空间弱相关的网络空间地图绘制涉及的一些方法还处于发展阶段，有待完善，具体如下。

1）继续研究兼顾用户认知和信息传输效率的网络空间制图方法。

由于网络空间要素种类繁多且数量庞大，目前的制图方法能够制作出非常美观的图形，但是信息量过大容易给用户造成认知负担。比如 FlowMap 已经是一种非常简化的图形表示方法，但是从全球互联网地图可以看出，由于表示的信息非常多，尽管已经将地图背景弱化，仍然需要读者付出很大的精力去理解。我们需要继续研究兼顾用户认知和信息传输效率的网络空间制图方法。

2）存在网络空间和地理空间映射问题。

空间弱相关的资源和要素无疑具有空间性，但是传统的地理位置因素在减弱，同时空间相对关系、节点的连通重要程度（如新加坡在地理空间上是一个较小的地理区域，但是在网络空间上是一个非常重要的连接节点）等一些新的因素在增强。如何融合和映射“地理空间”和“网络空间”是一个亟待解决的问题。

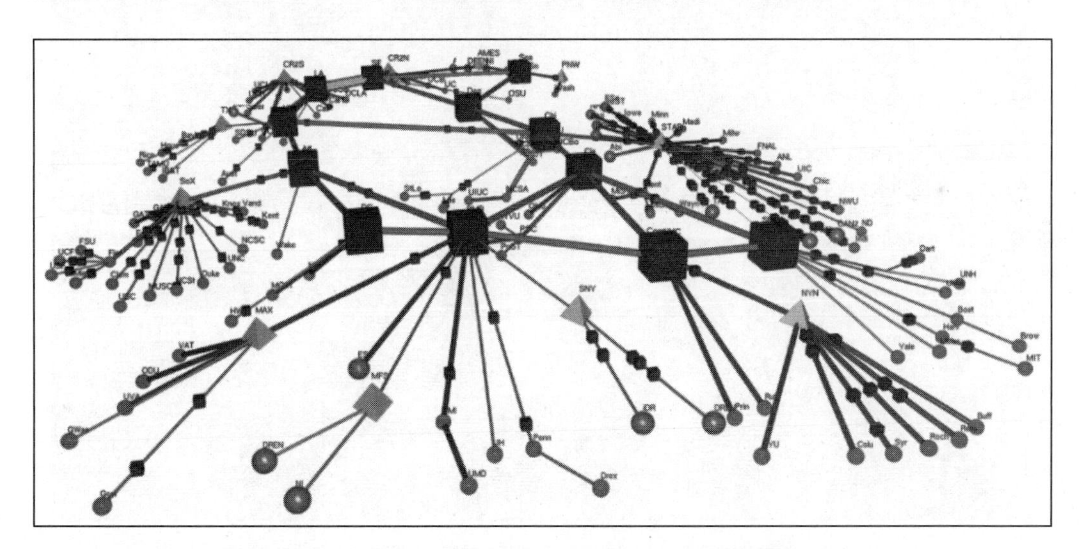

图 2-27　Network Map 表示网络空间的实体资源

3. 空间非相关的网络空间制图方法

空间非相关的网络空间地图用于描述网络空间中与空间不相关的要素。比如对网站的重要性和影响力的描述，对新闻事件关注度的描述等，这些要素并没有空间（位置）的概念。

（1）空间非相关的网络空间制图方法

该方法的理论基础是将地理空间视作网络空间的原型来描述。如图 2-28 所示，Bray 采用金字塔模型和三维城市景观地图隐喻来描述网络空间中的关键网站（地标建筑）。他基于网站之间的超链接提取了两个描述网站特性的直观性指标，分别是可见度和亮度。可见度描述的是输入超链接，即连接某一站点的所有外部网站的数量。反之，某个站点包含的其他外部网站的数量（输出超链接）决定了一个站点的“亮度”。

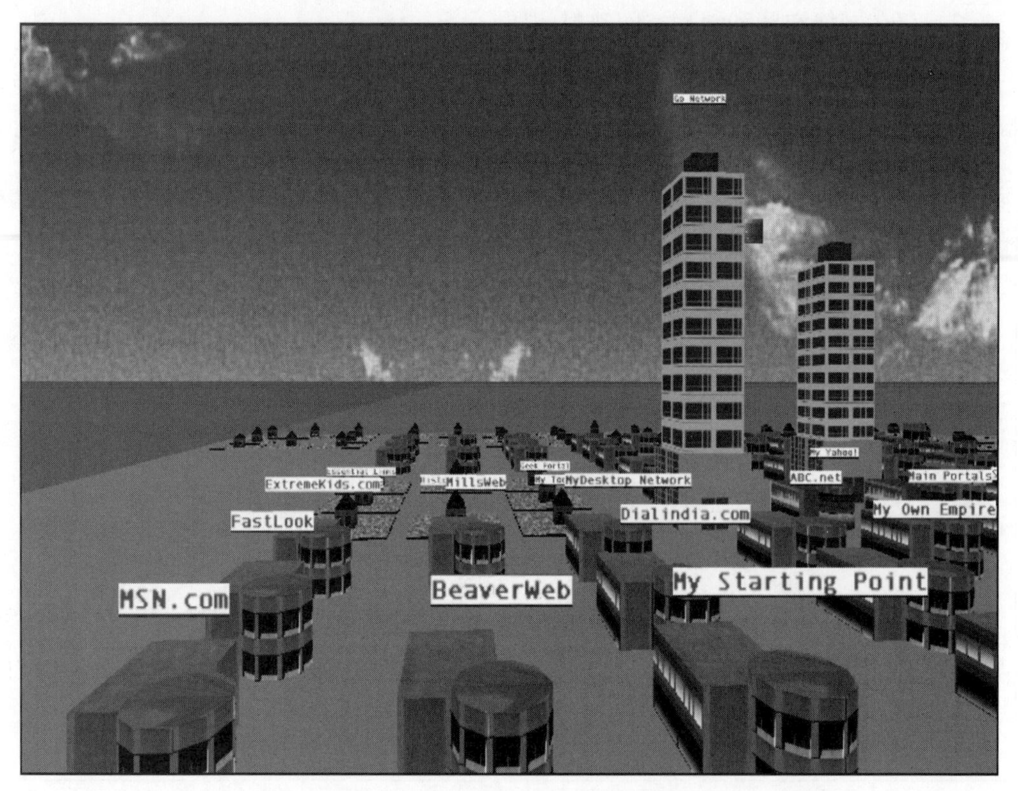

图 2-28 金字塔模型和三维城市景观地图隐喻网络空间的关键网站

网络空间中的网站还可以以星球等隐喻方式进行空间化制图，比如将每个网站视作一个独立星球，星球大小由网站流量决定，网站之间链接越强，则彼此越接近。如图 2-29 所示，NewsMaps 是空间非相关的网络空间虚拟资源可视化经典案例。它借用等高线的隐喻来制作新闻事件信息图。山和峡谷的大小代表新闻文本大小，山峰高度代表有多少新闻讨论了同一主题，峡谷代表从一个主题到另一个主题的过度。

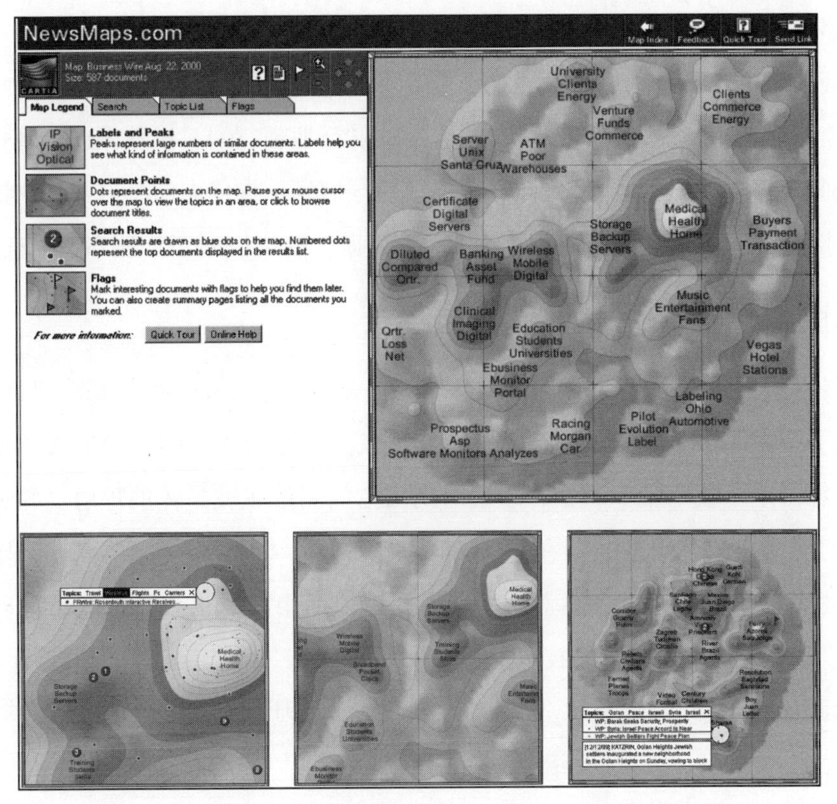

图 2-29　NewsMaps 的空间非相关的网络空间虚拟资源可视化制图

（2）空间非相关的网络空间地图绘制难点

急切需要建立有指导意义的制图规则，如与空间无关的网络空间要素空间化的数学基础、网络空间和地理空间的映射规则，以及如何约束网络空间及其要素空间化的随意性。

2.2　网络空间测绘能力体系

网络空间测绘能力体现在对空间中的数字化资产，通过扫描探测、流量监听、特征匹配等方式，动态发现、汇集资产数据，并进行关联分析与展现，实现快速感知安全风险，把握安全态势，从而辅助用户做决策，支撑预测、保护、检测、响应等安全工作。

网络空间测绘能力体系的构建以网络资源探测、网络拓扑分析、实体定位等技术为核心，通过探测、采集、处理、分析等手段获得网络空间虚拟与实体资源在网络空间和地理空间的属性，并将网络空间数据映射至地理空间，以地图或其他可视化形式表达网络空间资源的属性、坐标、拓扑结构等信息。构建面向全球互联网的网络空间测绘体系，可以为维护国家网络空间安全和提升网络空间态势感知能力提供支撑。

2.2.1 网络空间测绘知识图谱及系统架构

网络空间测绘涉及网络探测、网络分析、实体定位、地理测绘等。目前，该领域知识仍然缺少有针对性的概括、梳理和提炼，往往会让刚刚接触的人“见木而不见林”，容易陷于技术细节当中，缺乏对网络空间测绘领域整体的理解。知道创宇凭借多年的网络空间测绘经验，在2021年率先发布了《网络空间测绘知识图谱》。图谱中将网络空间测绘的核心要素从繁杂的知识体系中提取出来，进行了高度的概括和总结，形成了网络空间测绘技术大纲（见图2-30）。

大纲将网络空间测绘技术分为对象、探测、处理、加工、应用、领域、未来方向7个大类，并进行了详细介绍和说明。

（1）对象

对象部分分为IPv4、IPv6、域名、URL、端口、协议、形态7个小类，涵盖对对象的定义、收集方法等的详细说明，对常用的概念进行了解释和举例。

对测绘对象的定义示例如下。

1）IPv4：分配给主机网口的32比特的标识符。

2）IPv6：分配给主机网口的128比特的标识符。

3）域名：通过字符串替代IP地址来访问主机服务。

4）URL：统一资源定位符，用于指定提供信息的资源位置，由协议、域名、路径构成。

5）端口：TCP/UDP协议中用到的逻辑概念，占16比特，通过端口号来区分一台主机的不同应用程序或者服务。每种传输协议，端口范围都是0～65535。

IPv4对象常用的收集方法如下。

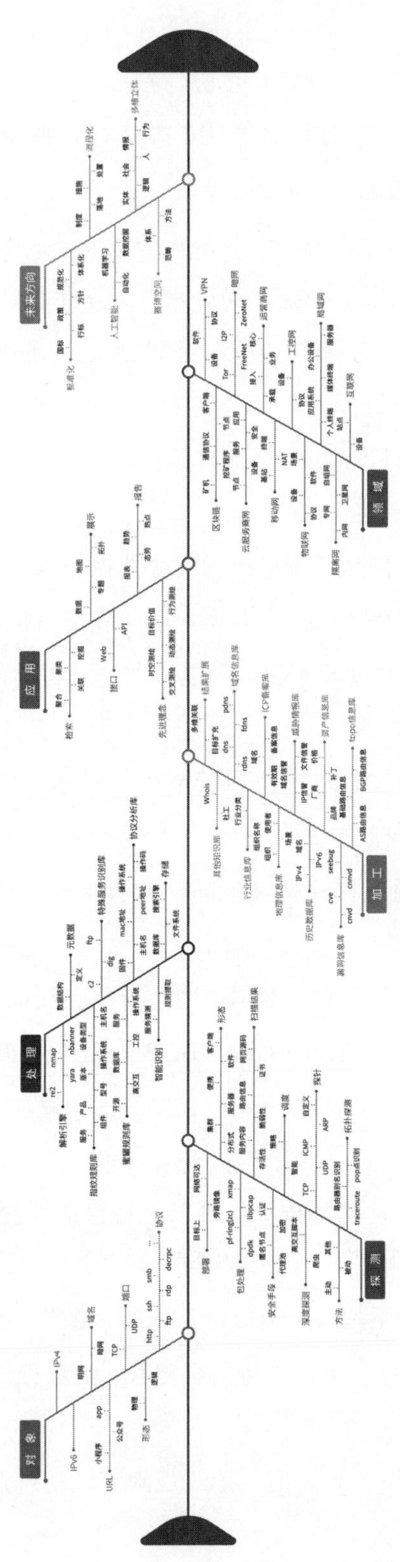

图 2-30　网络空间测绘技术大纲（见文前拉页）

1）可以对全球 IPv4 地址空间进行爆破与扫描。

2）可以通过位置、组织、使用者等信息查找对应的 IPv4 对象。

3）可以自定义指定网段、主机地址等。

（2）探测

探测部分分为方法、部署、形态、包处理、安全手段、深度探测、拓扑探测、探针、调度、结果 10 个小类，对探测方法、探测技术、探测内容进行了梳理和概括。

常用的探测方法总结如下。

1）主动探测：通过向目标发送探测数据包，然后分析目标响应的数据包内容和规律来识别目标。

2）被动探测：通过各种网络流量或者离线数据包来获取目标信息。

3）其他：在目标上部署 Agent 或者客户端，收集目标本身的资产和配置信息。

4）开源情报 / 渠道：通过开源搜索引擎或者公开售卖的渠道来获取目标数据。

常用的探测技术总结如下。

1）存活性探测：通过 DPDK、PF_RingZC 等技术，发送 ICMP、TCP SYNC 等报文，获取目标及端口开放数据。

2）资产深度探测：通过协议报文、高交互脚本等方式，获取资产的服务内容、配置参数等信息。

3）漏洞探测：通过漏洞关联、漏洞证明等方式，获取资产的漏洞信息。

4）拓扑探测：通过收集 Traceroute、BGP 等路由数据的方式，获取路径信息、路由信息。

探测内容的总结如下。

1）基于服务指纹的主动探测技术，可以进行存活性探测、服务内容探测、目标脆弱性探测、资产拓扑探测等。

2）基于内容格式的探测技术，可以进行文本、图像、音频、视频等信息收集。

3）基于话题的探测技术，可以进行内容爬取、情景分析、自动分类等信息收集。

（3）处理

处理部分分为解析引擎、元数据、指纹规则库、特殊服务识别库、蜜罐规则库、协议分析库、智能识别、存储8个小类，包括对原始数据解析，对解析后的数据进行元数据定义，确定字段名称、数据结构等属性，并存储到数据库。

比如指纹规则匹配相关内容总结如下。

1）基于Pcre、Pcre2、Pcre++、Re2等开源正则引擎进行指纹规则匹配优化。

2）直接采用开源软件，如Yara、Nmap等进行指纹规则的解析和匹配。

（4）加工

加工部分分为资产信息库、漏洞信息库、威胁情报库、ICP备案库、域名信息库、行业信息库、拓扑信息库、地理位置信息库、历史数据库、其他知识库、结果共11个小类，包括对处理阶段产生的基础数据和分析结果进行深加工，通过丰富的知识库进行关联和维度扩展，将网络实体资源映射到地理空间，将网络虚拟资源映射到社会空间。

常用知识库介绍如下。

1）资产信息库：包括厂商、品牌、补丁、价格等信息。

2）漏洞信息库：包括CVE、CNVD、CNNVD、SeeBug等信息。

3）威胁情报库：包括恶意IP、IP信誉、域名信誉、文件信誉等信息。

4）ICP备案库：包括企业备案信息。

5）域名信息库：包括DNS、RDNS、PDNS、FDNS等信息。

6）行业信息库：包括主行业、子行业、关键信息基础设施等信息。

7）拓扑信息库：包括AS路由信息、BGP路由信息、基础路由信息等。

8）地理位置信息库：包括埃文、MaxMind、IPIP、IP2Location、Quova等信息。

9）历史数据库：包括多年历史数据。

10）其他知识库：包括社工库、Whois库、社会属性库、人物情报库等。

（5）应用

应用部分分为检索、接口、展示、报告、先进理念5个小类，对一些常用的数据分析方法、可视化手段、接口进行了介绍，包括将数据量巨大、异构多源的网络空间要素及其关联关系投影到一个低维可视化空间，绘制分层次、可变粒度的网络地图。

比如，数据可视化手段包括：表格、二维或者三维地图、专题等。

比如，可形成报告的内容如下。

1）结果：关联、聚合、挖掘、分析等 OLAP 操作的结果。

2）态势：当前的形势。

3）趋势：根据当前的形势，推测未来的发展势头。

4）热点：新的、有影响力的、关注度高的事件。

（6）领域

领域部分分为互联网、隔离网、局域网、物联网、工控网、移动网、运营商网、云服务商网、暗网、VPN、区块链 11 个小类，将网络空间按照类型、场景进一步细化。

（7）未来方向

未来方向部分分为标准化、流程化、人工智能、多维立体、赛博空间 5 个小类，进一步阐述了在网络空间测绘领域还需要继续完善、提高、研究的方向。

网络空间测绘知识图谱分为三层五阶段。读者可以通过邮件 zoomeye@knownsec.com 向官方获取《网络空间测绘知识图谱 2021 版》清晰电子版。

基于网络空间测绘知识图谱，我们可以设计出网络空间测绘能力体系架构，如图 2-31 所示。

该体系架构分为基础层、映射层、绘制层 3 个主要层次和对象描述、探测、处理、加工、应用 5 个工作阶段。

（1）基础层

该层主要负责对指定的资产目标进行快速、高效的原始数据采集，通过明确测绘对象、提供测绘方法和手段，为网络空间测绘提供基础的数据支撑。

1）在对象描述阶段，指定测绘对象，选择合适的测绘对象收集方法。

网络空间资产种类繁多、形态多样、类型丰富，我们需要根据具体的场景，确定测绘目标。除了物理形态的网络设备，我们还需要考虑逻辑形态的应用和服务。其次结合探测效率、测绘目标和业务场景综合判断需要探测的具体地址、域名、端口和协议。比如，对于全球网络空间资产测绘，可以对 IPv4 地址进行爆破与扫描，对长期积累的有效 IPv6 地址池和域名池进行扫描，对常用和重要端口进行服务探测。

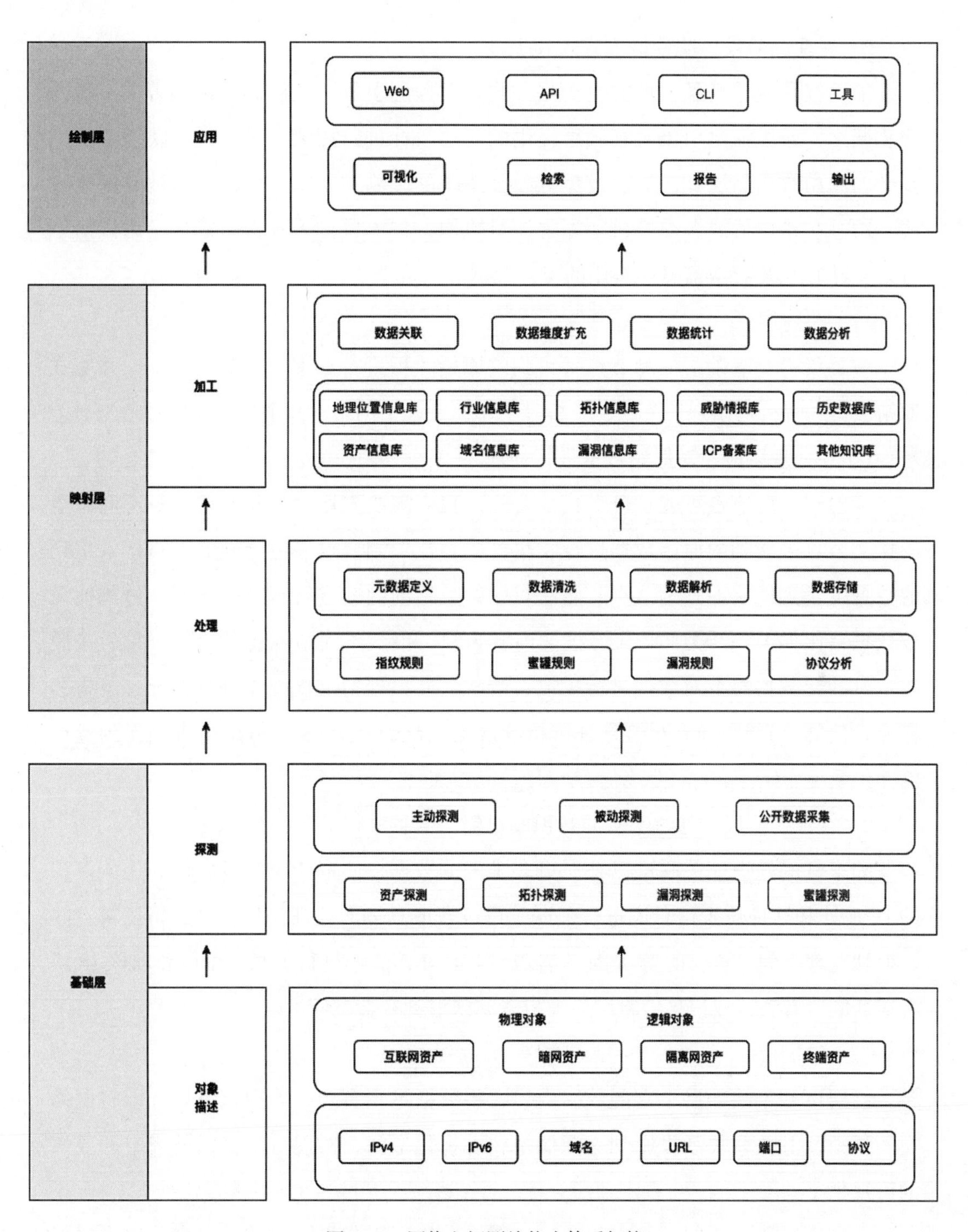

图 2-31　网络空间测绘能力体系架构

2）在探测阶段，明确探测方式和手段。

采用符合业务场景的可实施探测方式开发探测引擎，并根据成本和需求进行部署和调度，通过探测引擎对基础层提供的测绘目标进行探测、采集，为映射层提供基础的原始数据。比如，为了避免对办公系统的影响和干扰，可以采用被动测绘方式，通过在路由器或者交换机上配置流量镜像，将流量接入解析引擎，然后该引擎可以通过 DPDK 提取流量中有用的资产数据。

（2）映射层

该层负责对基础层探测节点采集到的原始数据进行汇聚、校验、清洗，并完成原始数据的解析、识别、关联、分析等工作，是整个网络空间测绘体系的核心部分。

1）在处理阶段，对原始数据进行处理。

考虑到探测节点可能是分布式部署的，我们需要先通过合理的策略对不同位置的探测节点采集到的原始数据进行收集，或者让探测节点通过合理的策略把采集到的数据发送到统一的处理节点，然后对原始数据的内容进行有效性校验，过滤掉无效数据，比如 HTTP 头部缺失、报文内容为空、报文不完整或者乱码等；最后按照制定好的元数据规范对数据进行提取、清洗，并根据指纹规则库进行匹配、解析和存储。比如，通过 Banner 信息进行指纹规则匹配，从 Banner 信息中直接得到资产的操作系统、组件名称、服务、端口号等基本属性。

2）在加工阶段，通过丰富的知识库对资产信息进行扩展和补充。

和丰富的知识库关联可以补充更多维度的数据，使资产画像更立体。比如资产的 IP 地址和地理位置信息库进行关联，可以获取具体的地理信息，将网络逻辑空间映射到地理空间；资产的 IP 地址或者域名和行业信息库进行关联，可以获取该 IP 或者域名的所有者行业信息，将网络虚拟资源映射到社会空间。

（3）绘制层

该层可基于映射层丰富的数据内容，将数据进行直观、可视化呈现，即将网络空间要素及其关联关系投影到一个低维、可视化空间，实现对多变量网络空间要素的可视化。

在应用阶段，绘制网络空间全息地图，利用可视化界面，结合报告、报表等形式来反映网络空间资产变化趋势、发展态势、热点信息等，实现对网络空间要素发现和识别、网络风险监测、网络目标定位与追踪、网络空间资产管理评估等业务需求，满足网络空间安全态势可视化监控和有效控制，为开展挂图作战、网络治理等行动提供支撑。

实际上，网络空间测绘能力体系的构建是一个不断循环、不断演进的过程。如图 2-32 所示，通过掌握网络空间测绘关键技术，我们可解决实际场景中可能碰到的问题，基于网络空间测绘能力体系每个工作阶段的成果，进行迭代，最终得到更准确、更及时的数据和情报，保障网络空间安全。

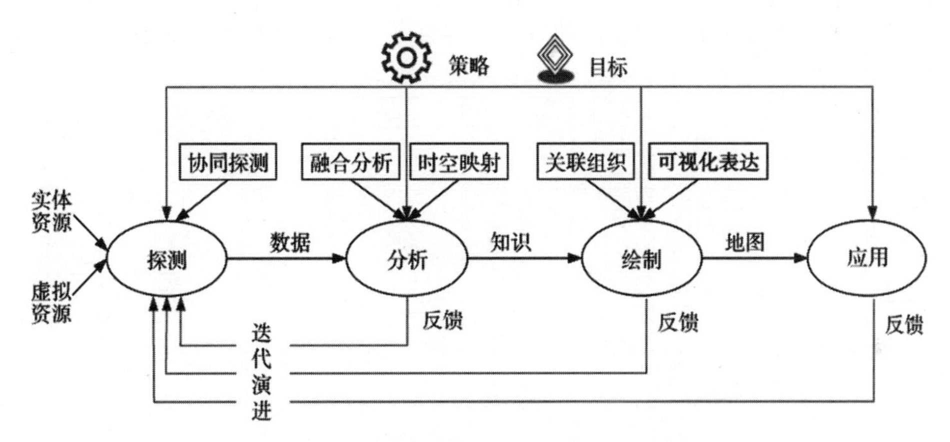

图 2-32　网络空间测绘能力体系迭代演进过程

2.2.2　未来方向

网络空间测绘是一个新兴技术，需要沉淀、积累，并不断完善。这里列举几个网络空间测绘未来方向，供读者参考。

1）标准化：网络空间测绘缺少国家层面的标准引导，需要通过制定标准来统一概念、存储格式、资产分类等技术细节，最终引导行业健康有序地发展。

2）流程化：利用平台来落地具体的安全制度，使得资产安全事件有据可查、处置合理；利用丰富的业务功能，加快安全课题研究。

3）人工智能：在网络空间资产探测、识别方面将结合人工智能技术，为网络空间资产指纹的自动化提取和未知设备识别提供新的方法和理念，提高网络空间资产探测、识别的效率和准确率。利用机器学习进行数据分析、挖掘，让数据内容更加丰富、数据关联更加全面及时。

4）多维立体：网络空间拓扑分析将在网络实体定位和多层级映射方面融合更多三方数据，如地理位置信息库、资产信息库、漏洞信息库、威胁情报等知识库中的数据，建立网络空间实体之间多维度、多层次的拓扑关系图。

5）赛博空间：数据、计算、网络构成的数字化虚拟空间，不仅仅是网络空间。赛博空间安全体系包括网络安全、信息安全、内容安全、系统安全、数据安全。其中，数据安全是赛博空间安全的重要内容。只有解决数据获取、存储、使用方面的安全问题，才能实现多维度、立体化数据安全防护，进而维护国家安全。

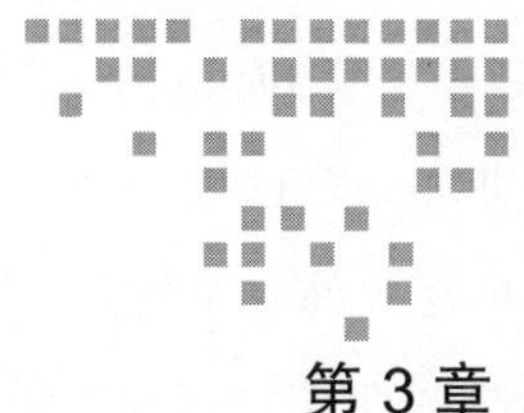

第3章 Chapter 3

网络空间测绘搜索引擎

网络空间测绘搜索引擎是网络空间测绘技术的重要应用。通过部署在全球范围的探针，引擎持续不间断地对全球网络空间资产进行深度探测，完成数据采集、数据分析和结果处理，形成完善的海量网络空间资产信息库，并提供多种检索方式供用户进行查询和分析。网络空间测绘搜索引擎可以用来检索网络空间资产、分析漏洞影响范围、统计应用分布、研究网络空间等，给网络安全相关工作带来了极大的便利和帮助。

3.1 网络空间测绘搜索引擎的用途和价值

OSINT（Open Source INTelligence，开源情报）是美国中央情报局（简称CIA）的一种情报搜集手段，从各种公开的信息资源中寻找和获取有价值的情报。

事实上，OSINT已经成为安全与国防机构的必要能力，而网络空间测绘搜索引擎正是其中的重要组成部分。根据美国国土资源安全研究公司（简称HSRC）发布的“OSINT市场与技术2017至2022年”报告，各国的国家安全、国土安全、公共安全以及国防机构正在积极投资建设OSINT系统，希望利用先进的OSINT系统提升对开放网络、深网与暗网的监控与研究能力。

知名 IT 安全专家 Justin Nordine 在 2016 年创建了 OSINT 框架（见图 3-1）。该框架持续更新业界知名的安全产品，对众多安全工具进行了分类并提供对应的下载地址，受到了广泛关注。不管是安全研究人员、安全领域从业者还是政府组织等都可以利用 OSINT 框架中的工具搜集信息。

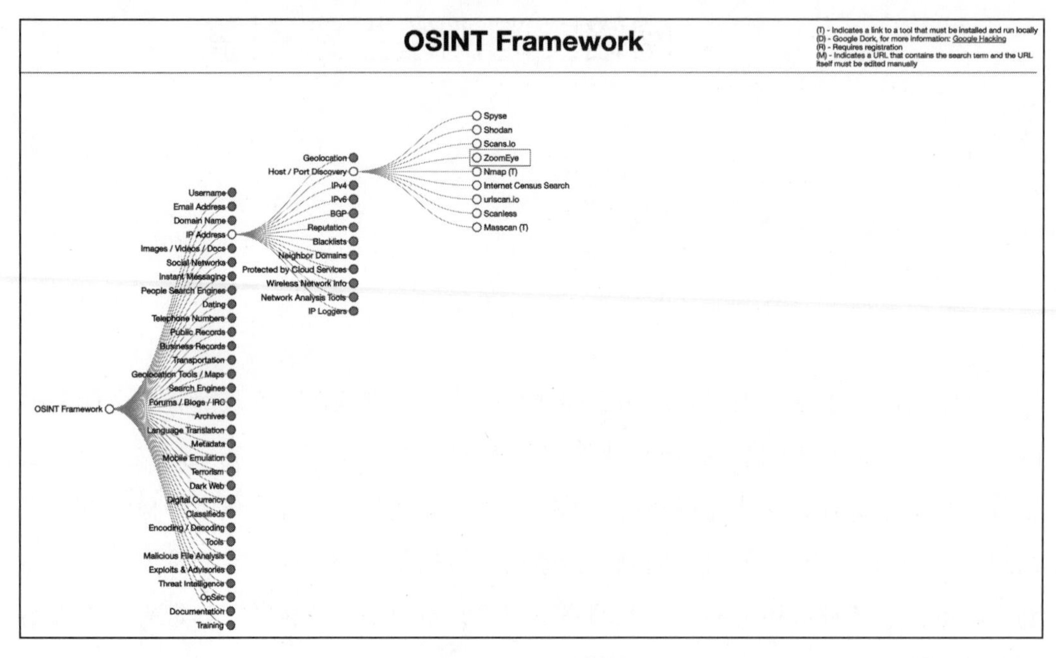

图 3-1 OSINT 框架

通常情况下，OSINT 框架中的安全工具不仅可以用于搜集信息，还可以用于查找网络漏洞。比如，“蓝队”安全专业人员可以使用安全工具来寻找防护薄弱点，公司可以使用安全工具收集和自身相关的安全情报，监管机构可以使用安全工具进行辖区内的网络空间资产梳理等。在 OSINT 框架中，网络空间测绘搜索引擎“钟馗之眼”——ZoomEye 是唯一来自中国安全公司的上榜产品。

近年来，在一些权威安全媒体、安全研究机构评选中，ZoomEye 多次代表中国的安全产品上榜。2020 年 Security Trails 公布的全球顶级 OSINT 榜单中，ZoomEye 名列其中，如图 3-2 所示。

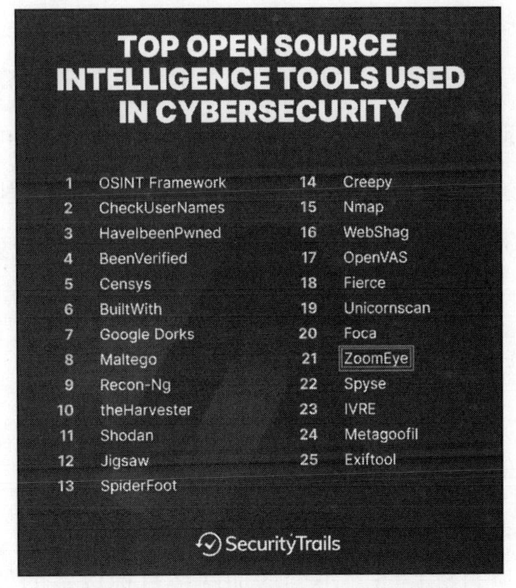

图 3-2　2020 年全球顶级 OSINT 榜单

2021 年 KnowledgeNile 公布的全球顶级 OSINT 榜单中，ZoomEye 也名列其中，如图 3-3 所示。

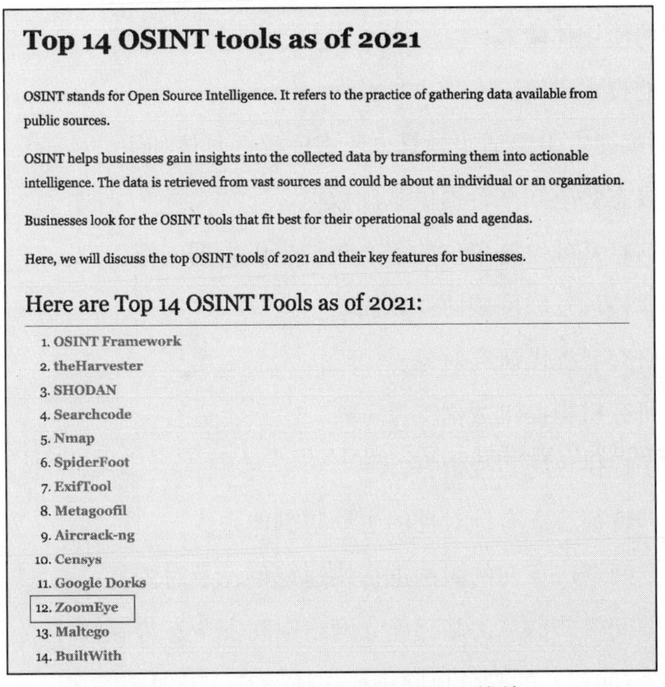

Top 14 OSINT tools as of 2021

OSINT stands for Open Source Intelligence. It refers to the practice of gathering data available from public sources.

OSINT helps businesses gain insights into the collected data by transforming them into actionable intelligence. The data is retrieved from vast sources and could be about an individual or an organization.

Businesses look for the OSINT tools that fit best for their operational goals and agendas.

Here, we will discuss the top OSINT tools of 2021 and their key features for businesses.

Here are Top 14 OSINT Tools as of 2021:

1. OSINT Framework
2. theHarvester
3. SHODAN
4. Searchcode
5. Nmap
6. SpiderFoot
7. ExifTool
8. Metagoofil
9. Aircrack-ng
10. Censys
11. Google Dorks
12. ZoomEye
13. Maltego
14. BuiltWith

图 3-3　2021 年全球顶级 OSINT 榜单

网络空间测绘搜索引擎是遵循第 2 章提到的网络空间测绘能力体系实现的一套完整系统。在构建过程中，网络空间测绘能力体系需要解决高效测绘全球网络空间资产、在全球范围内部署探测节点、完整获取和识别网络空间资产的服务信息、存储与实时检索海量数据、将网络空间和地理空间进行映射、利用机器学习对多维数据进行分析和聚类等众多技术难题。而公开的网络空间测绘搜索引擎不仅降低了网络空间测绘难度，节约了资源和开销，降低了能源损耗，也尽可能地减少了对网络目标设备的破坏和干扰，带来了很多直观的价值，具体如下。

1）无须自建系统，节省了系统开发和运维成本。

2）无须解决复杂的技术难题。

3）无须考虑网络空间测绘技术更新迭代的问题。

4）不需要接触网络目标设备，不会增加网络目标设备的处理负担，不干扰网络目标设备上运行的业务。

5）全球化的探测节点带来更全面的测绘数据。

6）更快速地获取资产数据。

7）更稳定的使用体验。

8）更及时的技术支持。

网络空间测绘搜索引擎适用场景也非常广泛，具体如下。

1）为国家级态势感知平台提供基础数据。

2）为关键信息基础设施单位的资产防护提供数据支撑。

3）帮助企业梳理互联网威胁暴露面。

4）为安全研究者提供研究对象。

5）为安全研究机构提供数据支撑。

6）为白帽子提供攻防实战依据。

7）依据资产特征建立有针对性的主动防御体系。

8）对网络空间资产存在的漏洞进行快速定位，及时修复。

9）以网络空间资产信息为基础建立网络空间安全态势感知体系。

10）对网络空间资产的高危风险进行快速筛查，及时消除风险。

11）快速全面地发现网络空间资产，清除“暗资产”。

12）获取详细、准确的网络空间资产信息，形成资产列表。

13）帮助蓝队收缩威胁暴露面。

14）帮助红队和渗透测试人员进行侦察和信息收集，发现目标设备的安全漏洞。

如何利用网络空间测绘搜索引擎实现多样的安全需求，将是本书重点探讨的内容。

3.2 网络空间测绘搜索引擎的核心能力与实现

网络空间测绘搜索引擎与Google、百度这些搜索引擎具有相同点：通过部署在全球范围内的海量探测节点，不间断地对全球网络空间资产进行探测，将获取的数据进行清洗、处理和加工，并索引入库。用户可以通过访问Web服务和接口两种方式，对搜索引擎拥有的海量数据进行检索。

但是与Google、百度所提供的网页内容搜索服务相比，网络空间测绘搜索引擎又有着不同点。简单来说，网络空间测绘搜索引擎的数据收集对象是暴露在互联网中的各种网络设备、应用系统、数据库、操作系统等。通过对这些对象进行深度探测和解析，我们可以获得其提供的服务内容、设备类型、组件名称、证书信息等，并通过关联丰富的知识库及地理位置信息库，形成完善的资产信息。

知道创宇提出，凭借网络空间测绘搜索引擎强大的网络空间测绘能力，并进一步结合海量安全大数据以及公开的漏洞信息平台，实现基于大数据的联防联控，构筑积极防御体系，对网络空间做到真正意义上的“看得见、看得清、防得住”，才能够有效应对网络空间的现实威胁，保障国家网络安全。

3.2.1 网络空间测绘搜索引擎的核心能力

网络空间测绘搜索引擎的核心能力体现在“获取更多的数据，赋予数据灵魂”两个方面。所有的技术手段都是为这两个核心能力来服务的。

1. 获取更多的数据

数据是网络空间测绘搜索引擎的基石。只有确定测绘对象，利用合理的数据采集技术，通过高效的调度策略，才能获取更多的数据。

1）确定测绘对象，提高探测效率。对于 IPv4 资产，可以进行全量地址空间的遍历探测；对于 IPv6 资产，可以通过前文提到的 DNS AAAA 记录、开源数据源、流量提取、建模预测等方式积累有效的活跃地址，针对这些地址进行探测；对于网站资产，可以通过 Whois、电子证书、开源数据源、域名爆破、FDNS、RDNS、PDNS 等方式积累有效的域名，针对这些域名进行探测。

2）通过 DPDK、PF_Ring ZC、TCP SYNC 半连接、不维持会话状态等通信技术来实现高并发、高吞吐的探测，提升扫描性能。

3）通过在全球部署分布式探测节点，利用探测地址随机化、探测端口随机化、探测频率随机化、代理 IP 池等手段，来解决扫描被封禁的问题，以尽可能获取更多的数据。

4）通过支持全量 TCP 和 UDP 端口，完善和丰富探测协议，扩大探测深度，对目标设备的数据进行深层次挖掘。

5）通过被动流量探测技术和采购第三方数据源，获取更全面的数据，弥补主动探测遗漏或无法触达的网络区域。

2. 赋予数据灵魂

通过网络空间测绘技术获取的网络空间资产原始数据仅包含资产的服务内容，信息量少、价值有限，只有关联更多维度的知识库，利用先进的测绘理念和手段，才能刻画出丰满、立体的网络空间资产画像，才能体现出数据的价值和灵魂。

（1）明确“资产 5W”问题

1）Who：谁的资产，谁在用它。通过地理位置、组织名称、ISP、证书、主机名称、ASN、Whois 等属性，我们可对资产进行判别和归类。

2）What：是什么资产，提供什么服务。通过丰富的探测报文、交互脚本，我们可获取资产服务信息；通过指纹规则、Dork 语句等，我们可对资产服务信息进行识别和标注。

3）Where：在哪里，还有哪些。通过地理位置信息库进行虚拟空间向地理空间映射，完善的检索功能以及对搜索逻辑运算语法、分词、转义等常用操作的全面支持，通过 IP 联想到 CIDR，通过已知端口联想到未知端口等，这些方法都可以帮我们实现资产的单点数据到全面数据的收集。

4）When ：这是什么时候的资产，发生过什么变化。通过持续不间断的测绘，记录资产的发现时间、变化过程和历史数据，我们可对数据进行回溯和跟踪。

5）Why ：为什么 Banner 中有多个 Server 字段，为什么同时开放那么多连续的端口。通过网络空间资产对外暴露的行为特征，我们可识别该资产的特殊用途，丰富资产的情报信息。

（2）通过丰富的知识库进行多维度数据关联，让资产画像更加丰满

1）指纹规则库：可识别网络空间资产原始数据中的服务、组件、产品、型号、软件、操作系统、版本等信息。

2）资产信息库：可补充资产生产厂商、品牌、补丁情况、价格等信息。

3）漏洞信息库：有助于判断网络空间资产是否存在漏洞风险，分析漏洞的影响面和危害性。

4）历史数据库：纪录网络空间资产的历史变化情况，可提供趋势预测能力。

5）威胁情报库：有助于判断网络空间资产是否存在威胁风险。

6）ICP 备案库：有助于判断提供 Web 服务的网络空间资产是否合法、合规。

7）行业信息库：可补充网络空间资产所属的主行业、子行业等信息，还有助于判断资产是否属于关键信息基础设施等。

8）域名信息库：有助于发现网络设备 IP 和域名之间的关联性，以及该设备域名是否发生变化。

9）地理位置信息库：可提供网络空间向地理空间映射的能力。

10）拓扑信息库：可补充网络空间资产的拓扑数据，展示资产间的关联关系。

11）其他知识库：可补充网络空间资产的社会属性和人物角色信息，将网络空间向社会空间进行映射。

（3）通过多种测绘理念和手段让测绘数据更加立体、全面，更有灵魂

1）动态测绘。通过变化看现象，透过现象看本质。网络空间是瞬息万变的。动态测绘注重动态反映网络空间资产本身及其属性的变化情况和趋势，是一种基于大规模数据采集进行的数据分析技术。发现事件不同发展阶段的重要特征，揭示其存活规律、

服务变化、行为特征等，可以更加全面、完整、准确地对网络空间进行监测和分析。

2）时空测绘。网络空间资产具有时间和空间两种属性（见图3-4）。时间属性是指同一个网络空间资产在不同时间节点上的数据情况；空间属性是指资产可从网络空间映射到地理空间，具备地理位置信息。结合网络空间资产的服务信息，以时间维度对资产的单一属性或叠加属性进行比较，我们可以分析资产变化趋势，预测网络空间资产事件发展趋势。以空间维度对网络空间资产进行分析，我们可以分析其存在的区域和分布特点，更好地对网络空间资产进行跟踪和观察。

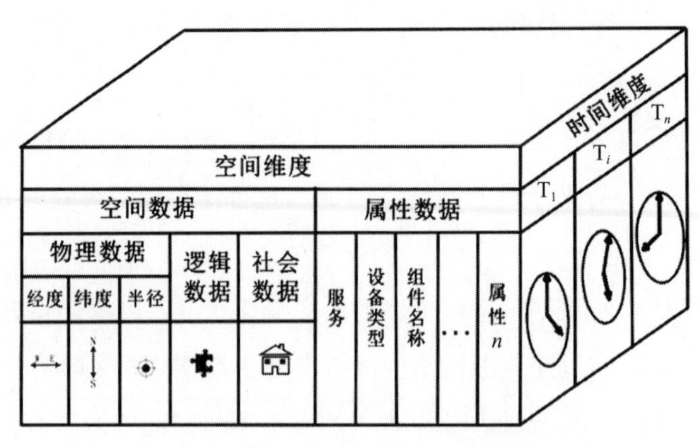

图3-4 网络空间资产的时空维度

3）交叉测绘。通过已知信息关联来挖掘未知信息，我们可实现网络空间资产聚类分析。交叉测绘常用的方法如下。

- 通过暗网网站资产的特征在明网搜索引擎中进行溯源，帮助职能部门找到暗网域名对应的真实资产和真实IP；
- 通过IPv4资产特征在网络空间测绘搜索引擎中找到关联的IPv6资产；
- 通过IPv6资产特征在网络空间测绘搜索引擎中找到关联的IPv4资产；
- 通过页面内容、证书信息、DNS历史解析记录等一致性找出源IP等。

4）行为测绘。行为测绘强调了网络空间的复杂性和不确定性。根据资产数据特征做聚类分析可以得到更多信息，这也是由点到面的常用手段。比如：返回的资产信息显示出现过相同的伪装手段、编码癖好、特殊的命名方式等；同一个资产开放大量端口并且Banner一样，网络主机命名遵循一定的规律等；网络空间资产上线时间遵循一定的规律等。这些都是行为测绘可以利用的数据特征，即通过这些特征来识别和定位重要资产，分析资产的作用，或将具有相同行为特征的资产关联起来形成聚类。

动态测绘、时空测绘、交叉测绘、行为测绘在第 7 章会通过翔实的示例进行说明。

3.2.2 网络空间测绘搜索引擎的实现

网络空间测绘搜索引擎架构如图 3-5 所示，由调度层、探测引擎层、存储层、处理层、业务层、中间层、接口层构成。

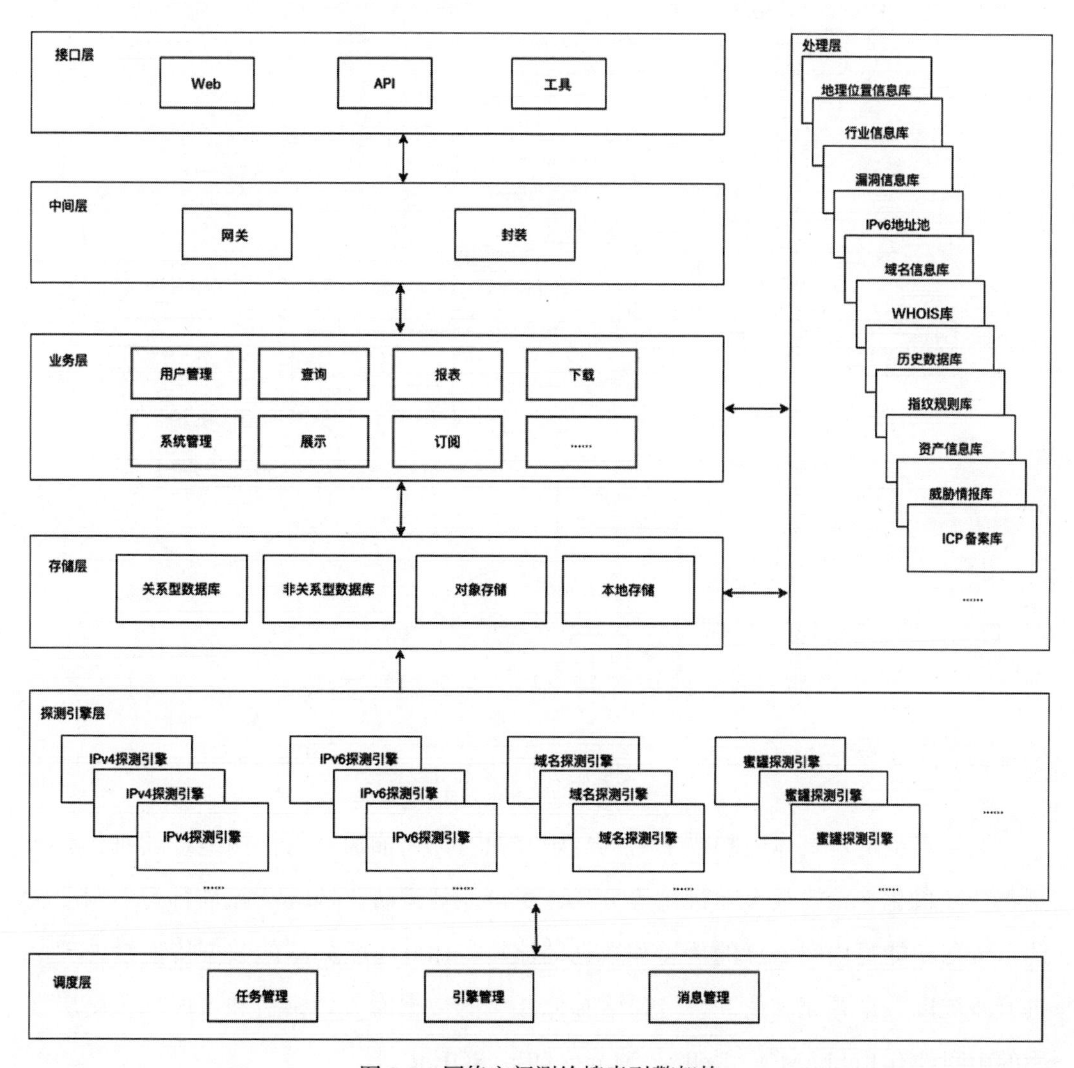

图 3-5 网络空间测绘搜索引擎架构

（1）调度层

调度层主要负责系统资源分配，管理和协调部署在全球范围内的探测引擎，对扫描任务进行拆解和分发，比如可以按照网段、地理位置、地址族、具体目标的方式来执行扫描任务。调度层收到任务之后按照执行策略将任务进行拆分，并将拆分后的子任务派发到符合策略要求的探测引擎节点（见图 3-6）。

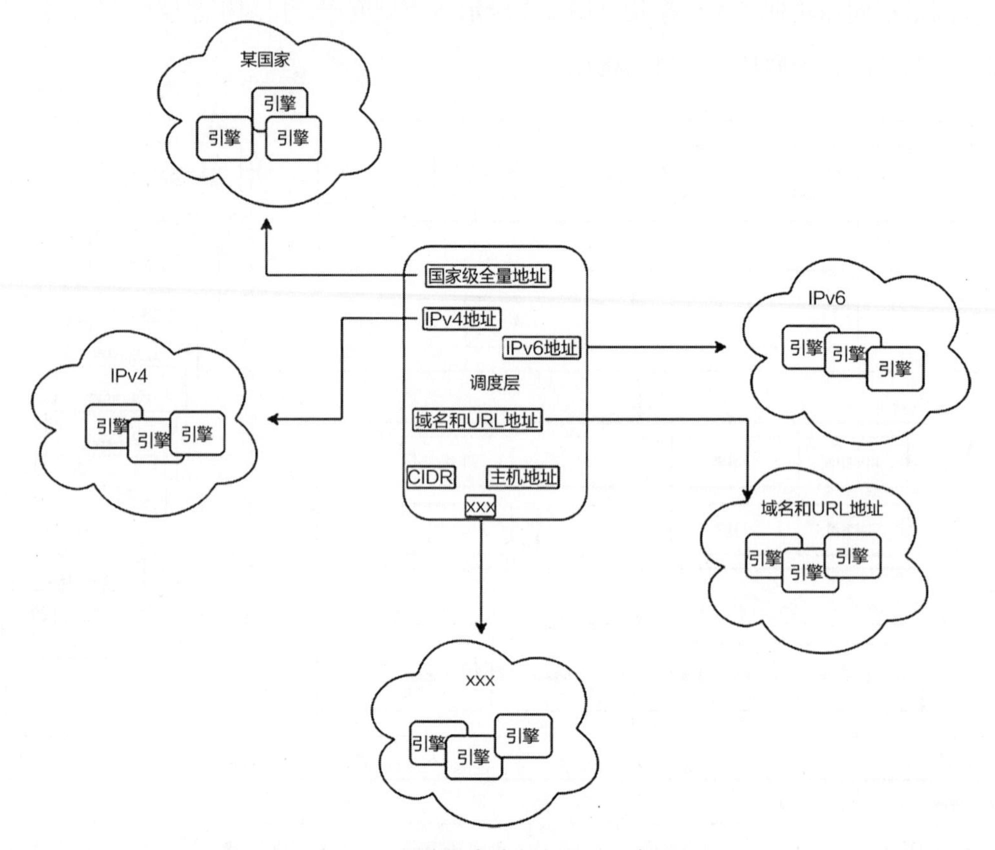

图 3-6 调度层负责拆解和分发任务

调度层也负责具体的扫描策略的制定和执行，比如通过将探测地址随机化、探测端口随机化、扫描频率随机化等方式，尽可能规避防火墙等反扫描行为。调度层还负责各功能模块间消息的传递和数据的流转，比如将收集到的数据传递给处理层进行多维度数据补充和关联，传递给存储层中的数据库进行索引和入库。调度层常用的中间件有 RabbitMQ、Redis、MongoDB、SQLite 等。

（2）探测引擎层

探测引擎层具备探测 IPv4 地址、IPv6 地址、域名和 URL 地址的能力，同时具备蜜罐探测、漏洞扫描等扩展能力。探测引擎层主要是响应调度层派发的扫描任务，通过具体的探测策略和探测技术，对全球网络空间资产进行探测和数据收集，并将探测结果存储到存储层中。

探测引擎层常用的开源软件有 Nmap、ZMap、Masscan、FastHttp、BS4 等，功能比较丰富，使用起来比较方便。企业一般会使用 DPDK、PF_Ring ZC、libpcap 等驱动或者类库来开发自己的引擎，因为它们的性能和灵活性要优于开源软件。另外，探测引擎需要容器化，方便部署、移植和扩缩容。这些特性对进行全球范围内的网络空间测绘尤其重要。

（3）存储层

存储层主要是利用大数据技术框架，提供结构化存储、非结构化存储、文件存储、对象存储、本地存储等能力，用来保存从探测节点收集到的原始数据和文件；同时将处理层加工后的数据进行入库，便于检索、统计、分析等业务需求。另外，存储层还负责保存任务信息、日志信息、用户信息等数据。

由于网络空间资产规模庞大，数据更新频率较高，因此我们基本上会选择使用分布式存储技术和可以提供全文检索能力的搜索引擎。常用的存储介质有 HDFS、SeaweedFS、Elasticsearch、HBase、ClickHouse 等（见图 3-7）。

（4）处理层

处理层会先采用高效的解析和识别技术，对网络空间资产的原始数据进行指纹规则匹配，识别网络空间资产的操作系统、版本号、组件名称、主机名称、服务等基本信息；然后通过各类知识库进行关联，进一步完善和扩展资产信息，比如地理位置信息、行业信息、威胁情报信息等，让网络空间资产数据更完整、更有价值。

处理层还可以对业务层的数据分析操作进行解析，转换成数据库、数据分析引擎能识别的语言和语法，以支撑用户对海量数据进行检索、分析、统计、挖掘、标注等工作。

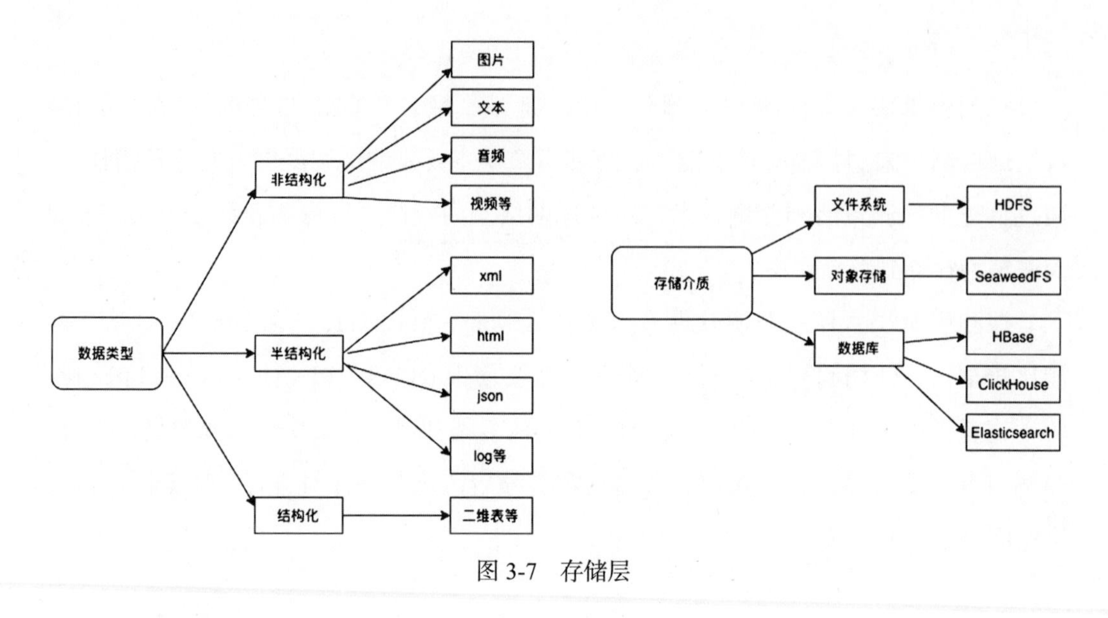

图 3-7 存储层

（5）业务层

业务层提供网络空间测绘搜索引擎的基本业务功能，如查询、结果展示、数据下载、报表统计、数据订阅等，也提供系统层面和用户层面的管理功能，如用户信息查询、密码修改、积分管理、系统设置等。

（6）中间层

中间层作为业务层和接口层的网关，将各类应用接口进一步抽象和封装，统一以 RESTful 风格的 API 提供给前端，将前端业务和后端逻辑分离，减少了模块间的耦合，提高了业务层的可扩展性。

（7）接口层

接口层通过 SaaS 方式为用户提供可视化 Web 界面，同时提供标准 API 方便用户调用和二次开发。接口层为用户提供了一些工具和插件，便于用户操作系统。

3.3 国内外主要产品对比

这里重点介绍 SecurityTrails 在 2020 年公布的安全研究人员最佳搜索引擎榜单中的几款产品（见图 3-8）。

图 3-8 安全研究人员最佳搜索引擎榜单

3.3.1 Shodan

Shodan 由约翰·马瑟利（John Matherly）于 2009 年推出，是全球最早面世的网络空间测绘搜索引擎。他提倡的通过网络空间测绘对网络空间资产进行探测和识别的理念被大众熟知。美国国土资源部（DHS）在 2012 年提出的“SHINE 计划”中，最核心的要求就是利用 Shodan 定期监测本土关键信息基础设施网络组件的安全状态，对本土网络空间进行安全态势感知，保证关键信息基础设施网络安全。发展至今，Shodan 已经成为全球知名度最高的网络空间测绘搜索引擎之一。

Shodan 通过分布在世界各地的服务器不间断地对全网设备进行扫描，根据网络设备返回的服务信息识别互联网中的服务器、摄像头、打印机、路由器等设备，将这些网络设备信息存储在数据库中，便于后续查找、分析。

Shodan 的首页如图 3-9 所示。在顶部搜索框中输入想要查询的 IP 地址、域名或者国家名称等，就可以开始搜索。

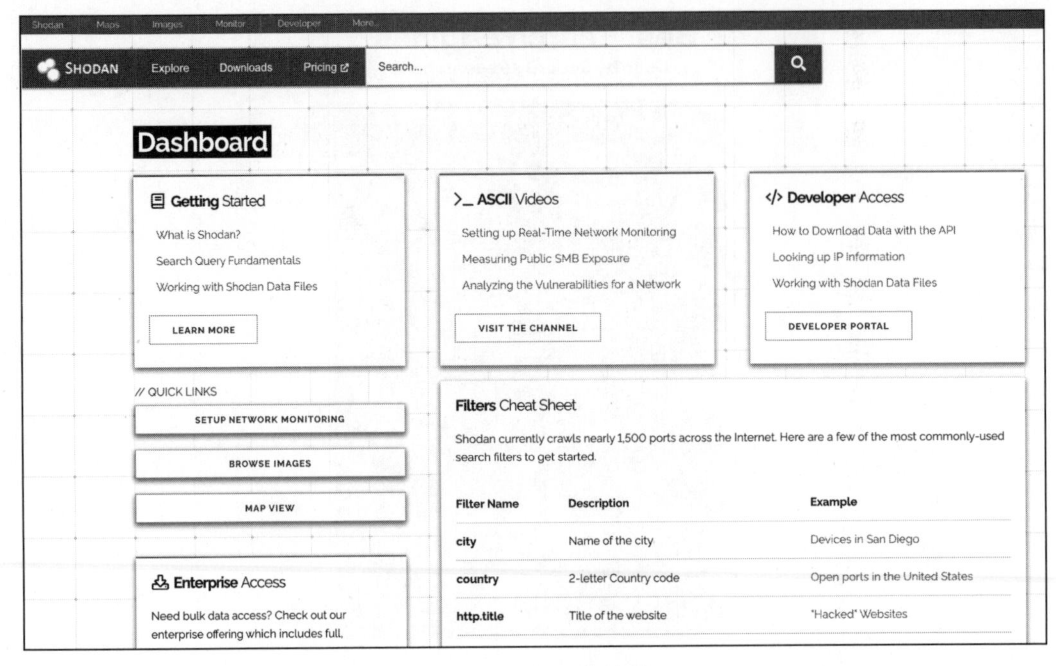

图 3-9 Shodan 的首页

搜索结果主要包含两部分：左侧是经过聚合统计的结果，中间则是查询到的网络空间资产信息，如图 3-10 所示。

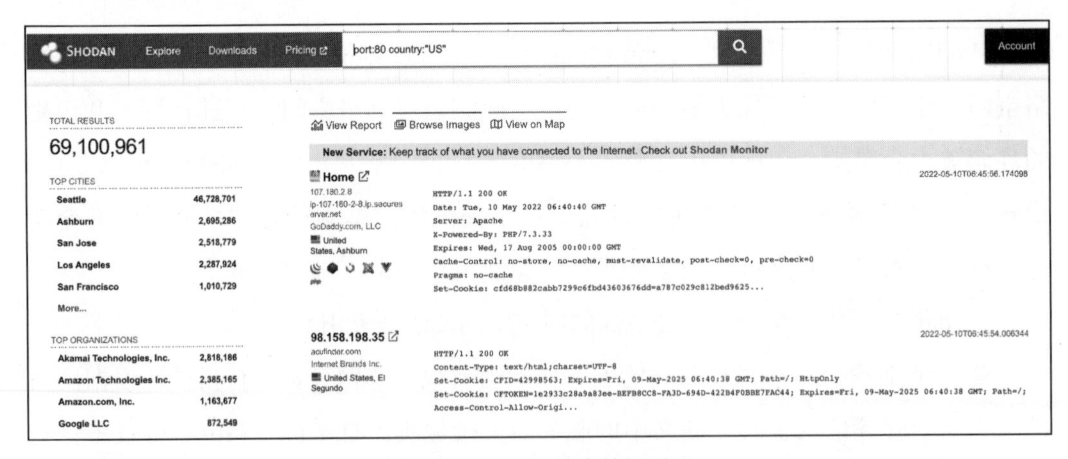

图 3-10 Shodan 搜索结果页面

单击查询结果中的 IP 或者域名，可以进入详情页面（见图 3-11）。

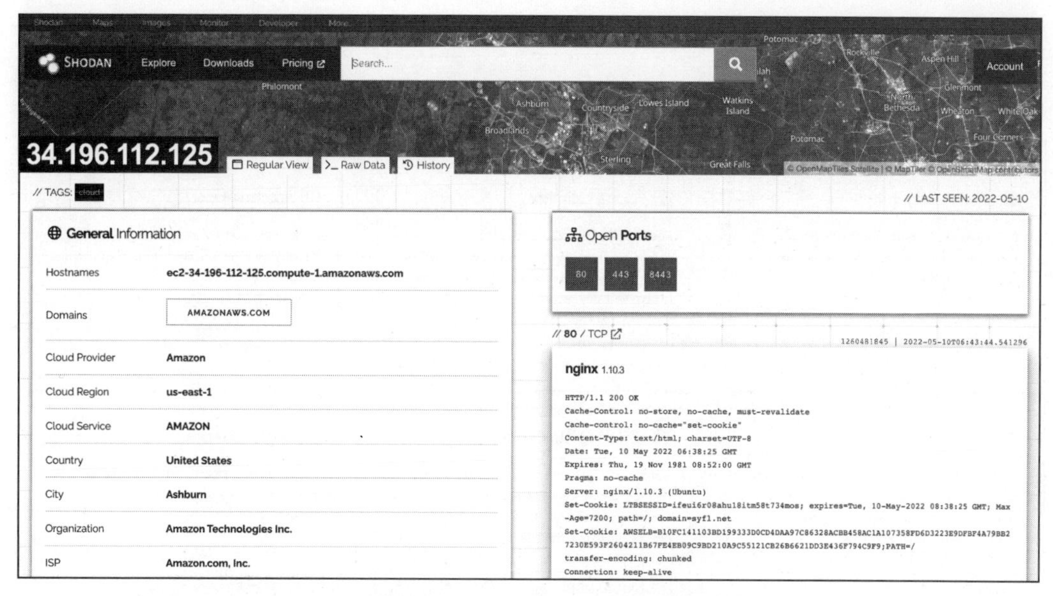

图 3-11　Shodan 查询资产详情页面

作为最早面世的网络空间测绘搜索引擎，Shodan 在全球化方面做得非常出色，支持多种开发语言的 API，配有浏览器插件、命令行等实用工具（见图 3-12），对开发人员非常友好。

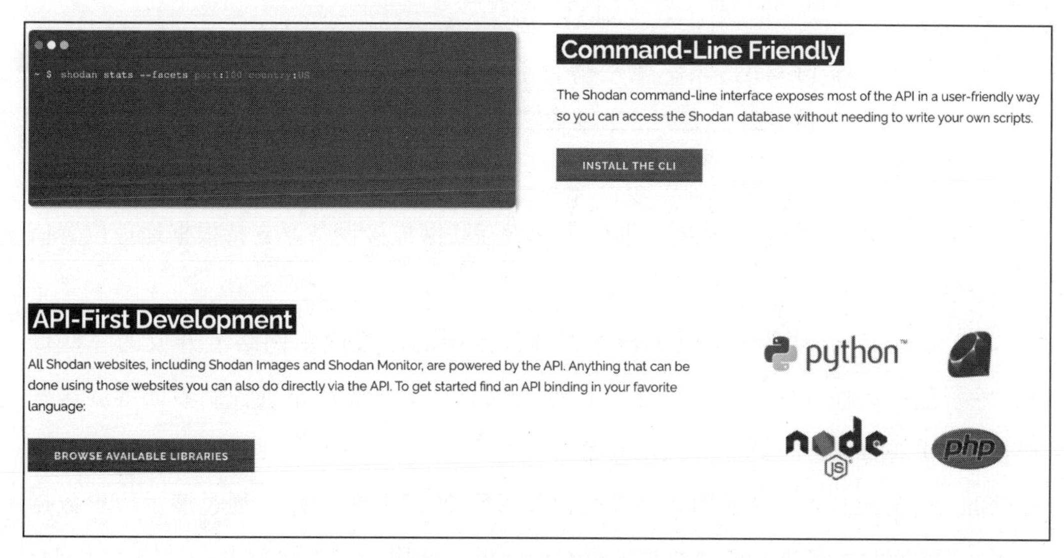

图 3-12　Shodan 的多种接口

同时，Shodan 支持多种分析工具（见图 3-13），可视化功能也很完善，有一些功能非常有趣。

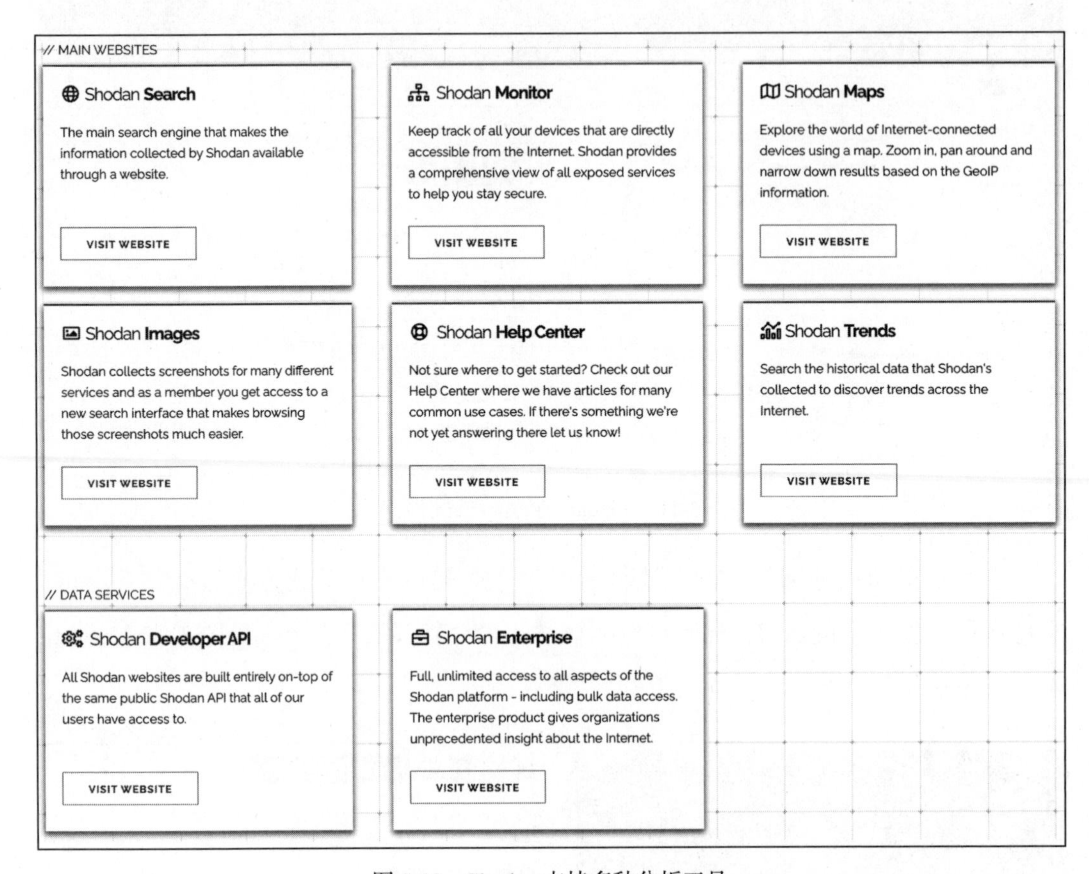

图 3-13 Shodan 支持多种分析工具

Shodan Maps 功能通过地图的形式来探索互联网连接设备，支持根据地理位置信息对地图进行放大、平移和缩小。

Shodan Images 功能（见图 3-14）以屏幕截图的形式展示网络上开放的一些设备，除了远程桌面连接界面外，还有摄像头界面、工业控制系统控制界面等。这些暴露在互联网的资产的安全性令人担忧。

Shodan Trends 功能（见图 3-15）可以追溯到 2017 年的数据，通过展示历史数据来分析互联网变化趋势。遗憾的是，免费用户可以使用的功能比较少。另外，Shodan 免费开放的数据量有限，导致查询结果不是很全面。

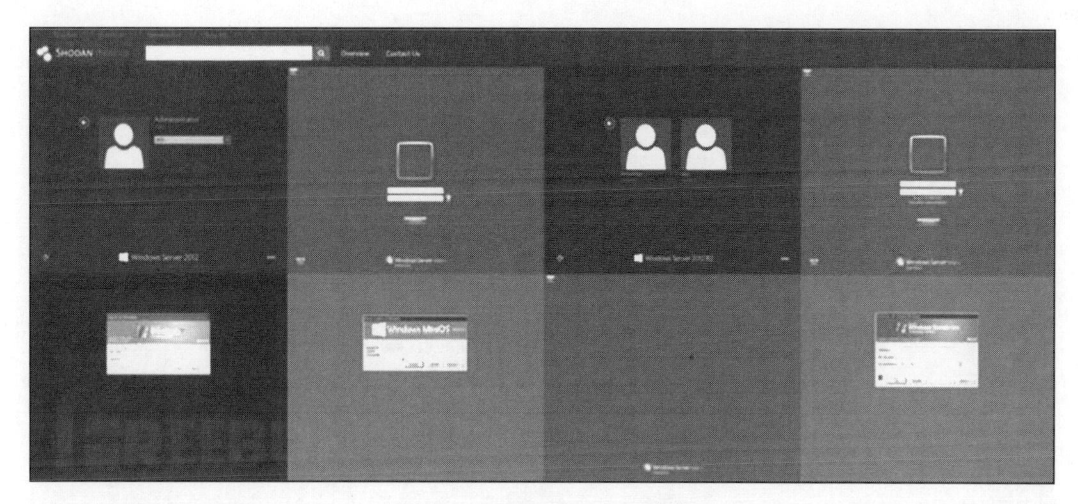

图 3-14 Shodan Images 功能

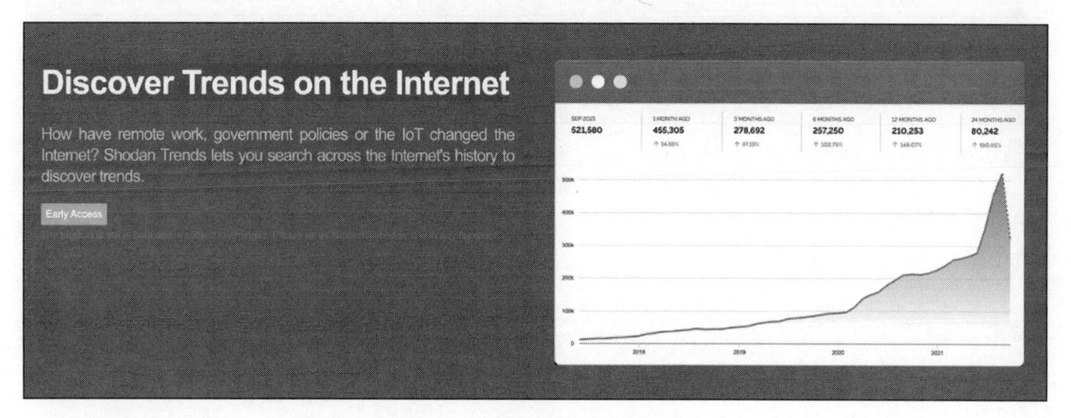

图 3-15 Shodan Trends 功能

3.3.2 Censys

Censys 最初由密歇根大学的研究人员发布，目前由谷歌提供技术支持（见图 3-16）。Censys 官方网站这样描述它：“ Censys 是一款搜索引擎，允许计算机科学家了解组成互联网的设备和网络。Censys 对全球因特网进行扫描，使得研究人员能够找到特定的主机，并能够将设备、网站和证书的配置与部署信息创建到一个报告中。”

Censys 尝试获取任何连接到互联网设备的最准确数据，包括开放端口、协议和服务内容等详细信息（见图 3-17）。

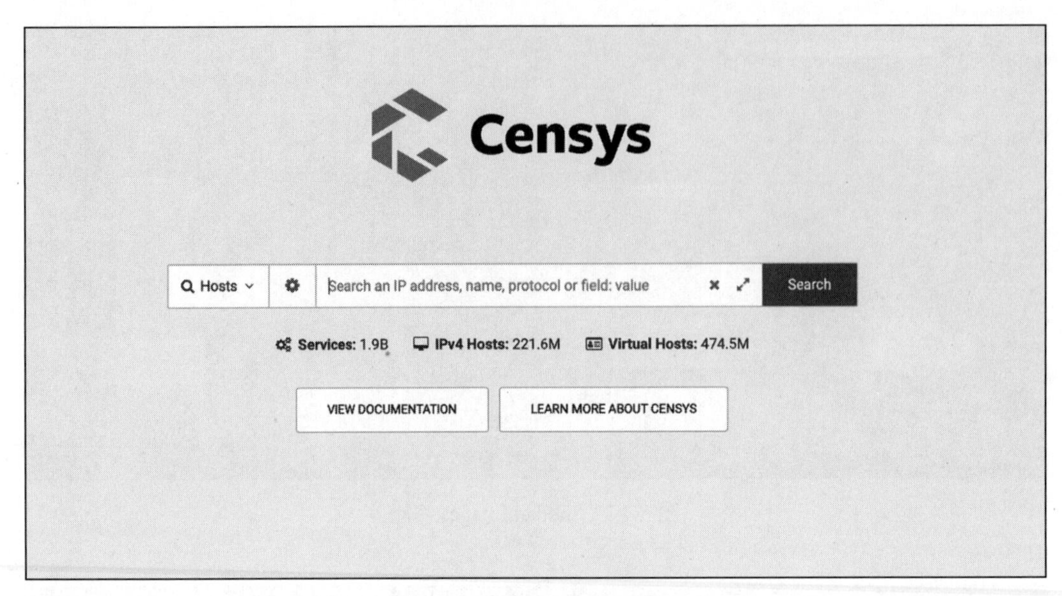

图 3-16　Censys 操作界面

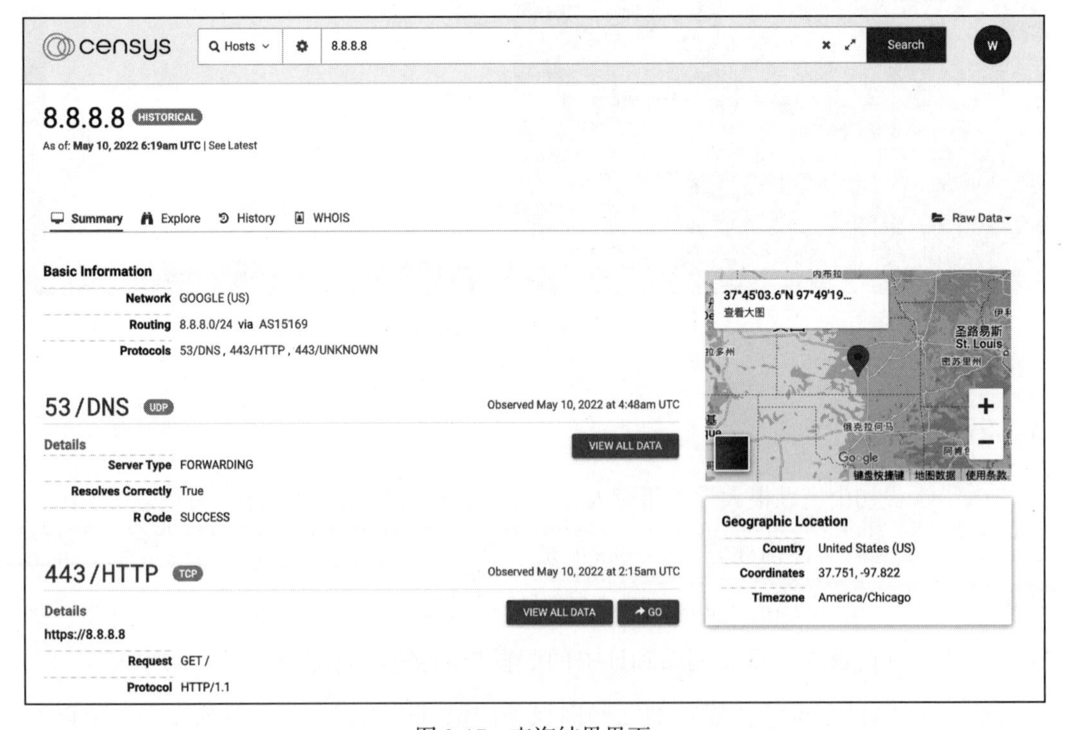

图 3-17　查询结果界面

此外，Censys 对网络空间资产电子证书的收集和整理比较完善。我们可以通过专门的证书过滤器进行搜索（见图 3-18）。

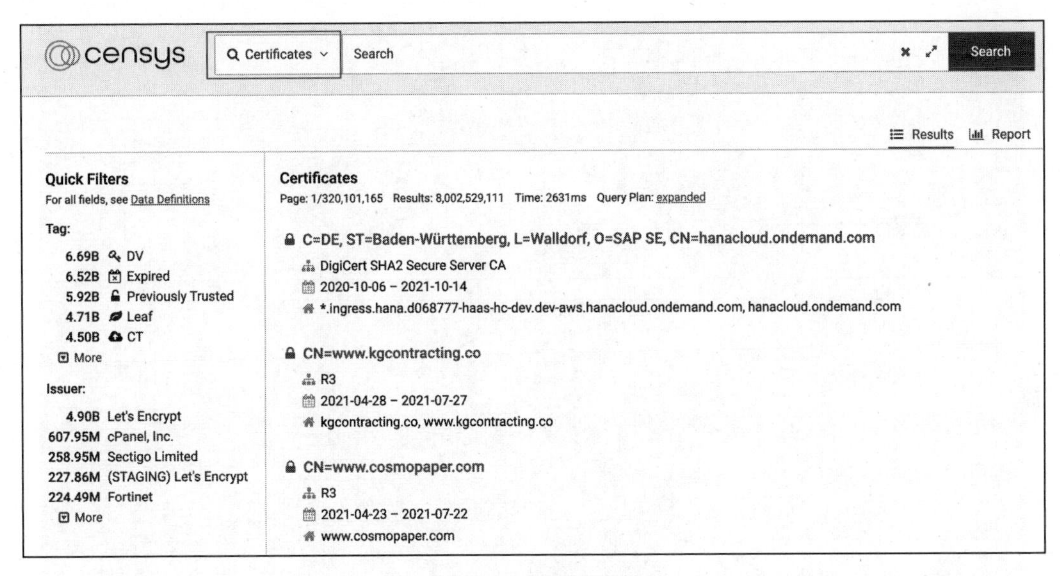

图 3-18　证书过滤器

许多用户通过 Censys 监视不断变化的网络攻击面，发现未知的数字资产、威胁、漏洞管理，以防钓鱼攻击和恶意软件攻击。

目前，Censys 还不支持对 IPv6 资产的搜索，也没有可视化的报表功能，对于普通注册用户仅支持查询 250 次。

3.3.3　ZoomEye

ZoomEye 是网络安全公司知道创宇于 2010 年内部孵化、2013 年正式发布的中国第一款网络空间测绘搜索引擎，中文名称叫作“钟馗之眼”。虽然发布时间晚于 Shodan，但通过多年的技术深耕，ZoomEye 已经拥有世界领先的测绘能力，成为全球知名品牌，在网络空间测绘领域进入世界第一梯队。

ZoomEye 通过分布在全球的探测引擎，针对全球范围内的 IPv4、IPv6 及网站空间资产进行持续不断的探测和识别（见图 3-19）。通过多年网络空间测绘，网络空间资产数据量已经达到 350 亿条，涵盖 14 多万种组件、2000 多种操作系统、1400 多种网络服务、120多种设备类型、60多种资产属性。测绘数据对中国用户全部开放。用户可以很方便地实现对整体或局部地区的网络空间资产搜索和分析。

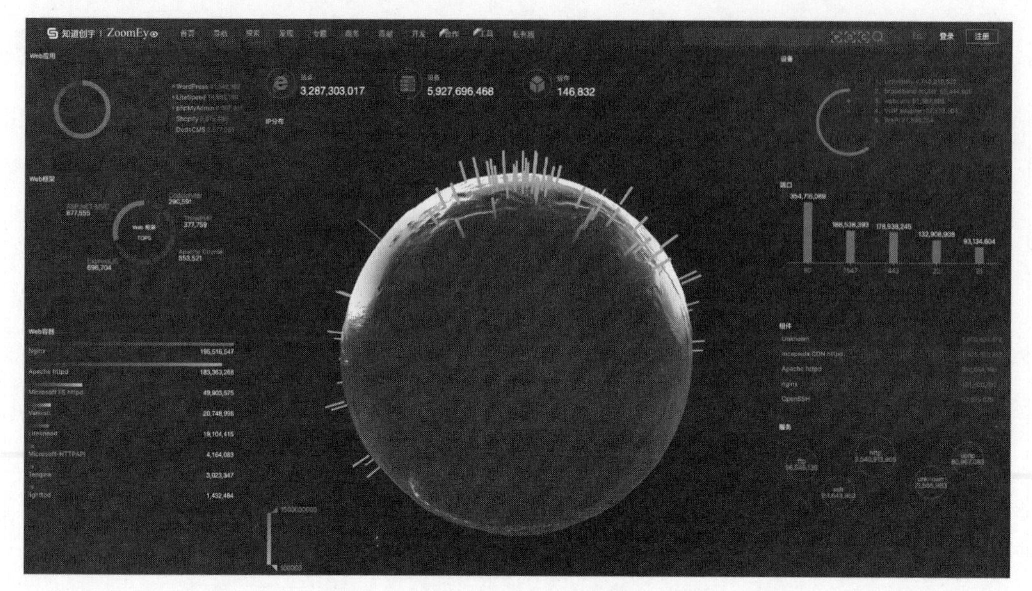

图3-19 ZoomEye全球测绘数据统计

依托知道创宇旗下知名漏洞平台SeeBug，用户可以通过关联查询，发现资产可能存在的漏洞信息。

ZoomEye自2013年发布以来，不断积累全球网络空间资产数据，构建了庞大的互联网空间测绘地图，通过动态测绘理念完成全球各类互联网安全事件的跟踪和分析，并总结成专题和报告，供用户学习和研究。比如对于“心脏出血漏洞”事件的全球影响、W国大停电事件，ZoomEye是全球唯一及时响应、通过动态测绘理念完成网络关键基础设施及重要信息系统影响跟踪的产品。另外，ZoomEye面向用户永久免费，使用成本更低。

除上述搜索引擎外，还有一批后起之秀也受到越来越多的关注，比如华顺信安公司开发的Fofa、360公司开发的Quake等，篇幅有限，这里就不一一介绍了。

3.3.4 小结

总体来说，各种网络空间测绘搜索引擎除了在业务侧重点、功能丰富程度方面存在差异外，本质区别是对全球网络空间资产的覆盖程度、获取资产信息的探测能力以及指纹识别能力。我们可以根据实际需求进行选择，也可以多款产品配合使用，以达到最佳的搜索效果。由国家计算机网络应急技术处理协调中心李锐光博士及北京理工大学多名学者在2021年联合发表的论文“A Survey on Cyberspace Search Engines”，以第三方视角针对全球使用广泛的几款搜索引擎开展了综合调研与技术分析，结果显示ZoomEye综合能力表现优异（见表3-1）。在支持协议识别能力上，ZoomEye识别总数量高达550，约3倍于Shodan识别数量；在资产识别能力上，ZoomEye探测数量接近12亿，Shodan探测数量仅为4.3亿。

表3-1　几款搜索引擎能力对比

支持协议识别	Shodan	Censys	ZoomEye	Fofa	BinaryEdge
网络设备	10	1	54	7	8
终端设备	19	1	227	6	13
服务器	67	10	154	20	63
办公设备	12	5	31	6	11
工业控制设备	26	5	16	23	17
智能家居	9	—	3	7	9
供电设备	4	1	3	2	4
网络摄像机	3	—	8	—	3
远程管理设备	13	5	31	8	11
区块链	5	—	4	21	4
数据库	17	6	19	16	15
总数	185	34	550	116	158
资产识别	**Shodan**	**Censys**	**ZoomEye**	**Fofa**	**BinaryEdge**
总数	436 489 751	111 368 143	1 190 860 679	270 363	89 871 839

网络空间测绘搜索引擎的核心作用是针对全球网络空间基础设施、网络设备、站点等资产进行不间断、持续性的探测和识别，生成网络空间资产地图。用户可以利用多种检索方式，实现对互联网安全基础态势的感知，了解组件普及率、漏洞爆发时全球影响面，及时进行资产检查、应急处置、安全保障等工作。

第二部分 Part 2

ZoomEye 的应用

通过前面的章节，读者可以了解到网络空间测绘搜索引擎的用途和价值。从第二部分开始，本书将带着读者学习如何使用网络空间测绘搜索引擎ZoomEye。该部分分为4章，首先通过可视化的Web界面让读者熟悉ZoomEye，再通过ZoomEye提供的便捷工具、API和专题功能进行深度使用，最后介绍ZoomEye的一些高阶玩法，让读者可以完成更多的网络安全工作。

另外，读者也可以发送邮件至zoomeye@knownsec.com，获取“ZoomEye快速操作手册电子版”，以便快捷上手ZoomEye。

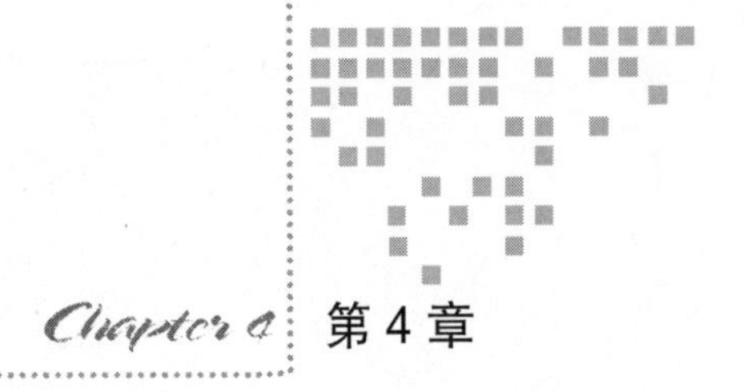

Chapter 4 第4章

Web 界面

用户通过可视化的 Web 界面几乎可以熟悉 ZoomEye 提供的所有功能，而善用帮助信息，可以达到事半功倍的效果。系统支持中英文，方便全球用户使用。

本章通过对 ZoomEye 界面、数据、功能的介绍，让读者对这款全球知名的网络空间测绘搜索引擎有更深入的了解和认知。

4.1 界面

ZoomEye 界面顶部为导航栏，用户可以根据实际需求在各个功能模块间切换。导航栏中的各种功能会在后文详细介绍。

在搜索框进行检索后，页面左侧展示检索到的网络空间资产结果，其中包含数据总量、近一年更新数据量和网络空间资产的主要信息。网络空间资产的原始数据从 Banner、证书、文件 3 个维度进行模块化展示。页面右侧为数据总览区域，将搜索结果按照地理位置信息在地图中进行标记，并从扫描时间、所属地理位置、资产组件、端口等 30 多个维度进行聚合统计，帮助用户快速了解网络空间资产的总体情况（见图 4-1）。

在统计分析结果上方提供快速操作栏，包括订阅、收藏、下载、API、贡献、分词。这些功能也会在后文详细介绍。

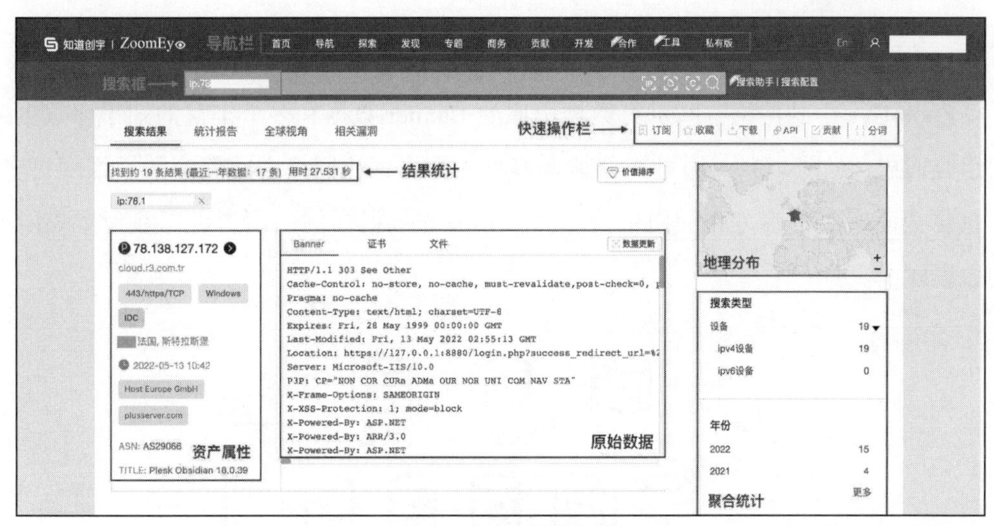

图 4-1　检索结果页面

如图 4-2 所示，在搜索结果页面单击某个资产可以进入该资产详情页面。页面会详细展示该资产的地理位置、组织信息、端口信息、Banner 信息、组件信息、版本信息、探测时间、DNS、威胁情报信息、相关漏洞信息等，让用户可以通过更多的数据维度来对资产进行核实和判断。

图 4-2　资产详情页面

4.2 数据

ZoomEye 中的网络空间资产数据由原始 Banner 数据和多个丰富的知识库数据关联组合而成（见图 4-3），通过充分整合多种元数据，让网络空间资产数据维度更多、信息更全面，更有参考和利用价值。关于具体的数据样例，读者可以参考本书附录的数据样本。

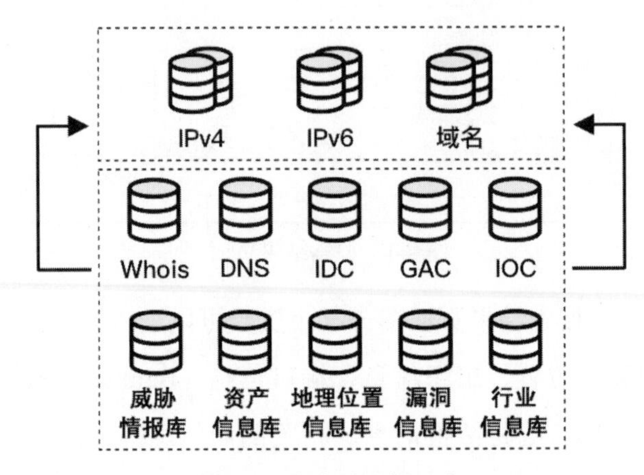

图 4-3 资产关联知识库

通过关联地理位置信息库，我们能够查到网络空间资产所属国家、城市、街道等地理位置，从而构建出网络空间与地理空间的映射关系；也可以通过对地理位置信息的聚合统计，分析网络空间资产的分布情况。

通过关联行业信息库，我们能够补充网络空间资产所属行业信息（如能源、教育、金融等），从而构建出网络空间与社会空间的映射关系。

通过关联 Whois 库、漏洞信息库、威胁情报库、ICP 备案等知识库，我们可以了解网络空间资产的从属关系、威胁情报、漏洞信息、设备类型等，从而实现资产数据的多元化展示，丰富资产画像。

ZoomEye 的数据分为 IP 资产数据和 Web 站点资产数据两种类型。

（1）IP 资产数据

IP 资产数据包括 IPv4、IPv6 网络设备开放端口的资产情况，比如该端口的服务、协议、Banner、组件名称、操作系统、设备类型、证书等信息。

（2）Web 站点资产数据

Web 站点资产数据包括 Web 站点自身的资产情况，比如 Web 站点的开发语言、使用的数据库、框架、应用程序、服务器、防火墙、站点包含的子域名等信息。

对于 IP 资产数据来说，由于一个 IP 可能开放多个端口，每个端口提供的服务、功能、使用的组件都可能不相同，所以 ZoomEye 将一个 IP 和其开放的一个端口作为一个最小数据单元。对于站点资产数据来说，一个域名或者一个 URL 下的数据是一个最小数据单元。用户可以通过 Web 界面的“下载”功能和“API”的查询功能来获取网络空间资产数据。

需要说明的是，为了让检索结果展示更清晰和直观，ZoomEye 在 Web 界面只会显示网络空间资产的最新数据。因为不同探测时间得到的相同资产信息会影响数据统计分析的准确性，甚至这些重复信息会把可能重要的信息掩盖起来。ZoomEye 的历史数据需要通过历史数据 API 来查询。

4.3　功能

4.3.1　检索功能

熟悉和理解搜索语句才能获取更有价值的数据。ZoomEye 支持在搜索框直接输入字符串进行全文检索或者模糊检索，还支持针对地理位置、设备类型、组件名称、证书有效性等的检索过滤器和搜索语法。比如检索端口为 80 且组件名称是 webcam 的网络空间资产，搜索语句是 port:80 +app:webcam，检索结果如图 4-4 所示。更详细的使用示例可以参考本书“附录”中的过滤器和语法说明，也可以参考 ZoomEye 首页上的“搜索助手”和“搜索配置”。

为了方便不熟悉搜索语法的用户使用，ZoomEye 还提供可视化查询功能。用户可以通过图形化的引导步骤完成搜索语句的拼接，即选择对应关键词、输入查询内容、增加判断语法，即可生成查询语句（见图 4-5）。

ZoomEye 的过滤器和搜索语法，与业界其他搜索引擎类似，降低了用户在多款搜索引擎间切换的难度。比如 Shodan 的过滤器和语法与 ZoomEye 基本一致，而

Google Hacking 中的 Dork 语句 intitle:"Login" intext:"cam"，也可以很方便地转换为 ZoomEye 的搜索语句 title:"Login" +title:"cam"，如图 4-6 所示。

图 4-4 搜索语句示例

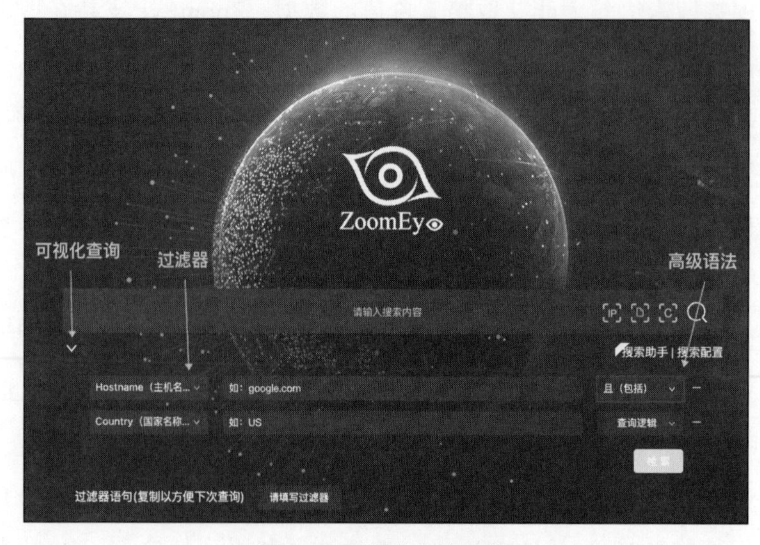

图 4-5 可视化查询功能

图 4-6　检索语句示例

ZoomEye 可以对 Banner 内容进行分词测试。如图 4-7 所示，某资产的 Banner 中包含十六进制报文，通过分词测试功能可以发现“\xff\xfb\x01\xff\xfe\x01\xff\xfb\x03\xff\xfd\x03CSE-M53N”这段报文在 ZoomEye 数据库中存储的内容为“xff, xfb, x01, xff, xfe, x01, xff, xfb, x03, xff, xfd, x03cse, m53n”。显然，如果用户直接输入这段“\xff\xfb\x01\xff\xfe\x01\xff\xfb\x03\xff\xfd\x03CSE-M53N”字符串是无法精准检索到同类资产的，正确的搜索语句应该是“xff +xfb +x01 +xff +xfe +x01 +xff +xfb +x03 +xff +xfd +x03cse +m53n”。

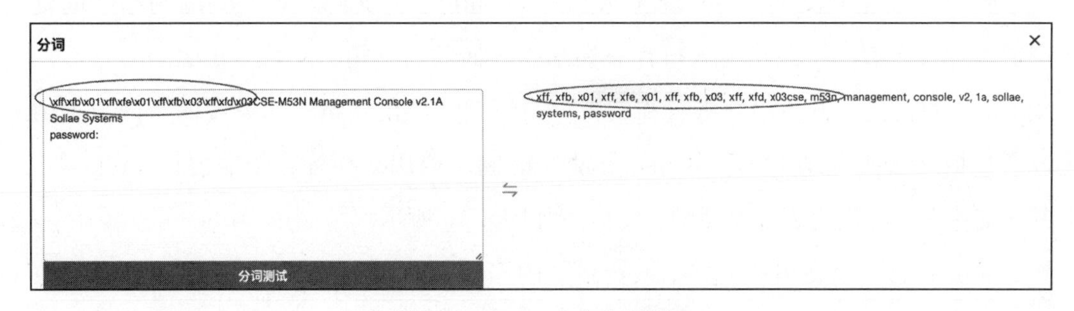

图 4-7　Banner 内容分词测试

ZoomEye 支持对检索语句中引号或者反斜杠等分隔符的转义操作。如图 4-8 所示，对“<meta http-equiv="Content-Type"”进行检索，如果不使用“智能转义”功能，会被解释为检索 Banner 中包含“<meta”或者“http-equiv=”或者“"Content-Type"”的资产。很明显，检索结果会非常多，达到 47 亿条。

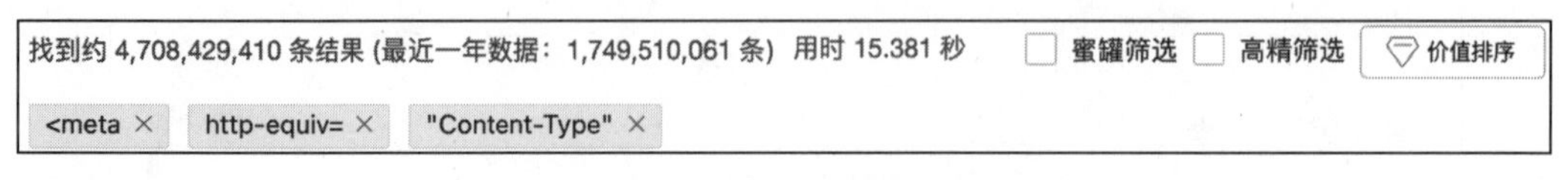

图 4-8 不使用“智能转义”功能

使用“智能转义”功能后，系统会将检索语句当成一个整体“<meta http-equiv="Content-Type"”在 Banner 中进行检索（见图 4-9）。此时的检索结果才是准确的。

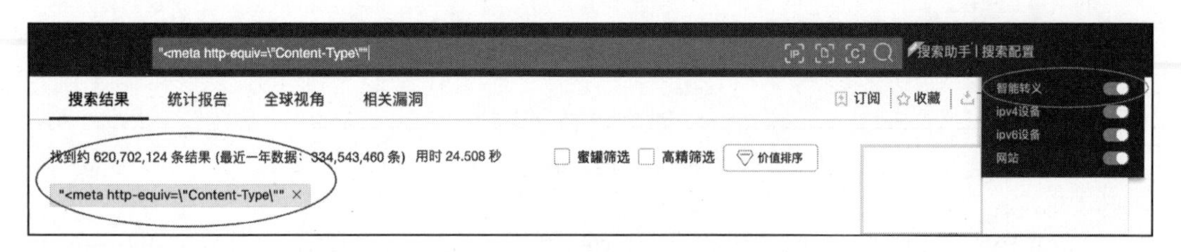

图 4-9 使用“智能转义”功能

ZoomEye 通过支持逻辑运算语法、支持对 Banner 中不可显示字符的转义操作、支持细粒度分类查询等功能，以及提供对 Banner 内容进行分词测试等工具，可以让用户灵活地挖掘到更丰富、更准确的资产数据。

4.3.2 数据下载功能

除了可以在 Web 界面显示查询结果，ZoomEye 也支持对查询到的网络空间资产数据进行下载。下载功能入口在查询结果界面的右上角，支持导出 JSON、CSV、XLSX 三种格式，方便用户查看和编辑。系统默认导出网络空间资产的全部数据内容，包括 IP 地址、端口号、Banner、测绘时间、应用、探针、传输协议、rdns 等。其还支持下载导出内容、灵活配置字段，如图 4-10 所示。

导出数据可以在用户的“个人资料”的“下载列表”页进行下载。由于存储空间限制，这些数据可以保留 7 天。

图 4-10 下载功能

4.3.3 数据订阅功能

用户除了通过搜索语句来检索网络空间资产外，还可以利用“数据订阅”功能（见图 4-11）来主动监控重点资产的变化情况。用户也可以通过“数据订阅”功能中的 IP 订阅模式，对关注目标进行主动扫描，保障数据的实时性，操作步骤如下。

（1）创建数据订阅

单击“个人资料” - “数据订阅”进入功能页面，然后单击“新建订阅”。

参数说明如下。

1）订阅名称：每次订阅任务需要创建一个名称（见图 4-12），以便对订阅任务进行管理。每个用户最多创建 30 个订阅任务。

2）订阅类型：包括“IP 订阅”和“语句订阅”两种类型（见图 4-13）。设置“IP

订阅”可主动触发扫描行为；设置“语句订阅”，系统可自动将搜索语句涉及的资产的变化情况反馈给用户。

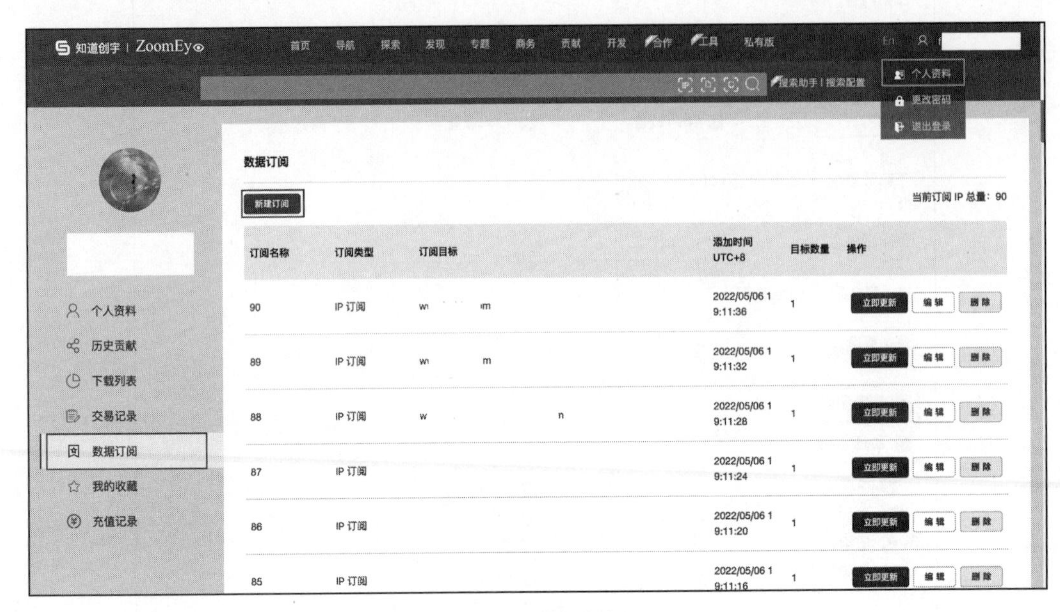

图 4-11 数据订阅

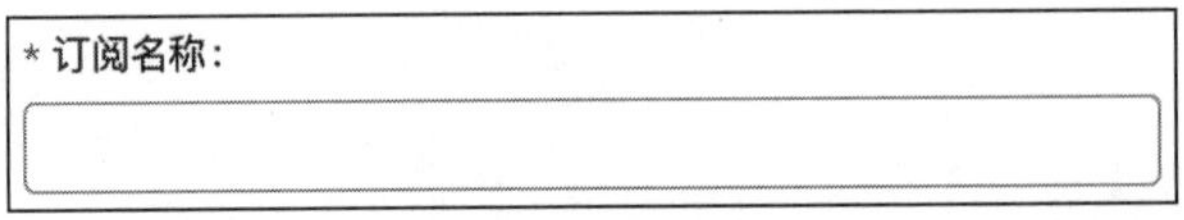

* 订阅名称：

图 4-12 订阅名称

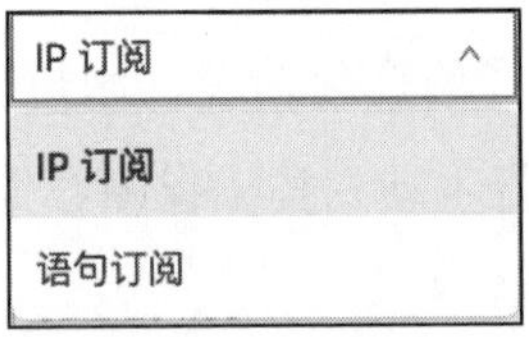

IP 订阅

IP 订阅

语句订阅

图 4-13 订阅类型

其中，“IP 订阅”支持对 IPv4 地址、IPv6 地址、域名地址的订阅（见图 4-14），可根据用户选择的订阅周期触发主动扫描任务。一个订阅任务最多支持 2560 个域名地址或者 IP 地址的主动扫描。

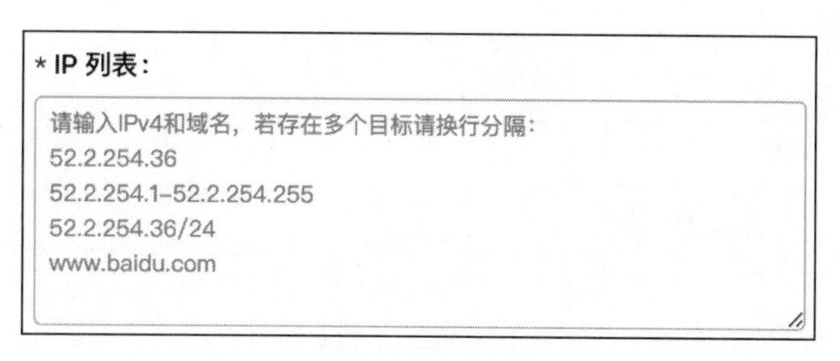

图 4-14 IP 订阅

“语句订阅”支持通过查询语句进行订阅，可根据用户选择的订阅周期收集观测目标的变化情况（见图 4-15）。需要注意的是，由于订阅功能需要消耗用户积分，而过于模糊的搜索语句的结果数量通常会很大，这将导致用户积分消耗过多。建议尽量使用精准的搜索语句进行订阅，比如 +port:2455 +service:"CoDeSyS" +city: 纽约，可用来订阅纽约市端口为 2455 的工控协议 CoDeSys 的网络空间资产变化情况。

图 4-15 语句订阅

3）订阅周期：包括每天、每 5 天、每 15 天（见图 4-16）。系统可根据用户选择的周期，定期执行订阅任务。

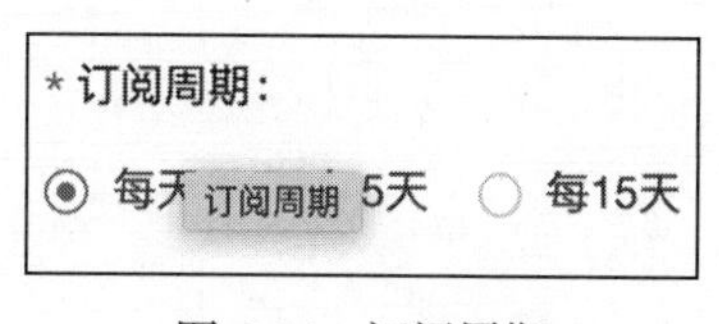

图 4-16 订阅周期

4）订阅逻辑（IP 订阅模式下）：可以额外增加过滤器条件（见图 4-17），将过滤后的数据结果更精准地推送给用户。

5）是否接收订阅数据：当选择“是”时，系统会将订阅任务的结果以邮件形式发送到用户注册的邮箱（见图 4-18）。

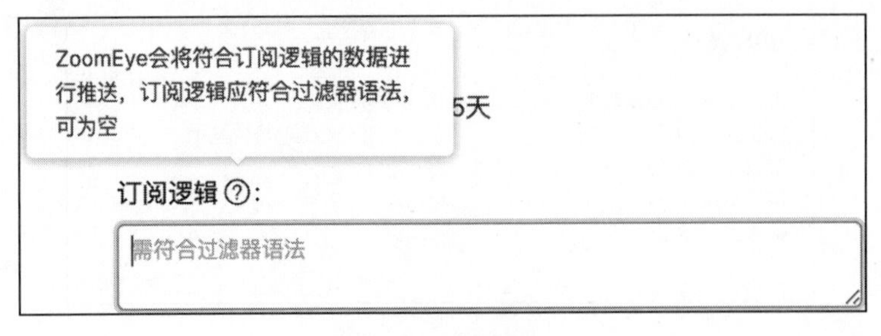

图 4-17 订阅逻辑

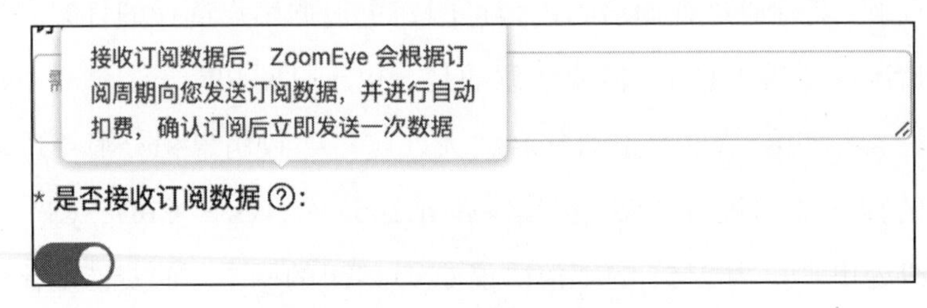

图 4-18 订阅数据推送

（2）订阅推送报告

如果选择接收订阅数据，当订阅任务完成后，系统会自动将一些常用维度的聚合统计分析结果、订阅数据的变化趋势图、新增 IP 数据列表（见图 4-19）等内容发送到用户注册邮箱。

新增 IP 数据

IP	端口	变化组件	变化服务
213. .70	80	/	http
185.1 225	80	/	http
66.5 10	80	/	http
66. 2	80	WAP	http
52. 14	80	/	http
54. 32	80	/	http
62.1 37	80	/	http
62.1 02	80	/	http
62. 66	80	/	http
62. 4	80	/	http

图 4-19 新增 IP 数据列表

（3）数据变化趋势可视化显示

基于订阅任务的长期监测，系统自动生成数据变化趋势图（监测时间范围可以自定义），如图 4-20 所示。

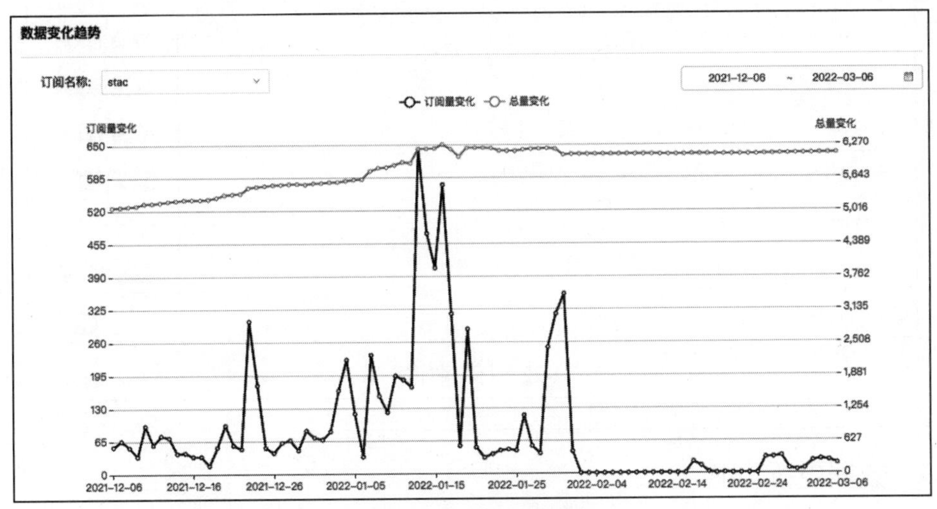

图 4-20　数据变化趋势

系统还提供订阅明细查询，支持导出订阅任务期间结果变化数据，方便用户进行分析（见图 4-21）。

订阅明细　　导出

序号	日期	订阅量变化	总量变化
1	2021-11-18 17:31:11	87	4800
2	2021-11-19 17:00:00	67	4807
3	2021-11-20 17:00:00	48	4824
4	2021-11-21 17:00:00	26	4830
5	2021-11-22 17:00:00	30	4841
6	2021-11-23 17:00:00	68	4870
7	2021-11-24 17:00:00	120	4896
8	2021-11-25 17:00:00	51	4911
9	2021-11-26 17:00:00	90	4933
10	2021-11-27 17:00:00	24	4943

共 109 条　<　1　2　3　4　5　…　11　>

图 4-21　订阅明细

系统还支持下载订阅数据，如图 4-22 所示。

数据下载 下载的数据仅保留 7 天

时间	关键词	数量	状态	
2022-05-01 11:02	【订阅】test	1	下载	删除
2022-04-30 11:03	【订阅】test	1	下载	删除
2022-04-29 14:21	【订阅】订阅_demo	2	下载	删除
2022-04-28 22:02	【订阅】c2_ru	1	下载	删除
2022-04-27 22:03	【订阅】c2_ru	1	下载	删除
2022-04-27 11:35	【订阅】test	1	下载	删除

图 4-22 订阅数据下载

4.3.4 数据更新功能

我们通过搜索栏检索出一批资产数据时，可能会觉得部分数据的探测时间比较早，那么可以单击资产 Banner 结果右侧的“数据更新”按钮（见图 4-23）实时地对目标进行扫描。

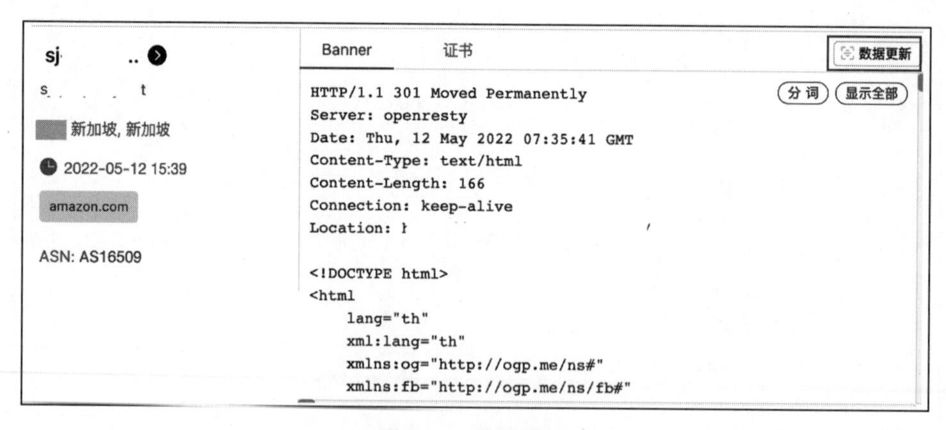

图 4-23 数据更新

ZoomEye 支持用户对指定 IP 地址或者域名扫描。在扫描任务完成后，系统通过邮件给用户发送更新结果（见图 4-24），并且在 Web 界面显示目标资产数据更新提示。

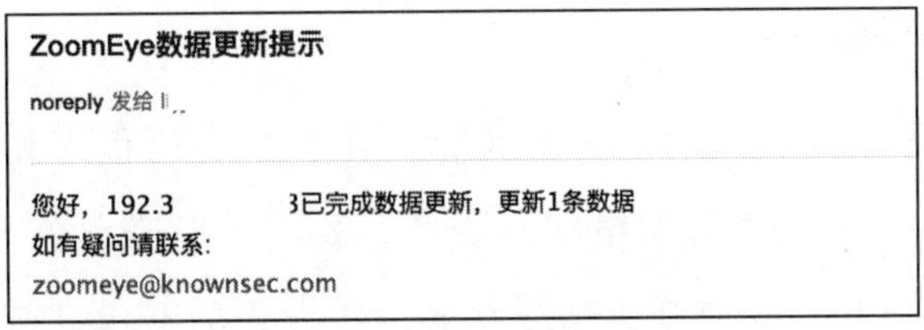

ZoomEye数据更新提示

noreply 发给 I..

您好，192.3　　　3已完成数据更新，更新1条数据
如有疑问请联系:
zoomeye@knownsec.com

图 4-24　数据更新邮件通知

4.3.5　威胁情报功能

ZoomEye拥有全球最大的黑客威胁情报库和恶意机器流量威胁情报库。通过知道创宇的云防御体系获取独家威胁情报，结合IP、域名的高精准信誉情报，我们可全方位掌握威胁情报，让恶意行为无处遁形。

在ZoomEye的资产数据详情页中，单击“威胁情报”，系统将展示网络空间资产关联的威胁情报信息（见图4-25），以便判断当前网络空间资产是否存在异常的恶意行为。目前，系统可提供IP信誉情报、IP高精准情报、域名信誉情报、域名高精准情报、目标攻击行为等多维度信息。

数据来源　知道创宇安全大脑
IP标签　GAC, Malware, IDC

端口 / 服务 3　Whois　r/fDNS 13　相关漏洞 25　威胁情报 2　用户标记 0

	情报源	结果	状态	置信度	严重程度	当前状态	威胁类型	恶意标签
	IP信誉情报	恶意	有效存在	87	危险	活跃	farfli darkkomet	farfli darkkomet
^	IP高精准情报	恶意	有效存在	90	危险	活跃	Backdoor	farfli

类型	描述内容	时间
域名历史	weixin.feelfunyun.com	20190717
	wap.myshuku.cn	20190107
	www.myshuku.cn	20190104

家族	描述

图 4-25　威胁情报

4.3.6 蜜罐识别功能

蜜罐是一种互联网上的诱饵，看起来像一个包含应用程序和数据的真实计算机系统。通过 ZoomEye 识别蜜罐网络空间资产，我们可以避免落入黑客布下的陷阱。ZoomEye 可以对无交互、低交互、高交互等工作方式的蜜罐进行识别，根据目标返回的报文、开放端口、开放服务等业务逻辑和异常行为对网络空间资产进行蜜罐判定。ZoomEye 会将蜜罐识别结果以标签的形式展示，如图 4-26 所示。我们也可以勾选右上角的“蜜罐筛选”来排除蜜罐网络空间资产。

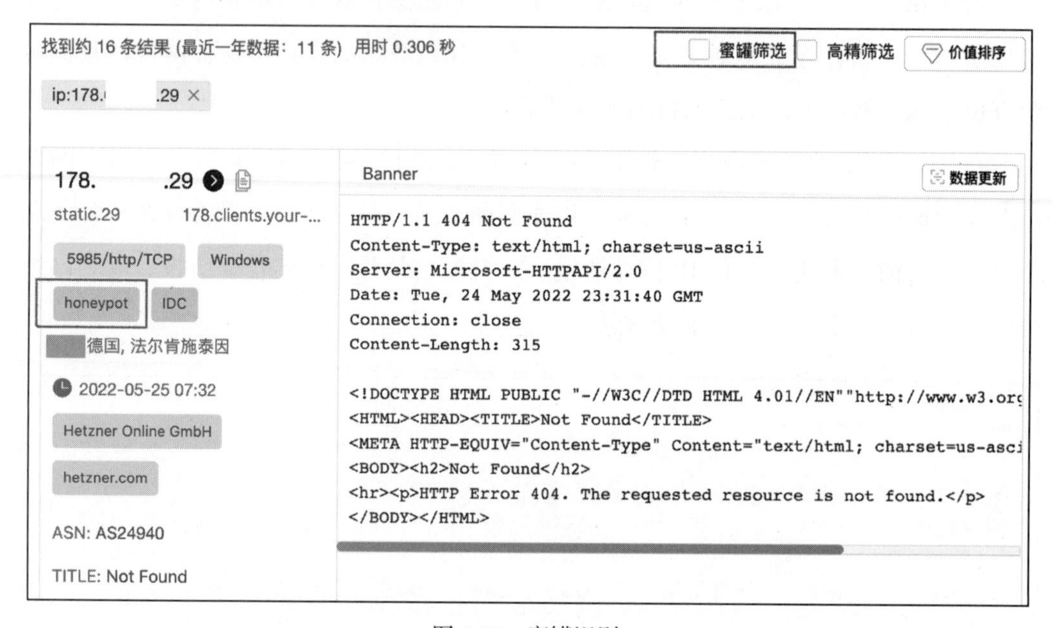

图 4-26 蜜罐识别

用户也可以通过掌握的蜜罐特征来搜索蜜罐网络空间资产。比如某类工控蜜罐在部署时会使用相同的模板，导致不同的工控资产都具有相同的“Serial Number”。如图 4-27 所示，使用搜索语句 "Serial Number: 88111222" 查找同类模板部署的工控蜜罐，结果数据有 2660 条。

蜜罐常常还会伪装成 OA 系统、邮件服务、VPN 服务等，植入一些 JavaScript 等语言代码来获取访问者的身份信息。用户可以根据自己掌握的蜜罐指纹在 ZoomEye 中进行全文检索，比如某些品牌的蜜罐指纹“/static/js/portrait.js”“record.js’>

</script>" + "<script>var token=”。目前，ZoomEye识别出的蜜罐类型大体可分为：

- 传统的各种开源伪装协议服务的蜜罐。
- 面对网络空间测绘搜索引擎探测的专属蜜罐。
- 商用蜜罐。
- 工控等领域的专属蜜罐。
- 其他类型和用途的蜜罐。

图 4-27　通过蜜罐特征搜索蜜罐网络空间资产

4.3.7　SSL 证书解析功能

SSL（Secure Socket Layer）证书是一种数字证书，用于实现网站身份验证和数据加密传输，是保障网络通信安全的重要手段，也是网络空间资产非常重要的身份信息。ZoomEye支持对网络空间资产SSL证书的TLS 1.0、TLS 1.1、TLS 1.2、TLS 1.3等版本信息的获取，并遵循从x509格式对证书进行解析，还可额外获取证书加密套件、通信过程中的握手信息（见图4-28）。

```
SSL Certificate
Version: TLS 1.3 TLS版本信息
CipherSuit: TLS_AES_256_GCM_SHA384   证书加密套件
Handshake Message: x509: certificate has expired or is not yet valid: current time 2022-06-19T09:55:39+08:00 is after 2022-04-25T00:32:16Z  握手信息
jarm:2ad2ad0002ad2ad00042d42d00000045d9c61f898d3d72d7a153fdd2347f3c   SSL服务器指纹
Certificate: 遵循X.509证书格式进行解析
    Data:
        Version: 3 (0x2)
        Serial Number: 385931252588945727421794495030563964823694 (0x46e26679566509e85e4a5c41c84be5da88e)
    Signature Algorithm: SHA256-RSA
        Issuer: C=US,CN=R3,O=Let's Encrypt
        Validity
            Not Before: Jan 25 00:32:12 2022 UTC
            Not After : Apr 25 00:32:12 2022 UTC
        Subject: CN=coderpad.io
        Subject Public Key Info:
            Public Key Algorithm: RSA
                Public-Key: (4096 bit)
                Modulus:
                    e9:06:56:ad:4f:1c:8f:45:f6:8b:8d:8c:45:97:00:
                    2f:09:c3:81:c8:5c:48:79:0f:19:d1:66:43:e2:cc:
                    ce:ab:dd:19:54:51:06:fe:1d:6a:2a:17:1c:5d:54:
                    cb:94:c8:35:cb:65:7d:c6:bb:a9:ae:f2:b8:4e:3c:
                    51:9f:4e:dd:0a:88:7f:8f:f4:67:dd:98:95:db:a9:
                    d8:29:00:8f:b2:14:3b:31:66:38:02:aa:90:e9:6c:
                    0e:37:b5:88:49:6f:61:e4:39:18:41:c4:54:56:a1:
                    73:92:99:58:bd:f1:ca:f4:50:1e:41:e2:a4:f8:c6:
                    61:41:99:d9:f0:1f:82:a9:b3:14:5d:b1:1b:50:39:
                    5b:c2:ae:5d:d0:07:37:82:07:97:fb:fc:91:99:cf:
                    a2:74:b0:29:55:52:8e:74:0d:31:d9:2c:02:41:15:
                    4d:69:dc:c9:58:60:a4:3b:17:74:7b:58:5a:b9:e2:
```

图 4-28 SSL 证书内容

另外，ZoomEye 还支持多种证书过滤器。用户可以利用它们进行精准检索。常见的证书过滤器如表 4-1 所示。

表 4-1 常见的证书过滤器

语法	说明
ssl:"google"	根据证书内容搜索相关资产
ssl.cert.availability:1	根据证书有效性搜索相关资产
ssl.cert.fingerprint:"F3C98F223D82CC41CF83D94671CCC6C69873FABF"	根据证书指纹搜索相关资产
ssl.chain_count:3	根据 SSL 链计数搜索相关资产
ssl.cert.alg:"SHA256-RSA"	根据证书签名算法搜索相关资产
ssl.cert.issuer.cn:"DigiCert"	根据证书签发者通用域名搜索相关资产
ssl.cert.pubkey.rsa.bits:2048	根据 RSA 证书公钥位数搜索相关资产
ssl.cert.pubkey.ecdsa.bits:256	根据 ECDSA 证书公钥位数搜索相关资产
ssl.cert.pubkey.type:"RSA"	根据证书公钥类型搜索相关资产
ssl.cert.serial:"18460192207935675900910674501"	根据证书序列号搜索相关资产
ssl.cipher.bits:"128"	根据加密套件位数搜索相关资产
ssl.cipher.name:"TLS_AES_128_GCM_SHA256"	根据加密套件名称搜索相关资产
ssl.cipher.version:"TLSv1.3"	根据加密套件版本搜索相关资产
ssl.version:"TLSv1.3"	根据 SSL 证书的版本搜索相关资产
ssl.cert.subject.cn:"baidu.com"	根据证书持有者通用域名搜索相关资产
jarm:"29d29d15d29d29d00029d29d29d29dea0f89a2e5fb09e4d8e099befed92cfa"	根据证书指纹搜索相关资产

4.3.8　统计报告功能

ZoomEye 支持以多种方式生成网络空间资产统计报告，比如在搜索结果页面单击“统计报告”，会根据搜索结果数据生成资产全球分布、区域分布、端口分布、设备分布统计图表，如图 4-29 所示。

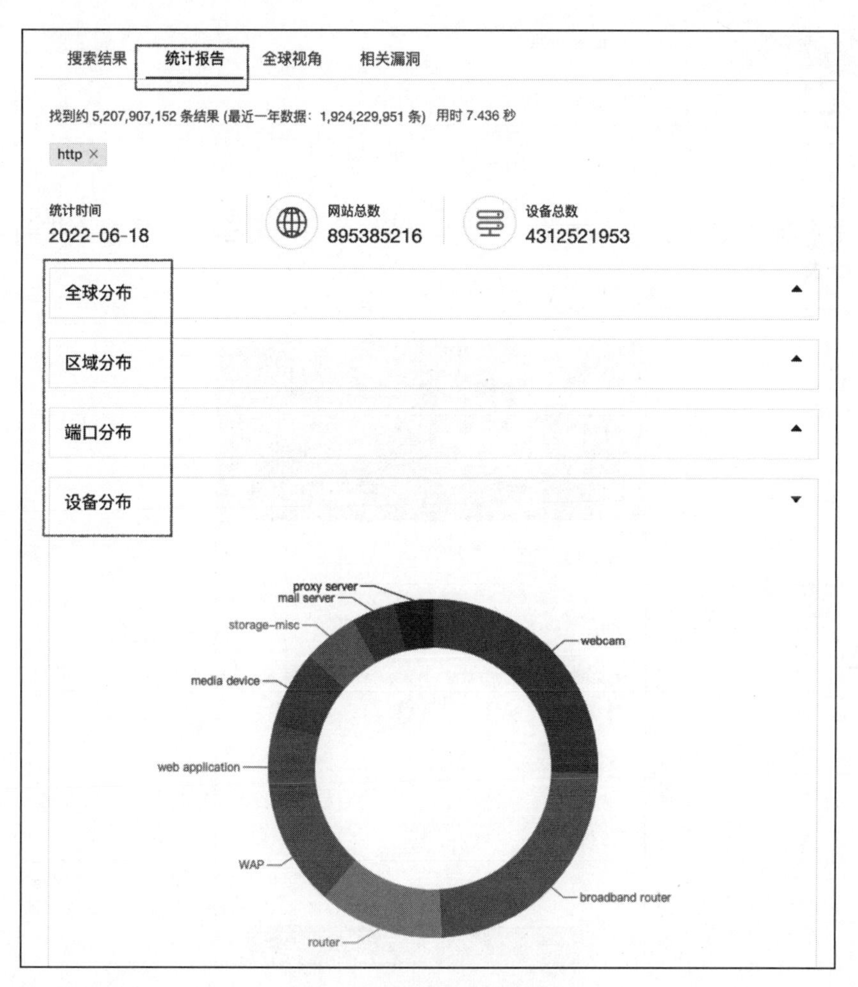

图 4-29　搜索结果统计报告

用户还可以在搜索结果页面右侧的快速操作栏单击“贡献”按钮，将搜索语句和描述信息分享给其他用户。用户可以在“个人资料”的“贡献历史”标签中查看生成的图片报告（见图 4-30）。

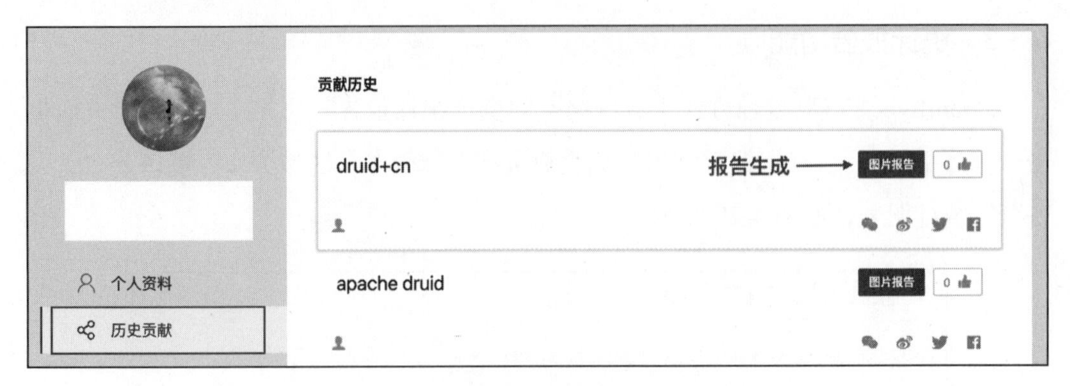

图 4-30 贡献历史

图片报告内容包含搜索语法、搜索日期、数据概览、全球统计排行等信息（见图 4-31）。

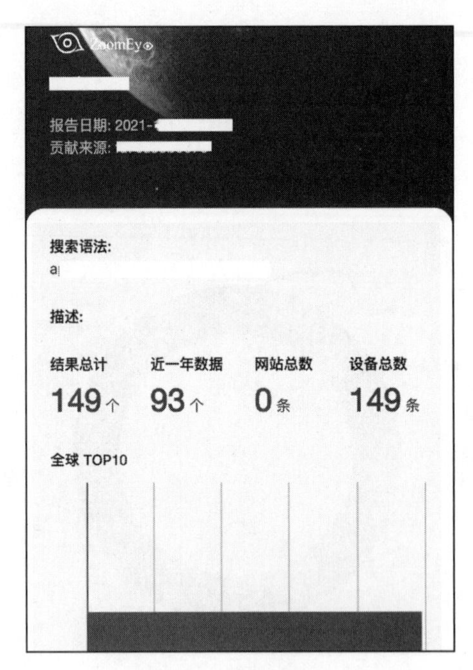

图 4-31 图片报告

另外，ZoomEye 提供诸如国家级断网事件、“心脏滴血”漏洞分析等专项安全分析报告，供用户参考（见图 4-32）。

图 4-32　专题报告

4.3.9　聚合分析功能

面对海量搜索结果，我们需要进行汇总、分类。ZoomEye 通过聚合分析功能来解决此类需求。ZoomEye 将用户常用的聚合数据在搜索结果页面右侧栏进行展示。如果需要统计更多维度，用户可以单击“更多”跳转至“聚合分析”页面。

我们也可以直接在顶部导航栏单击“工具”，选择“搜索聚合分析”，输入搜索语句来完成相关维度的统计。目前，ZoomEye 支持国家、省份、端口、组件、设备、证书内容等 32 个聚合维度，最大支持对数据的 Top100 统计，充分满足各种统计需求，同时支持统计结果导出，导出格式为 PNG 图片，方便用户插入分析报告（见图 4-33）。

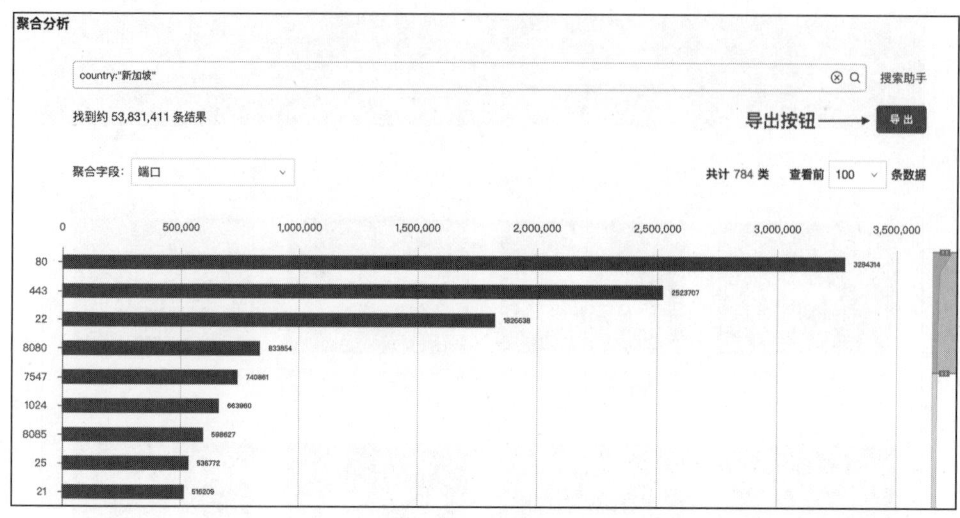

图 4-33 聚合分析

4.3.10 全球视角功能

直接在"全球视角"页面的搜索框中输入搜索语句，结果以地图形式展示。通过地图左侧的聚合统计，以及对可视化地图的缩放、拖拽，用户可快速得到全球范围内网络空间资产的分布情况，如图 4-34 所示。

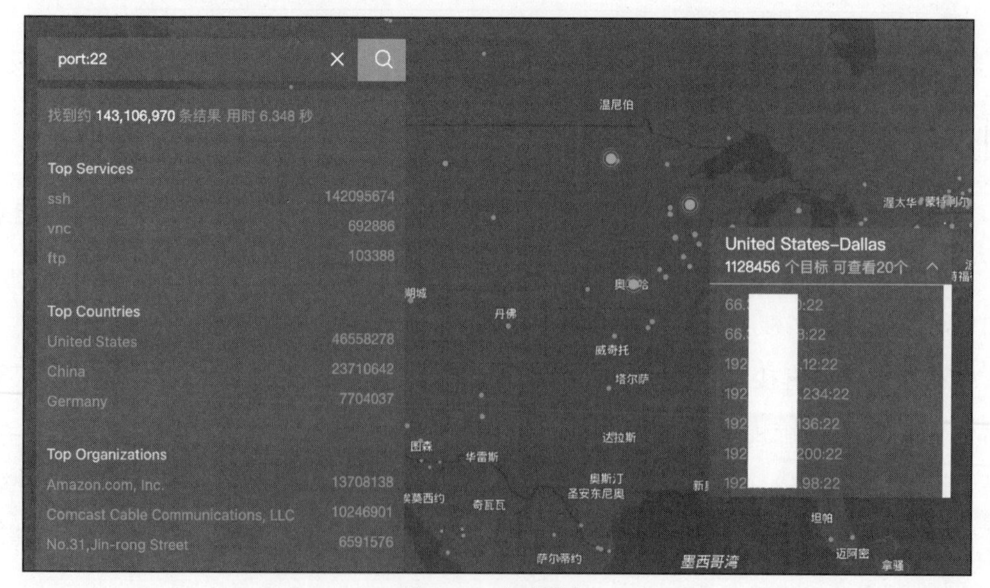

图 4-34 全球视角

4.3.11　Dork 导航功能

Dork 导航功能支持通过一些关键字自动联想到内置的查询语句，如图 4-35 所示。

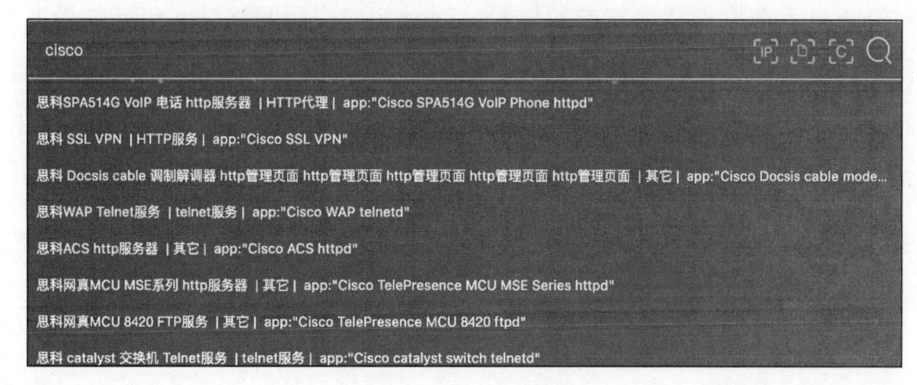

图 4-35　Dork 导航

ZoomEye 中内置了近百种设备类型、近 2 万个组件的 Dork 语句。用户可以通过单击导航栏中的“导航”菜单快速检索感兴趣的设备类型或者具体的设备资产（见图 4-36）。

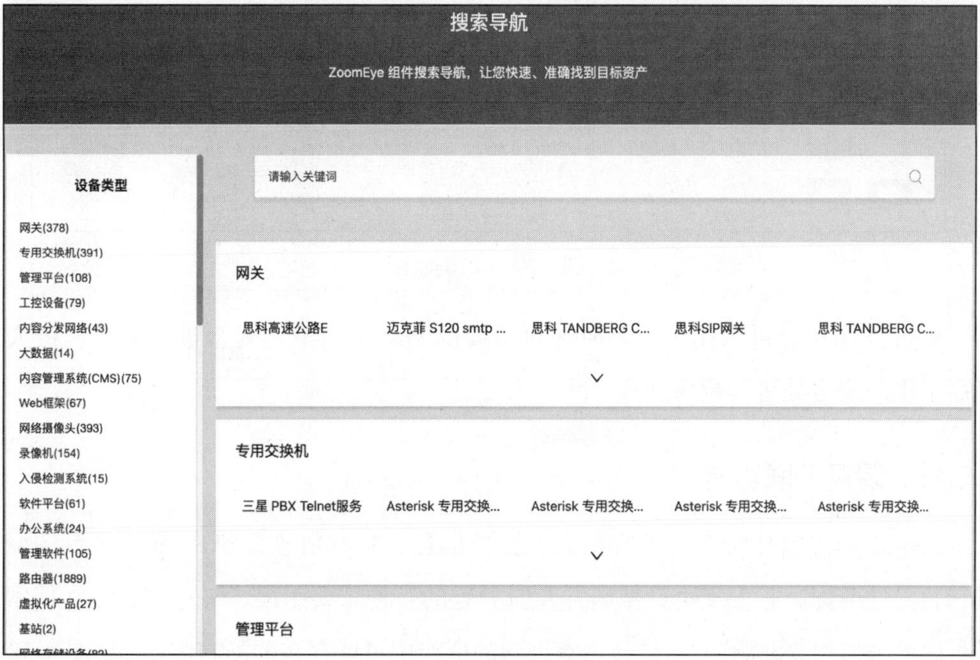

图 4-36　搜索导航

4.3.12 价值排序功能

和 Google 的 PageRank 作用类似，ZoomEye 通过 Target-Rank 功能将重要的网络空间资产显示在搜索结果靠前的位置。ZoomEye 按照网络空间资产的设备类型、所属行业、连续存活时长、漏洞修复情况等多个维度进行权重计算，生成网络空间资产的价值评分体系。用户可以在搜索结果页面单击“价值排序”快速筛选出评分靠前的网络空间资产，如图 4-37 所示。

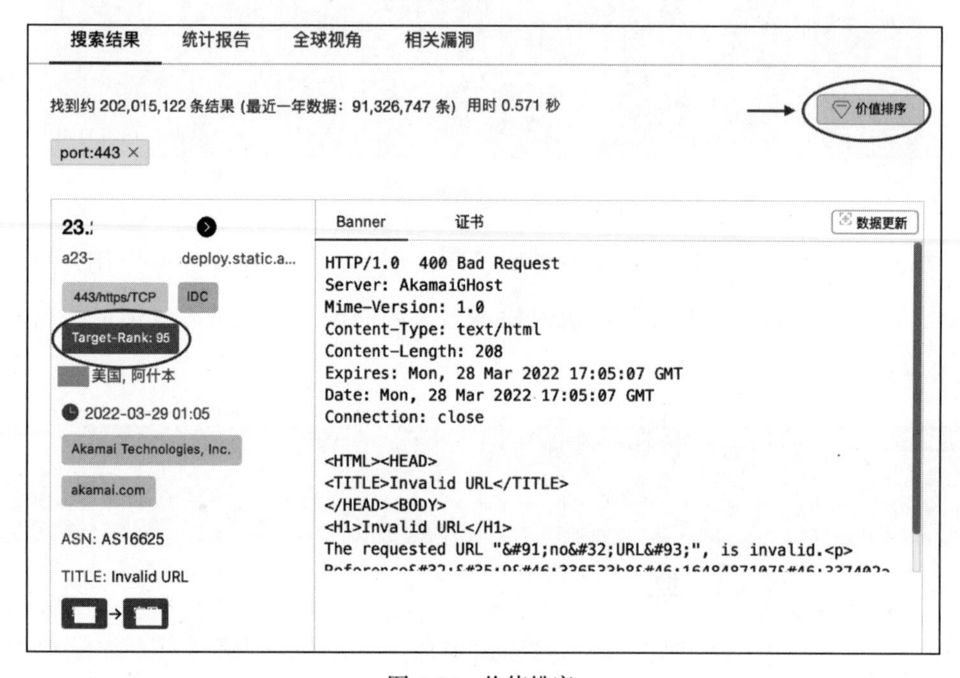

图 4-37 价值排序

价值排序功能可以让用户及时地对重要的网络空间资产安全进行监测，极大地提高了用户安全处置和响应速度。

4.3.13 漏洞关联功能

ZoomEye 平台中资产的组件信息、服务信息、版本信息，和 SeeBug 平台的漏洞进行相关性匹配，是发现可疑威胁并及时处置的一种重要手段。一种方式是在搜索结果页面单击“相关漏洞”，系统显示查询到的资产中可能存在的漏洞信息（见图 4-38）。

图 4-38　单击搜索结果页面的“相关漏洞”显示漏洞信息

一种方式是进入具体的资产详情页面，单击“相关漏洞”，系统显示该资产可能存在的漏洞信息，如图 4-39 所示。

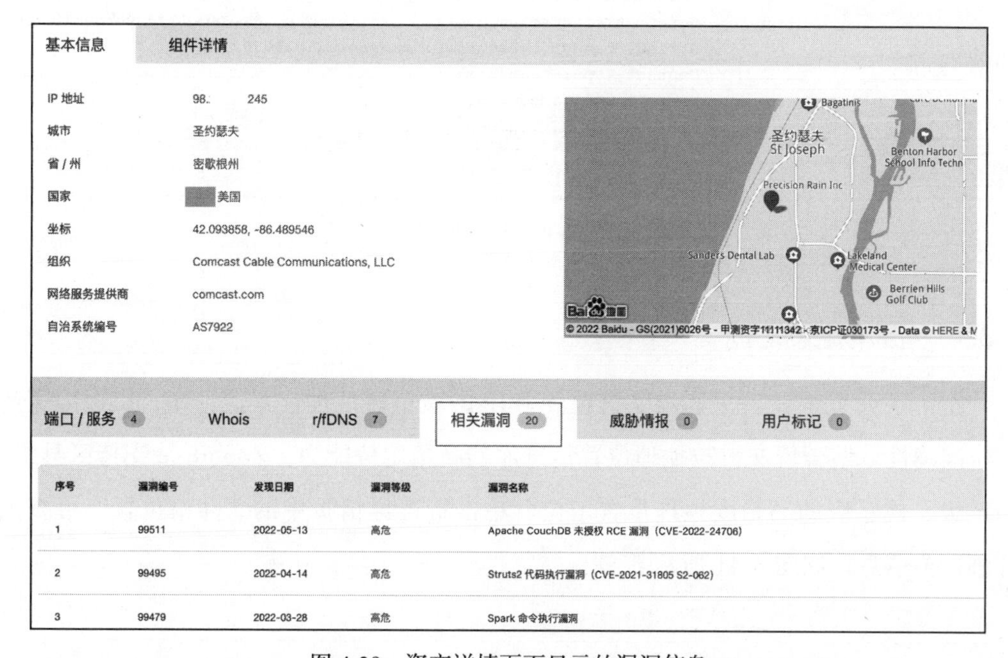

图 4-39　资产详情页面显示的漏洞信息

4.3.14 行业识别功能

为了帮助用户进一步了解网络空间资产所属行业，ZoomEye 支持资产的行业信息展示。通过行业信息功能，用户可以进行关键信息基础设施的识别、行业领域资产的分类等，如图 4-40 所示。关键信息基础设施是指所属能源、交通、水利、金融、公共服务、电子政务等重要领域，以及一旦遭到破坏而丧失功能或者数据泄露，可能严重危害国家安全、国计民生、公共利益的重要网络设施、信息系统等。和价值排序功能一样，行业识别功能也可以帮助用户快速完成重要行业资产的查找和分析，及时响应安全工作。

图 4-40 行业识别

4.3.15 高精定位功能

ZoomEye 同时支持关联埃文科技和 IPIP 的城市级地理位置信息库，以保障资产定位准确性。结合埃文科技地理位置信息库的高精定位能力，ZoomEye 支持区县级、街道级、楼宇级的高精度地理位置定位。单击资产详情页中的“高精位置”可查询详细定位信息，如图 4-41 所示。

图 4-41　高精定位

4.3.16　域名 / IP 关联查询功能

域名 / IP 关联查询功能可以帮助用户快速排查针对该域名 / IP 的仿冒钓鱼网站，也可以梳理该域名 / IP 所属企业的内部业务、合作方 / 供应链资产、暗资产、所有子域名等信息，还支持通过 IP 反查域名，以及该域名曾经的 IP（见图 4-42）。查询结果可以导出，支持 TXT、JSON 两种格式。

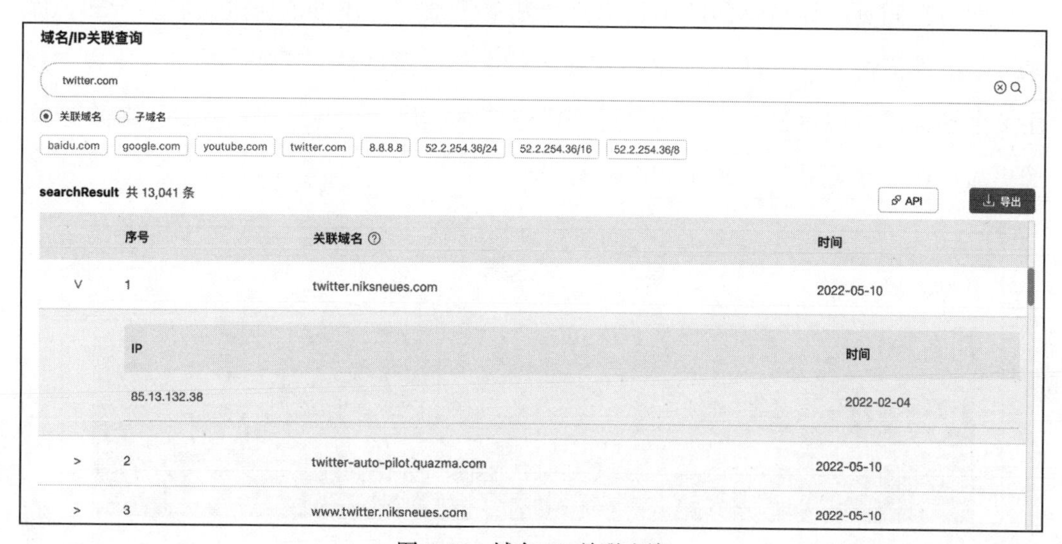

图 4-42　域名 /IP 关联查询

域名 / IP 关联也可通过 API 来查询，最大支持显示 10000 条查询结果，如图 4-43 所示。

```
curl -X GET 'https://api.zoomeye.org/domain/search?q=zoomeye.org&type=1&page=1' -H "API-KEY:XXX"

{
    "status": 200,
    "total": 6,
    "list": [{
        "name": "manage.zoomeye.org",
        "timestamp": "2021-06-26",
        "ip": "81.70.119.81"
    },
    {
        "name": "bits.zoomeye.org",
        "timestamp": "2021-06-25",
        "ip": "123.125.242.132"
    },
    {
        "name": "blog.zoomeye.org",
        "timestamp": "2021-06-25",
        "ip": "119.29.79.209"
    },
    {
        "name": "www.zoomeye.org",
        "timestamp": "2021-03-27",
        "ip": ""
    },
    {
        "name": "ics.zoomeye.org",
        "timestamp": "2021-03-26",
        "ip": ""
    }
    ...
    ],
    "msg": "ok",
    "type": 1
}
```

图 4-43 通过 API 查询域名 / IP 关联

4.3.17 资产知识库功能

网络空间资产详情页面除了显示资产基本信息外，还可以通过关联资产知识库来显示组件详情。其可将一个 IP 资产使用的组件按照硬件、系统、服务、支撑、应用 5 个层次进行展示，另外还会对组件描述信息、厂商信息等进行说明，使资产画像更加直观，方便用户了解组件用途，如图 4-44 所示。

图 4-44 组件详情

第5章 Chapter 5

拓展应用

本章主要介绍ZoomEye的拓展应用，其中包含ZoomEye的工具盒、多种开发语言的命令行工具、便捷的浏览器插件，充分满足用户的不同场景需求。另外，ZoomEye还提供了丰富的RESTful接口，以便获取丰富的网络空间资产数据。

5.1 iTools工具盒

登录ZoomEye平台，访问导航栏中的“工具”，即可看到iTools工具盒。目前，ZoomEye提供批量域名/IP物理地址查询、聚合分析、域名IP关联查询”工具，可以让用户数据分析更高效。

（1）批量域名/IP物理地址查询

该工具支持对IP和域名地址进行快速查询，并且支持用户通过上传TXT格式文件的方式完成批量地址查询（见图5-1）。查询结果也可以导出到本地。如果查询到的IP地址精度高，用户可以单击该IP跳转到高精详情页面查看更丰富的信息。

（2）聚合分析

用户可以通过输入搜索语句直接进行多维度数据聚合分析。目前，ZoomEye支持聚合统计 32 个维度，最多显示 100 条，并且支持统计报告导出，以帮助用户快速完成统计分析工作。

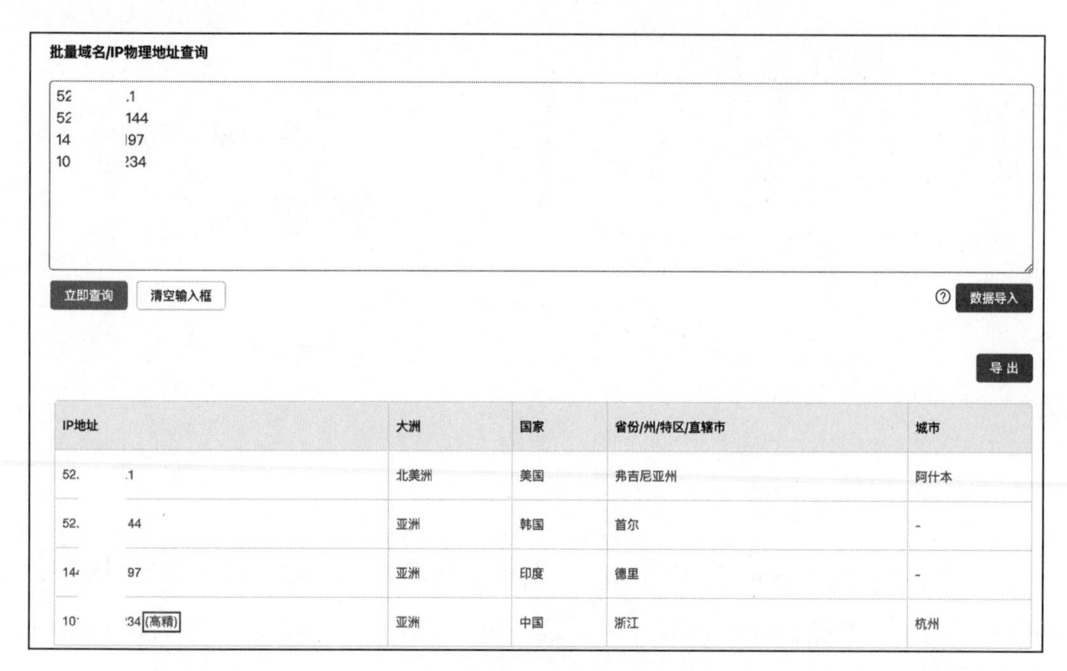

图 5-1 批量域名 / IP 物理地址查询

（3）域名 / IP 关联

用户通过该功能，可以快速排查钓鱼网站、查找关联域名、利用 IP 反查域名等。

5.2 命令行工具

为了方便安全研究者使用，ZoomEye 提供多种开发语言的命令行工具，以便满足更多开发场景需求。读者可以在 GitHub 中搜索 Knownsec 组织，选择对应的工具进行下载，还可以参考官方相关命令行工具的介绍进行使用。

（1）ZoomEye-python

ZoomEye-python 是一款基于 ZoomEye API 开发的 Python 库，提供了 ZoomEye 命令行模式，可作为 SDK 集成到其他工具中。该库提供了 ZoomEye 常用的一些搜索、过滤器、聚合分析、历史数据查询等功能，使用效果如图 5-2 所示。

```
(venv) → ZoomEye-python git:(master) ✗ zoomeye search telnet -facet country -figure pie
------------------------------
ZoomEye total data:57313229
----------------Top 10----------------

United States: 12%
Brazil: 9%
Republic of Korea: 6%
Argentina: 4%
India : 4%
Russia: 3%
Italy : 3%
Japan : 3%
Mexico: 2%
```

图 5-2 ZoomEye-python 使用效果

（2）Kunyu

Kunyu 也是基于 Python 开发的 ZoomEye 命令行工具，除了提供网络空间资产数据查询功能外，还提供了资产主动探测、资产漏洞信息获取、PoC 扫描等功能。该工具界面如图 5-3 所示。

```
root@Knownsec:~/Kunyu-main# kunyu init -h
                                          -v1.6.5
GitHub: https://github.com/knownsec/Kunyu/
kunyu is Cyberspace Search Engine auxiliary tools

Usage:
    kunyu -h
    kunyu init -h
    kunyu init --output /root/kunyu/output
    kunyu init --apikey "xxxxx911-6D2A-12345-4e23-64exxxxx6fb"
    kunyu init --username "404@knownsec.com" --password "P@ssword"
    kunyu init --seebug "012345200157abcdef981bcc89a1452c34d62b8c"
    kunyu init --apikey "01234567-acbd-0000" --seebug "a73503200157" (recommend)
    kunyu init --serverless "https://service-xxxxx-xxxxxxx.sh.apigw.tencentcs.com:443"

optional arguments:
  -h, --help            show this help message and exit
  --seebug SEEBUG       Seebug API Key
  --apikey APIKEY       ZoomEye API Key
  --username USERNAME   ZoomEye Username
  --password PASSWORD   ZoomEye Password
  --rule RULE           Set Rule File Path
  --output OUTPUT       Set Output File Path
  --serverless SERVERLESS
                        Set Serverless API
root@Knownsec:~/Kunyu-main#
```

图 5-3 Kunyu 工具界面

（3）ZoomEye-go

ZoomEye-go 是一款基于 ZoomEye API 开发的 Golang 库，功能和 ZoomEye-python 库类似，提供了 ZoomEye 命令行模式，也可作为 SDK 集成到其他工具中，使用效果如图 5-4 所示。

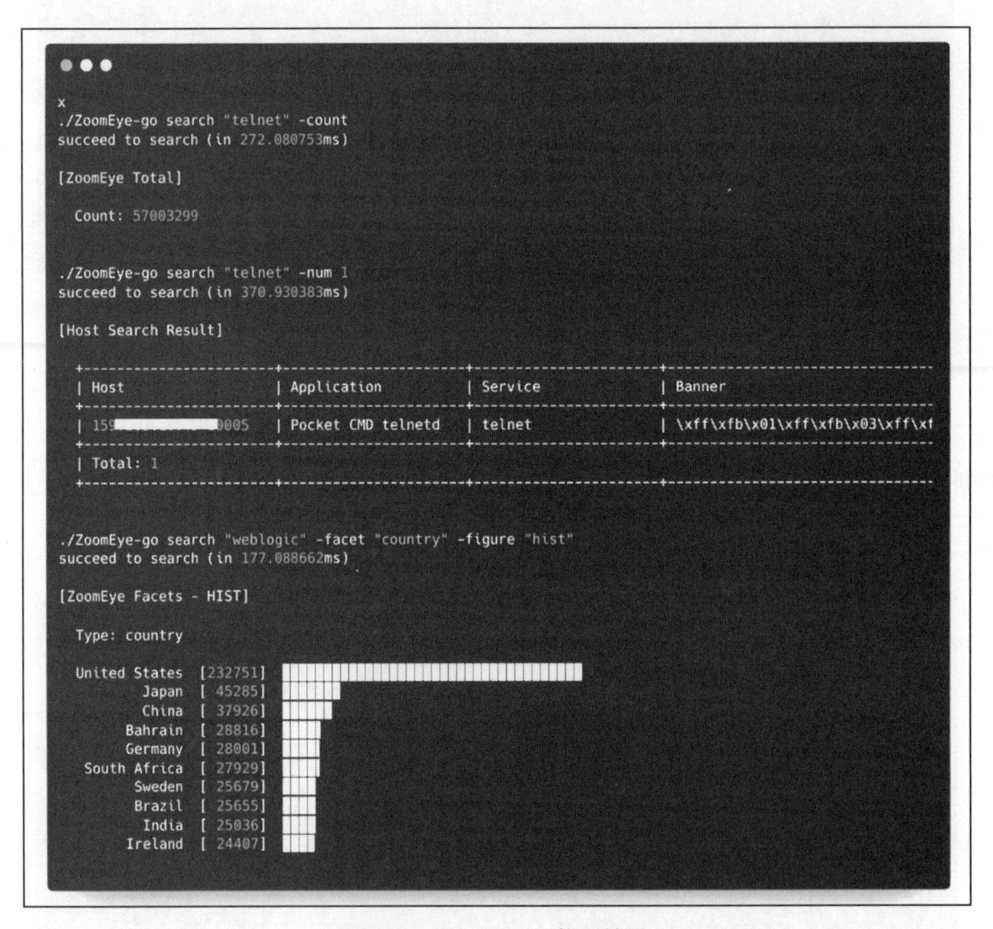

图 5-4 ZoomEye-go 使用效果

（4）Ct

Ct 是一款基于 Rust 语言开发的 ZoomEye 工具，具有域名查询、子域名爆破等功能，支持对查询结果中的关联关系可视化展示，使用效果如图 5-5 所示。

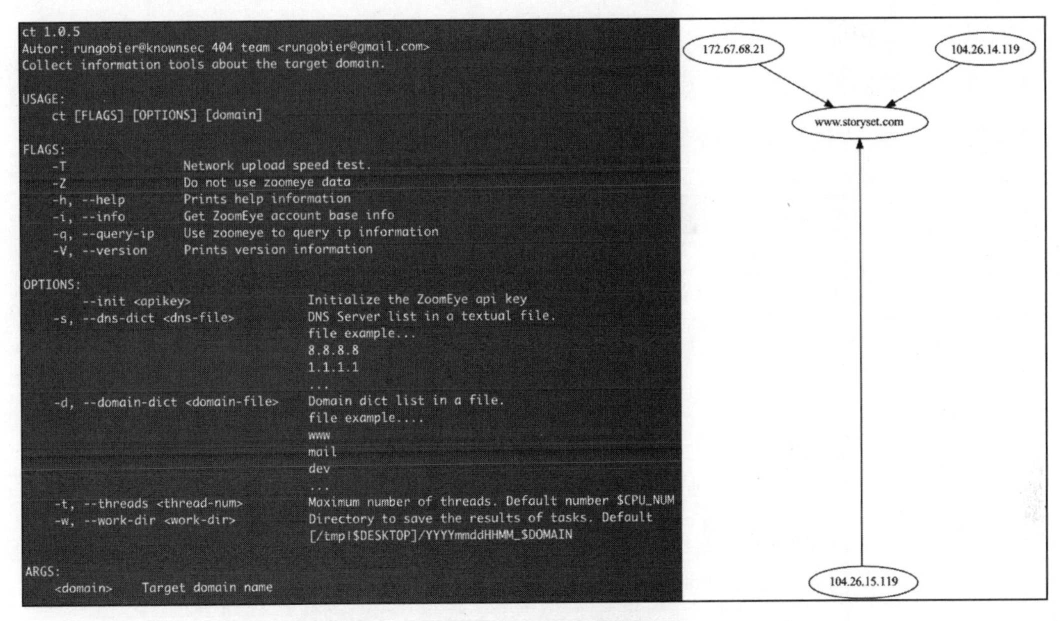

图 5-5　Ct 使用效果

5.3　浏览器插件

打开 Google 浏览器 Chrome，进入 Chrome 网上应用商店，搜索 ZoomEye Tools（见图 5-6），下载插件并添加至 Chrome 就可以使用该插件了。

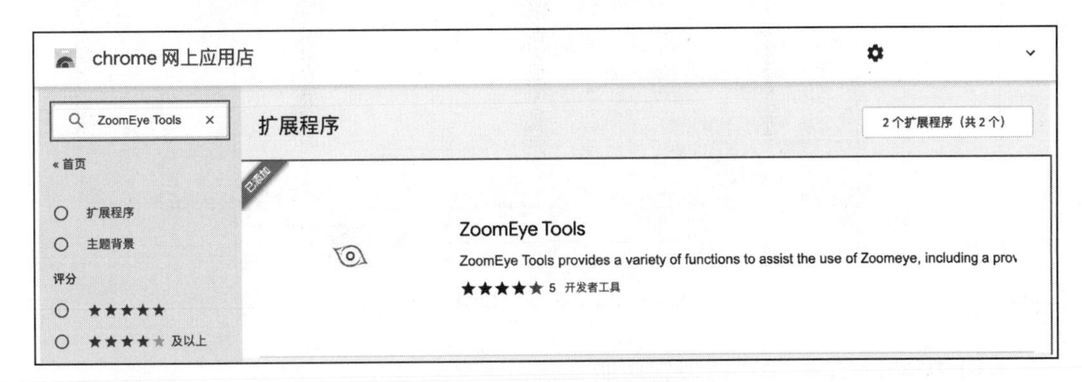

图 5-6　浏览器插件下载

ZoomEye Tools 提供了 3 个主要功能。

（1）浏览功能

单击浏览器插件，可以获得当前访问网页域名或者 URL 资产信息。单击“查看详情”，可以跳转到 ZoomEye 查看更多信息（见图 5-7）。

图 5-7 浏览功能

（2）在 ZoomEye 中快捷搜索功能

选中一段内容之后单击鼠标右键，选择使用 ZoomEye Tools 搜索，即可快速在 ZoomEye 中查询选中的内容（见图 5-8）。

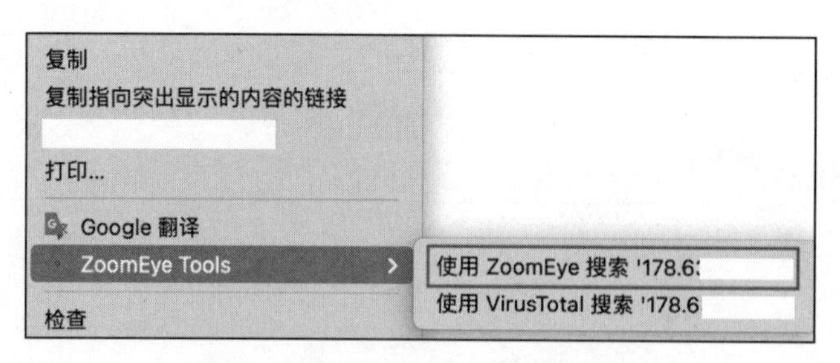

图 5-8 在 ZoomEye 中快捷搜索功能

（3）在 VirusTotal 中快捷搜索功能

选中一段内容之后单击鼠标右键，选择使用 VirusTotal 搜索，即可快速在 VirusTotal 中查询选中的内容（见图 5-9）。VirusTotal 使用多种反病毒引擎对用户查询的内容进行检测，判断目标是否被病毒、蠕虫、木马等恶意软件感染。

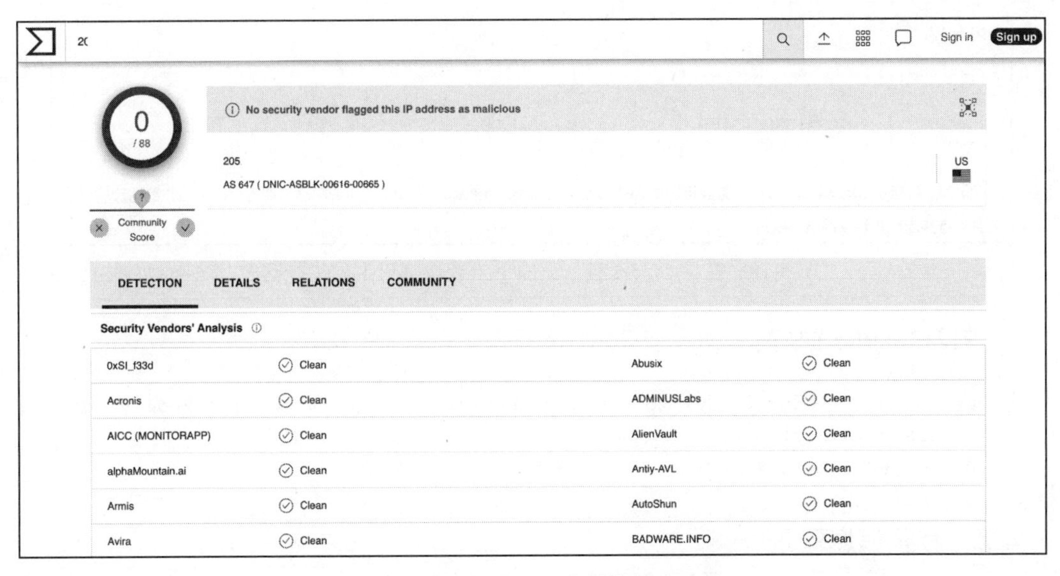

图 5-9 在 VirusTotal 中快捷搜索功能

5.4 API

ZoomEye 的 API 有 API-KEY 验证和登录信息验证两种方式。API-KEY 因为长期有效，所以使用起来更方便。登录信息验证使用的 Access_token 有效期较短，但是更安全，用户可以根据实际需求进行选择。

通过 API 进行检索时，语法和在 Web 界面搜索语句是保持一致的，但是需要注意的是，因为 URL 中不能包含加号、空格等特殊符号，所以使用“与”“或”“且”这些语法时，需要先进行 URL 编码转换。比如，“条件 X 且 Y”，需要转换为“条件 X%2BY”；比如，“条件 X 或 Y”，需要转换为“条件 X%20Y”。

5.4.1 API-KEY 验证

用户可以在“个人资料”页面下方获取 API-KEY 字符串（见图 5-10），使用 API 时，将该字符串填写到 API 代码中的“ API-KEY”字段。API-KEY 和用户账号绑定，一个用户名只能对应一个 API-KEY。出于安全考虑，用户可以通过手动重置 API-KEY。

API 授权

API-KEY　AC2108BC-F1b8-　125404b1a93　← 重置按钮

* 将此 key 携带至 API-KEY 字段即可免登录使用 API。此 key 为本账号专属，API-KEY 所使用的扣费将会计入您的数据额度。请妥善保存并定期更换您的 API-KEY

图 5-10　在“个人资料”页面下方获取 API-KEY 字符串

带授权 API-KEY 的 cURL 请求示例如下：

```
curl -X GET 'https://api.zoomeye.org/host/search?query=port:21%20city:beijing
    &page=1&facets=app,os' \
-H "API-KEY:1AD12149-024c-8****-3****-4f054****7f3"
```

5.4.2 登录信息验证

用户通过用户名和密码登录，登录成功后系统会返回 Access_token（有效期为 24h）。在后续 API 操作中，用户只需要在 HTTP 请求头中带上 Access_token 就可以和 ZoomEye 进行通信。Access_token 失效前无须再次验证。

获取 Access_token 示例如下：

```
curl -X POST https://api.zoomeye.org/user/login -d
'{
    "username": "foo@bar.com",  #用户名称
    "password": "foobar"        #用户密码
}'
{"access_token": "eyJhbGciOiJIUzI1NiIsInR5cCI6IkpXVCJ9.eyJpZGVudGl0eSI6MSwiaW
    F0IjoxNDU1NzE4NDcwLCJuYmYiOjE0N*****"}
```

向 ZoomEye 发起请求时，用户需要设置 Authorization 请求头，并加上自己的 Access_token。cURL 请求示例如下：

```
curl -X GET 'https://api.zoomeye.org/host/search?query=port:21%20city:beijing
    &page=1&facets=app,os' \
-H "Authorization: JWT eyJhbGciOiJIUzI1NiIsInR5..."
```

5.5 接口使用示例

本节通过几个示例简单地介绍一下 ZoomEye 接口使用方式。你如果想了解更多

API 使用内容，可以访问 https://www.zoomeye.org/doc?channel=api。

5.5.1 获取用户信息接口

该接口可以获取用户的基本信息、会员级别、服务期限、可用额度等。

```
接口定义：GET /resources-info
```

cURL 请求示例如下：

```
curl -X GET -i https://api.zoomeye.org/resources-info \
-H "Authorization: JWT eyJhbGciOiJIUzI1NiIsInR..."
```

响应示例如下：

```
HTTP/1.1 200 OK
Date: Tue, 01 Mar 2016 10:08:09 GMT
Content-Type: application/json; charset=UTF-8
Content-Length: 72
Connection: keep-alive
Etag: "f3fdef1e608ffc4b48cd306f068550ff046652c1"
{
    "plan": "vip_user",  # 服务类型
    "resources": {
        "search": 0,   # 剩余赠送额度
        "stats": "",    # 状态
        "interval": ""  # 额度更新周期
    },
    "user_info": {
        "name": "6c****",  # 用户名
        "role": "VIP",  # 服务级别
        "expired_at": "2022-02-18 00:00:00",  # 服务期限
    },
    "quota_info": {
        "remain_free_quota": "6644",  # 剩余赠送额度
        "remain_pay_quota": "100000,",  # 剩余充值额度
        "remain_total_quota": "1006644",  # 剩余总额度
    }
}
```

5.5.2 主机设备搜索接口

该接口可用于搜索 IP 资产数据，返回内容包括 Banner 信息、地理位置信息、端口信息、组件信息等。

接口定义：GET /host/search

cURL 请求示例如下：

```
curl -X GET 'https://api.zoomeye.org/host/search?query=port:21%20city:beijing
    &page=1&facets=app,os' \
-H "Authorization: JWT eyJhbGciOiJIUzI1NiIsInR5..."
```

响应示例如下：

```
HTTP/1.1 200 OK
Date: Tue, 23 Feb 2016 07:12:59 GMT
Content-Length: 64683
Etag: "9ef67c54a6639ada78da34ce4198a750908c6f61"
{
    "matches": [{
        "geoinfo": {          # 地理位置信息
            "asn": 45261,     # 自治系统编号
            "city": {         # 城市信息
                "names": {
                    "en": "Brisbane",
                    "zh-CN": "\u5e03\u91cc\u65af\u73ed"
                }
            },
            "continent": {  # 大洲信息
                "code": "OC",
                "names": {
                    "en": "Oceania",
                    "zh-CN": "\u5927\u6d0b\u6d32"
                }
            },
            "country": {  # 国家信息
                "code": "AU",
                "names": {
                    "en": "Australia",
                    "zh-CN": "\u6fb3\u5927\u5229\u4e9a"
                }
            },
            "location": {  # 经纬度信息
                "lat": -27.471,
                "lon": 153.0243
            }
        },
        "ip": "192.168.1.1",
        "portinfo": {  # 端口信息
```

```
            "app": "", #组件名称
            "banner": "+OK Hello there.\r\n-ERR Invalid command.\r\n\n",
            "device": "", #设备类型
            "extrainfo": "", #额外信息
            "hostname": "", #主机名称
            "os": "",  #操作系统
            "port": 110,
            "service": "", #服务名称
            "version": "" #版本号
        },
        "timestamp": "2016-03-09T16:14:04"
    }, ......],
    "facets": {},
    "total": 28731397 #总数
}
```

5.5.3　Web 应用搜索接口

该接口可用于搜索站点资产数据，返回内容包括 Web 应用、Web 组件、Web 开发语言、IP 地址、地理位置信息等。

```
接口定义：GET /Web/search
```

cURL 请求示例如下：

```
curl -X GET 'https://api.zoomeye.org/Web/search?query=city:beijing%20
    app:DedeCMS&page=1&facets=app,os' \
-H "Authorization: JWT eyJhbGciOiJIUzI1NiIsInR5..."
```

响应示例如下：

```
HTTP/1.1 200 OK
Date: Tue, 23 Feb 2016 07:12:59 GMT
Content-Length: 64683
Etag: "9ef67c54a6639ada78da34ce4198a750908c6f61"
    {
    "matches": [{
        "check_time": "2016-2-23T14:58:41.979769",
        "db": [{  #数据库信息
            "chinese": "MySQL",
            "name": "MySQL",
            "version": null
        }],
        "description": "",
```

```
    "domains": [
        "wordpress.org"
    ],
    "geoinfo": { #地理位置信息
        "asn": 32475, #自治系统编号
        "city": {  #城市信息
            "names": {
                "en": "",
                "zh-CN": ""
            }
        },
        "continent": { #大洲信息
            "code": "EU",
            "names": {
                "en": "Europe",
                "zh-CN": "\u6b27\u6d32"
            }
        },
        "country": { #国家信息
            "code": "RO",
            "names": {
                "en": "Romania",
                "zh-CN": "罗马尼亚"
            }
        },
        "location": { #经纬度
            "lat": 46.0,
            "lon": 25.0
        }
    },
    "ip": [
        "109.*.*.*"
    ],
    "keywords": "", #网页关键字
    "language": [ #开发语言
        "PHP"
    ],
    "plugin": [{  #插件信息
        "based": "WordPress",
        "chinese": "twentyfifteen",
        "name": "twentyfifteen",
        "version": "1.3"
    }],
    "server": [{ #Web服务器信息
        "chinese": "Nginx",
```

```
            "name": "nginx",
            "version": null
        }],
        "site": "soc*****.com",
        "title": "My Blog &#8211; My WordPress Blog",
        "Webapp": [{ #Web 应用信息
            "chinese": "WordPress",
            "name": "wordpress",
            "url": "http://socketdigital.com/",
            "version": "4.4.2"
        }],
        "headers": "Server: nginx\r\nDate: Tue, 23 Feb 2016 06:55:40 GMT\r\
            nContent-Type: text/html; charset=UTF-8\r\nTransfer-Encoding:
            chunked\r\nConnection: keep-alive\r\n"
    }]
    "total": 1271948 # 查询到的数据总数
}
```

5.5.4 域名 /IP 关联查询接口

该接口用于搜索目标关联的域名或者子域名信息，参数 type 可用来区分具体的查询类型。type 为 0 时，代表关联域名查询；type 为 1 时，代表子域名查询。

```
接口定义：GET /domain/search
```

cURL 请求示例如下：

```
curl -X GET 'https://api.zoomeye.org/domain/search?q=baidu.com&type=0&page=1
    -H' "Authorization: JWT eyJhbGciOiJIUzI1NiIsInR5..."
```

响应示例如下：

```
{
    "status": 200,
    "total": 75943,
    "list": [{  # 显示关联查询到的域名信息
            "name": "kefu.baidu.lljgxx.com",
            "timestamp": "2021-05-30",
            "ip": "60.205.41.215",
        },
        {
            "name": "jiankang.com",
            "timestamp": "2021-05-30",
            "ip": "103.108.192.70",
```

```
        },
        {
            "name": "yingshi.baidu.lljgxx.com",
            "timestamp": "2021-05-30",
            "ip": "60.205.41.215",
        },
        {
            "name": "yishu.baidu.lljgxx.com",
            "timestamp": "2021-05-30",
            "ip": "60.205.41.215",
        },
        ...
    ],
    "msg": "ok",
    "type": 0
}
```

5.5.5 历史数据查询接口

该接口可用于查询 IP 资产历史数据。目前，ZoomEye 可以追溯到 2014 年的数据。

接口定义：GET /both/search

cURL 请求示例如下：

```
curl -X GET 'https://api.zoomeye.org/both/search?history=true&ip=1.2.3.4' \
-H "Authorization: JWT eyJhbGciOiJIUzI1NiIsInR5..."
```

响应示例如下：

```
HTTP/1.1 200 OK
Date: Tue, 31 Dec 2019 07:12:59 GMT
Content-Length: 64683
Etag: "9ef67c54a6639ada78da34ce4198a750908c6f61"
{
    "count": 28,
    "data": [{
            "component": [],
            "db": [],
            "description": "",
            "domains": [],
            "framework": [],
            "geoinfo": {}
            "headers": "HTTP/1.1 302 Redirect\r\nContent-Type: text/html;
                charset=UTF-8\r\nLocation: https://fileex.bdo.a
```

```
        t\ r\ nServer: Microsoft - IIS / 8.5\ r\ nX - Frame - Options:
            sameorigin\ r\ nStrict - Transport - Security: max - age =
            31536000\ r\ nDate: Tue,
        29 Oct 2019 04: 54: 00 GMT\ r\ nContent - Length: 144\ r\ n ",
        "ip": [
            "1.2.3.4",
            "80.240.225.208",
            "4.4.4.4",
            "9.8.7.6",
            "80.120.17.23",
            "8.8.8.8"
        ],
        "keywords": "",
        "language": [
            "ASP"
        ],
        "server": [{
            "chinese": "Microsoft IIS httpd",
            "name": "Microsoft IIS httpd",
            "version": "8.5"
        }],
        "site": "puresaon.com",
        "system": [{
            "chinese": "Windows",
            "distrib": null,
            "name": "Windows",
            "release": null,
            "version": null
        }],
        "timestamp": "2019-10-29T12:55:30.295349",  #发现该资产的时间
        "title": "Document Moved",
        "waf": [],
        "webapp": []
    },
    ......
  }
}
```

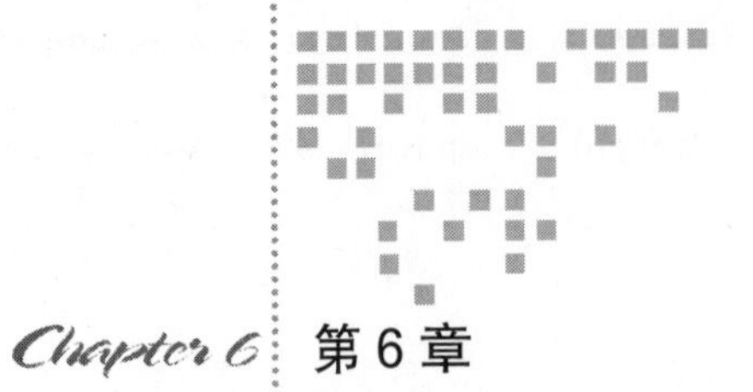

Chapter 6 第6章

专题应用

ZoomEye 整理了多个重要的、常用的网络空间资产专题应用，对网络空间资产用途及其涉及的协议、端口进行了描述和说明，并提供了对应的搜索语句，方便用户在了解资产的同时快速进行检索。

如图 6-1 所示，ZoomEye 以“专题”和“报告”两种方式来分享知道创宇公司在网络空间测绘领域的研究成果。目前，ZoomEye 共整理了 13 个专题和多篇网络空间安全事件分析报告。

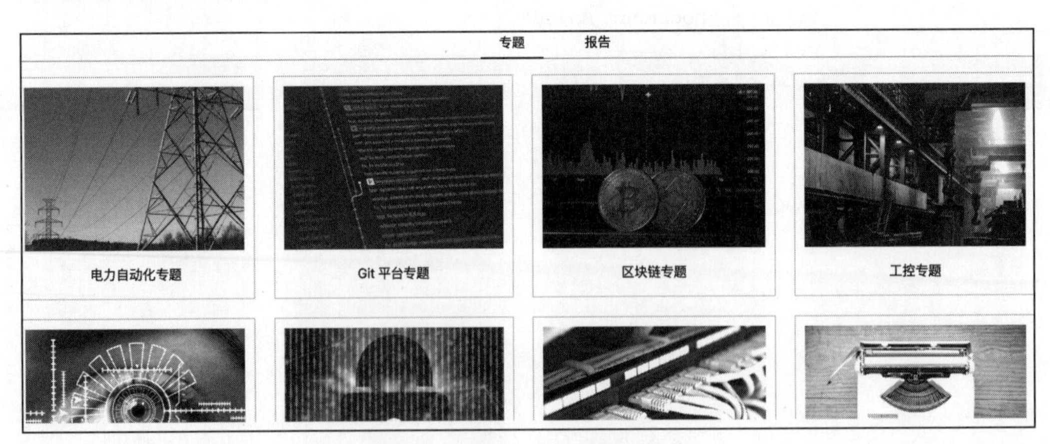

图 6-1 “专题”和“报告”功能

6.1　工业控制系统

工业控制系统（Industrial Control System，ICS）是由各种自动化控制组件以及对数据实时采集、监测的过程控制组件共同构成的，确保工业基础设施自动化运行、控制与监控过程的业务流程管控系统。ZoomEye 支持基于丰富的工控协议进行探测，并通过对全球互联网中暴露的工业控制系统进行测绘，梳理形成了工控专题，以便用户了解相关的工控协议、工控产品、工控监控平台等网络空间资产，并提供了 Dork 语法方便用户检索。图 6-2 展示的 Siemens S7 是西门子 PLC 支持的通信协议。

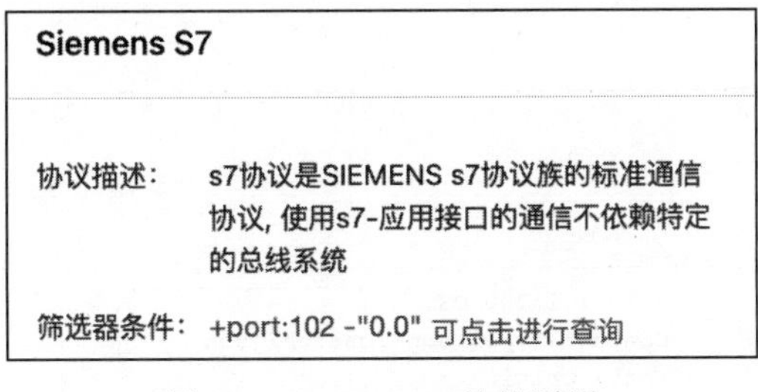

图 6-2　Siemens S7 协议说明

通过专题中提示的搜索语句 +port:102 -"0.0" 进行检索，用户可以快捷、准确地找到 Siemens S7 PLC 资产，结果如图 6-3 所示。

找到约 40,759 条结果 (最近一年数据：9,193 条)　用时 0.241 秒
价值排序
+port:102 ×　-"0.0" ×

220.　　101
ET 200SP station_1
102/s7/TCP
中国，云林县
2022-05-12 09:28
Chunghwa Telecom Co., Ltd.
cht.com.tw
ASN: AS3462

Banner
数据更新

```
Module: 6ES7 512-1DK01-0AB0
Basic Hardware: 6ES7 512-1DK01-0AB0
Version: 2.8.2
System Name: ET 200SP station_1
Module Type: CP
Serial Number: S C-M5F522392020
Plant Identification:
Copyright: Original Siemens Equipment
```

图 6-3　Siemens S7 PLC 资产

6.2 区块链

区块链是分布式数据存储、点对点传输、共识机制、加密算法等计算机技术的新型应用模式，本质上是一个去中心化的数据库。ZoomEye 提供了区块链专题，方便用户了解区块链相关的矿机、挖矿协议、钱包等网络空间资产，并提供了 Dork 语法方便用户检索。比如，Ethereum RPC 是以太坊客户端访问以太坊网络的无状态轻量级远程过程调用协议。通过专题中提示的搜索语句 app:"Ethereum RPC" 进行检索，用户可以找到使用了 Ethereum RPC 协议的网络空间资产，结果如图 6-4 所示。

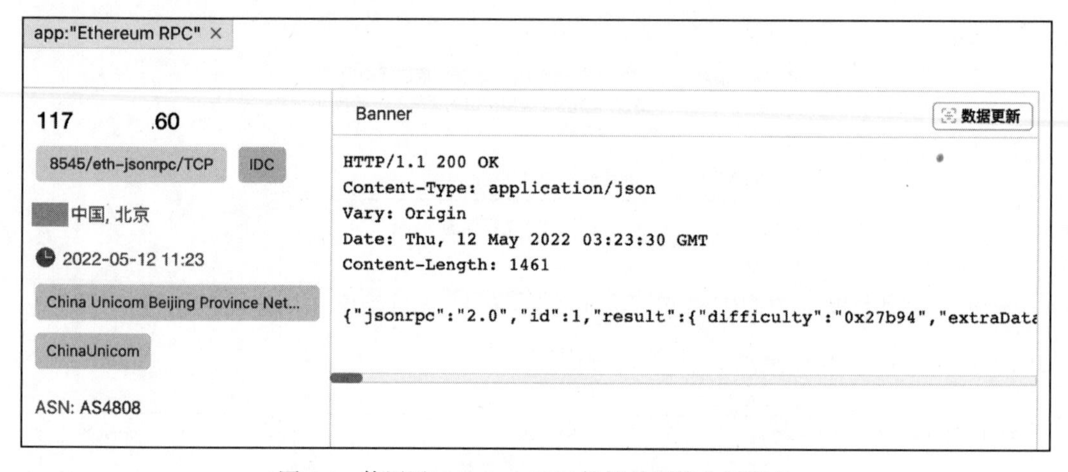

图 6-4 使用了 Ethereum RPC 协议的网络空间资产

6.3 摄像头

摄像头是一种视频输入设备，被广泛运用于远程医疗及实时监控等领域，用途广泛，分布面广。ZoomEye 提供了摄像头专题，方便用户了解摄像头相关的产品、型号，并提供了 Dork 语法方便用户检索。通过专题中提示的搜索语句 app:"Hikvision IP camera httpd" app:"Hikvision camera httpd" 进行检索，用户可以找到海康威视的摄像头资产，结果如图 6-5 所示。

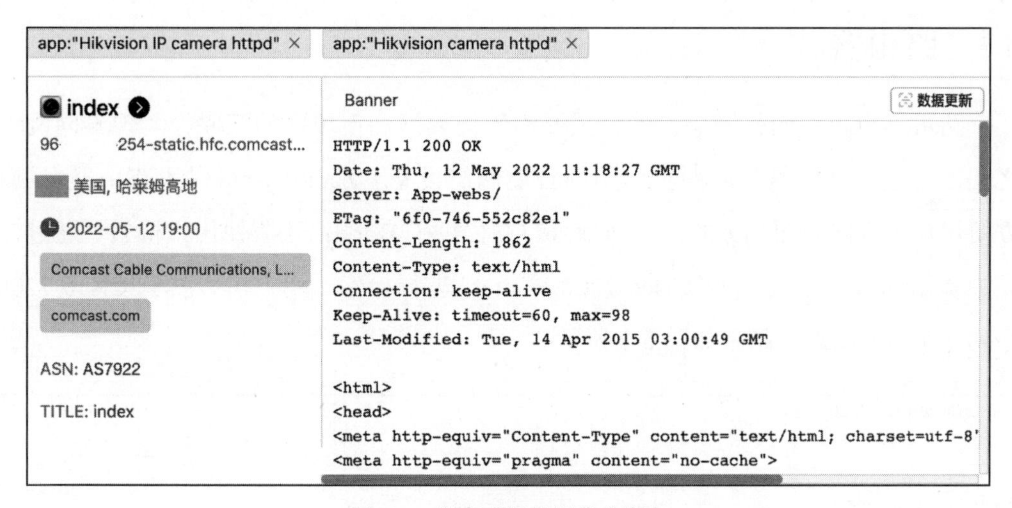

图 6-5 海康威视的摄像头资产

6.4 数据库

数据库是计算机按照数据结构来组织、存储和管理数据的仓库，分为关系型数据库和非关系型数据库。ZoomEye 提供了数据库专题，方便用户了解数据库相关的产品和软件，并提供了 Dork 语法方便用户检索。通过专题中提示的搜索语句 app:"MongoDB" 进行检索，用户可以找到提供 MongoDB 服务的资产，结果如图 6-6 所示。

图 6-6 提供 MongoDB 服务的资产

6.5 路由器

路由器也可以叫作网关设备，主要用于局域网和广域网的互联，实现不同网络之间的通信，在网络间起网关作用的智能网络设备。ZoomEye 提供了路由器专题，方便用户了解路由器相关的产品和型号，并提供了 Dork 语法方便用户检索。通过专题中提示的搜索语句 app:"Cisco 7200 Router" 进行检索，用户可以找到 Cisco 7200 系列的路由器资产，结果如图 6-7 所示。

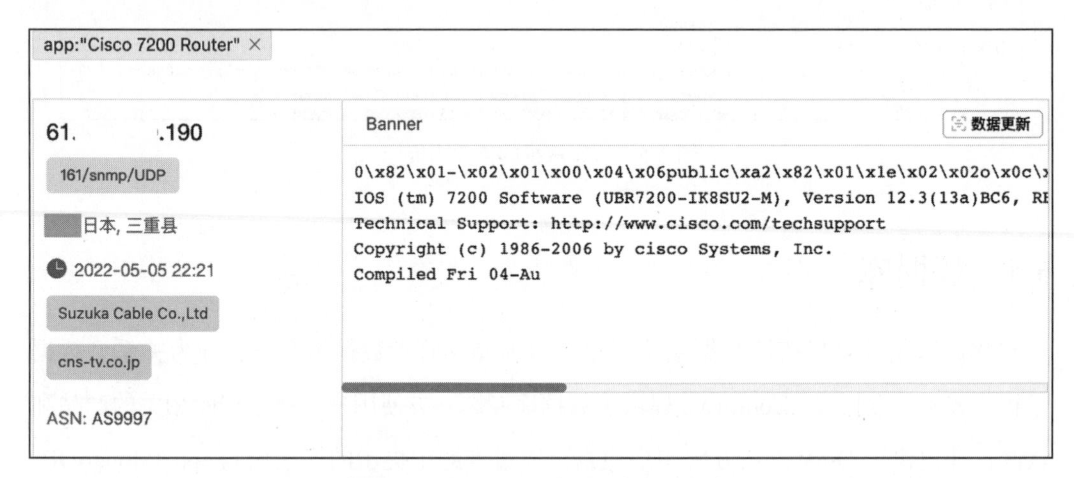

图 6-7 Cisco 7200 系列的路由器资产

6.6 打印机

打印机是计算机常用的外接输出设备，种类繁多。ZoomEye 提供了打印机专题，方便用户了解打印机相关的产品和型号，并提供了 Dork 语法方便用户检索。通过专题中提示的搜索语句 app:"HP OFFICEJET PRO 8610 E-ALL-IN-ONE httpd" 进行检索，用户可以找到惠普 8610 多功能彩色喷墨打印机资产，结果如图 6-8 所示。

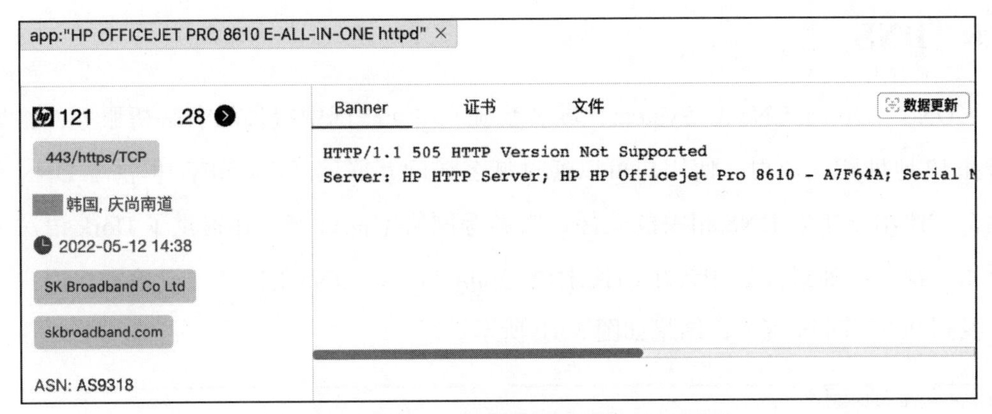

图 6-8 惠普 8610 多功能彩色喷墨打印机资产

6.7 WAF

WAF（Web Application Firewall，Web 应用防火墙）是一种 Web 应用防护系统，一般是通过执行一系列 HTTP/HTTPS 响应头安全策略来为 Web 应用提供保护。ZoomEye 提供了 WAF 专题，方便用户了解 WAF 相关的产品、软件等网络空间资产，并提供了 Dork 语法方便用户检索。通过专题中提示的搜索语句 app:"Fortinet FortiGuard Web Filtering Service waf httpd" 进行检索，用户可以找到飞塔的 WAF 资产，结果如图 6-9 所示。

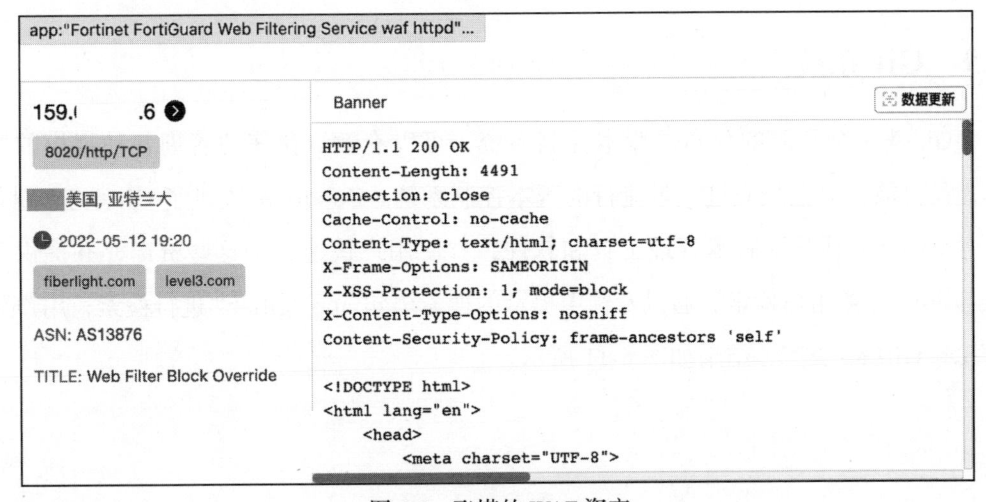

图 6-9 飞塔的 WAF 资产

6.8 DNS

DNS（Domain Name System，域名系统）在互联网中提供域名解析服务，将域名和 IP 地址相互映射，使用户可以通过域名访问互联网。ZoomEye 提供了 DNS 专题，方便用户了解 DNS 相关的软件、服务等网络空间资产，并提供了 Dork 语法方便用户检索。通过专题中提示的搜索语句 app:"PowerDNS DNS" 进行检索，用户可以找到 PowerDNS 资产，结果如图 6-10 所示。

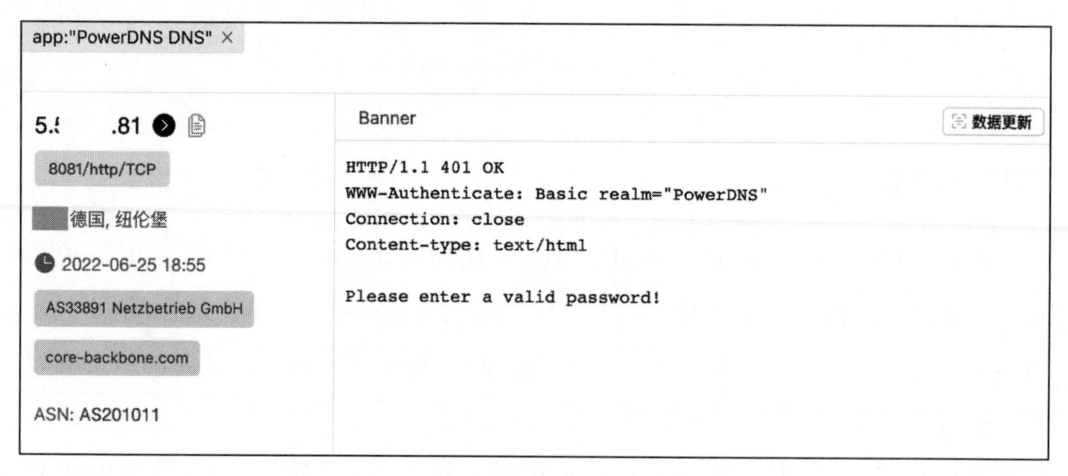

图 6-10 PowerDNS 资产

6.9 Git 系统

Git 是一个开源的分布式版本控制系统，可以有效、快速地管理各种规模的版本，是目前世界上最先进、最流行的版本控制系统。ZoomEye 提供了 Git 系统专题，包含 Git 及多种开源版本管理工具和软件，方便用户快速了解这些资产，并提供了 Dork 语法方便用户检索。通过专题中提示的搜索语句 app:"gitlab" 进行检索，用户可以找到 GitLab 资产，结果如图 6-11 所示。

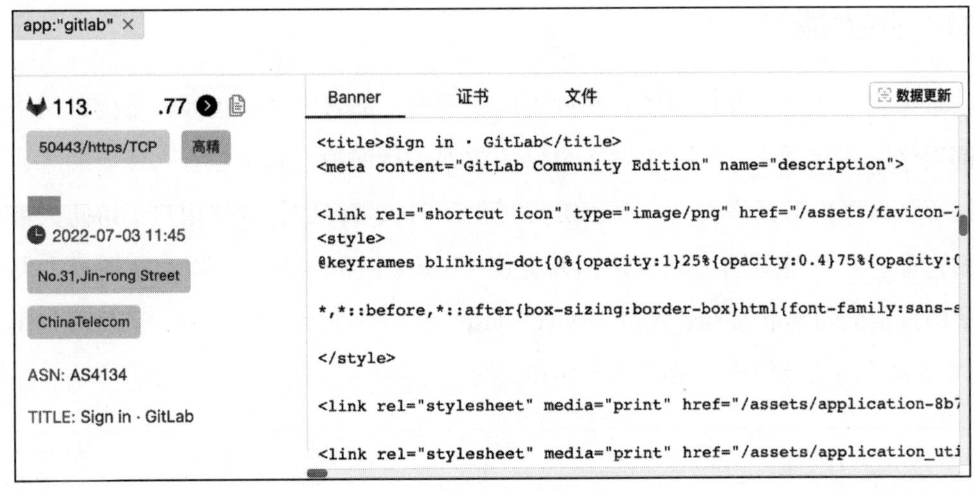

图 6-11　GitLab 资产

6.10　网络存储

网络存储是一种专门提供数据存储的硬件设备或者服务。ZoomEye 提供了网络存储专题，方便用户了解网络存储相关的产品、软件和服务等网络空间资产，并提供了 Dork 语法方便用户检索。通过专题中提示的搜索语句 app:"Synology NAS storage-misc httpd" 进行检索，用户可以找到群晖科技的 NAS 资产，结果如图 6-12 所示。

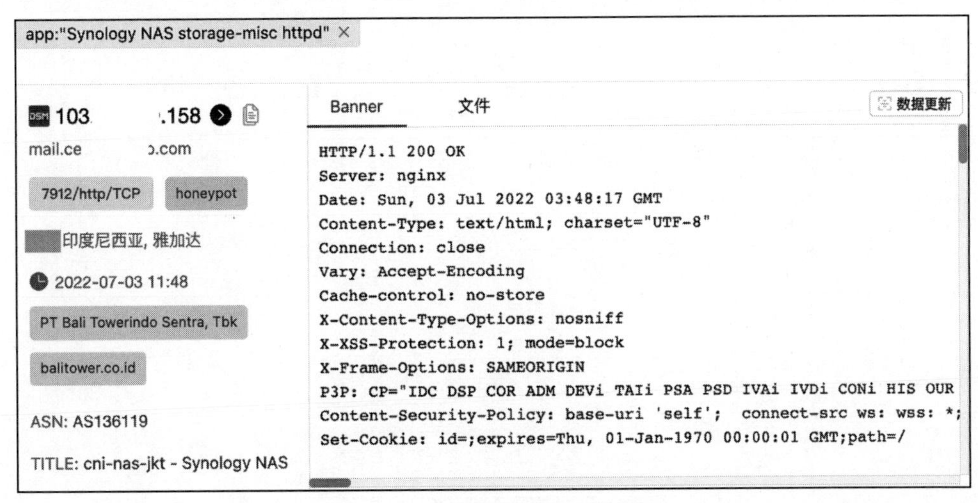

图 6-12　群晖科技的 NAS 资产

6.11 防火墙

防火墙一个由计算机硬件和软件组成的系统，部署于网络边界，是内部网络和外部网络的连接桥梁，对进出网络边界的数据进行保护，防止恶意入侵、恶意代码传播等，保障内部网络安全。ZoomEye 提供了防火墙专题，方便用户了解防火墙相关的产品、软件等网络空间资产，并提供了 Dork 语法方便用户检索。通过专题中提示的搜索语句 app:"Cisco ASA firewall http config" 进行检索，用户可以找到 Cisco ASA 系列的防火墙资产，结果如图 6-13 所示。

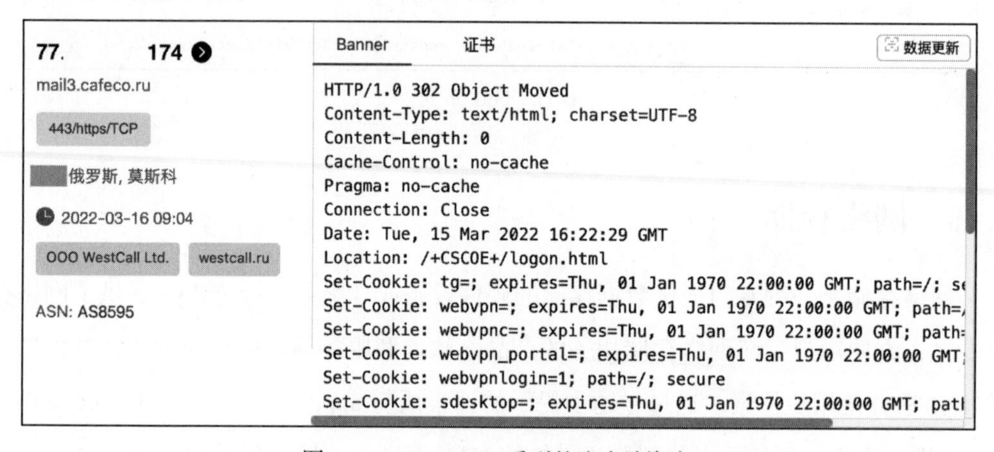

图 6-13 Cisco ASA 系列的防火墙资产

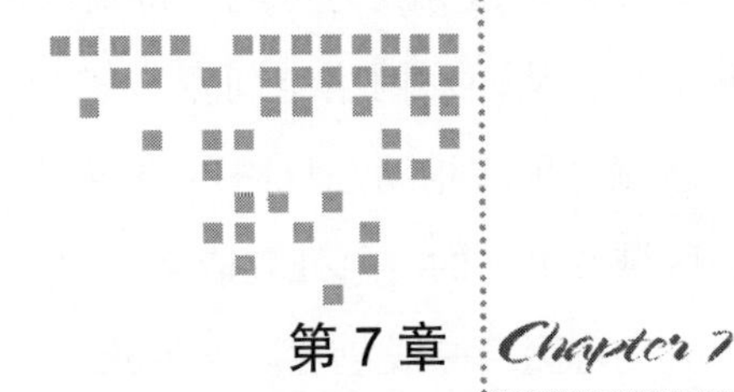

第7章 Chapter 7

进阶应用

网络空间具备多样、动态、复杂等特点。对网络空间资产进行研究分析时，我们需要借鉴一些先进的理念，结合多种测绘方法，多层次、多角度地使用网络空间测绘搜索引擎，这样才能更全面地筛选网络空间资产目标，更准确地识别和分析网络空间资产。本章将介绍动态测绘的理念和几种有效的测绘方法，希望对读者有所帮助。

7.1 动态测绘

通过采集到的静态测绘数据，我们可以实现对网络空间资产的全面发现和精准识别构建比较完整的资产地图。但是随着网络安全态势感知及立体测绘的需求出现，静态测绘技术存在一定局限性，如时间维度数据缺失，造成趋势分析缺乏支撑；无法总结数据变化规律，造成结论推断缺乏科学依据等。相较于静态测绘，动态测绘理念更贴合实际需求。

动态测绘强调以时间为重要的参考维度。随着时间的变化，网络空间资产的时空属性和资产本身的属性就具备了多样性，以时间维度对网络空间资产某单一属性或者叠加属性进行记录和比较，可以观察到数据的变化趋势，并使预测网络空间资产事件发展趋势成为可能。再辅以多种测绘技术，我们可获取更多维度的数据和关联信息，从而对网络空间资产进行全方位的测绘。与传统的单维度静态测绘相比，动态测绘更注重动态反映网络空间资产的变化情况、威胁暴露面，以及漏洞爆发时各区域、单位的应急处理能力。

动态测绘一般包含以下步骤。

1）持续地对全球网络空间资产进行探测，必须包含不同时间维度和空间维度的资产数据。

2）设定基准时间点，选择需要分析的资产属性和维度对全球网络空间资产进行统计分析。

3）以时间维度对数据进行检索，对资产数据进行聚合，对变化规律进行总结、分析。

4）以空间维度对数据进行检索，对网络空间资产的分布由点到面、由粗到细地进行统计和分析。

从应用效果看，我们可以利用 ZoomEye 对某些网络安全事件和目标进行动态测绘，发现安全事件在不同发展阶段网络空间资产变化的重要特征，揭示其攻击目标、技术手段、行为特征和意图等。

从技术角度看，动态测绘是真正的网络空间测绘。网络空间测绘服务于网络空间安全，在网络安全对抗中不断发展。网络安全攻击行为本身就是动态发展的。因此，动态测绘通过动态分析抓取攻击行为特征，更全面、准确地对攻击行为进行监测。动态测绘不仅是一个技术问题，还是一个思维方式问题。我们要充分利用好全球网络空间测绘数据和综合处理能力，坚持对网络安全事件和重点目标进行持续跟踪监测，在对抗中研究分析和发现其特殊的指纹特征，在对抗中提升技术和创新思维，在实战中完善技术和提升网络安全侦察能力。

7.2 时空测绘

如果说动态测绘是一种理念，那么时空测绘就是一种技术手段。时空测绘是对全球网络空间资产进行不间断地主动测绘，收集不同时间、不同空间的数据，按照时间进行存储和索引。

我们可以利用 ZoomEye 的查询结果，进行时间、地理空间等维度的动态分析。如图 7-1 所示，检索 app:"Spring Framework"，在搜索结果页面的右侧默认显示时间 Top3 和国家 Top5 的统计结果，单击“更多”进入聚合统计页面获取更全面的数据。通过时间和地理空间维度数据，我们可以观察资产动态变化情况，获取资产覆盖范围、数量变化趋势的简单报告。

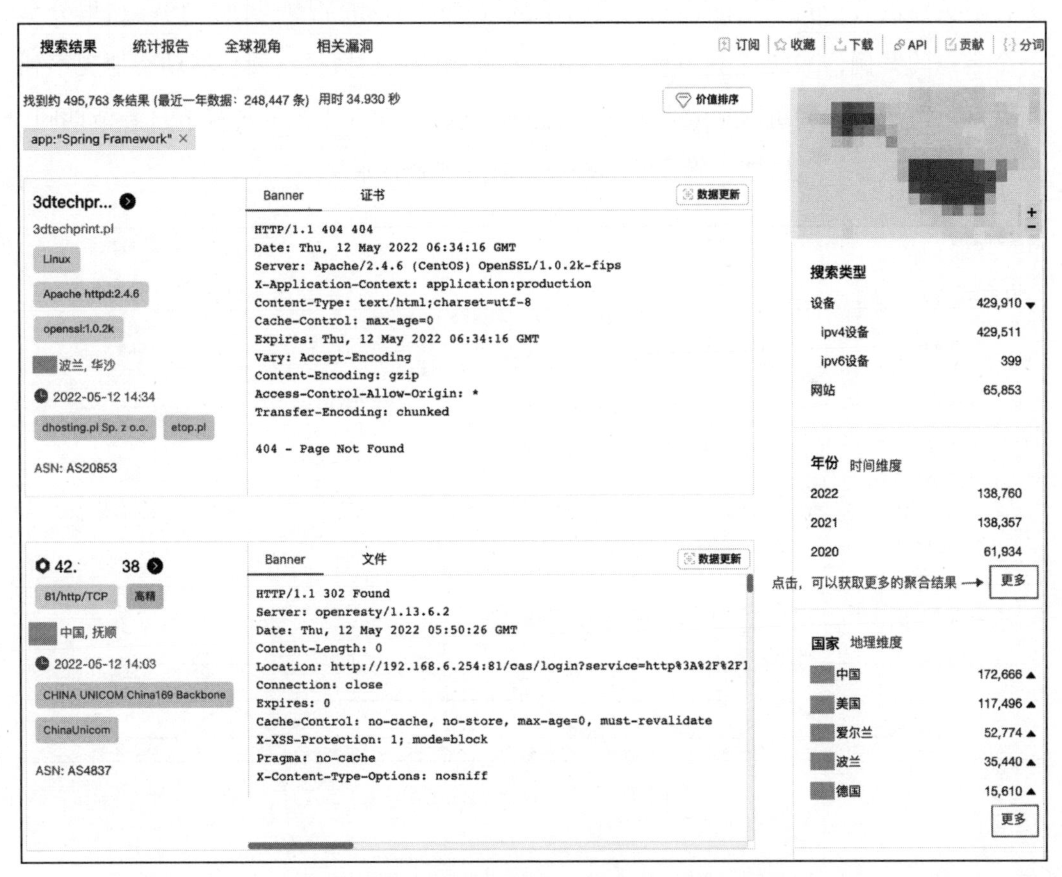

图 7-1　检索结果页面的时间、地理空间聚合统计

结合使用 ZoomEye 的 before、after 时间过滤器（见图 7-2），我们可以周期性地监控资产变化情况，最小粒度为天。

时间节点区间搜索

语法（点击可进行搜索）	说明	注
after:"2020-01-01" +port:"50050"	搜索更新时间为"2020-01-01"、端口为"50050"以后的资产	时间过滤器需组合其他过滤器使用
before:"2020-01-01" +port:"50050"	搜索更新时间在"2020-01-01"、端口为"50050"以前的资产	时间过滤器需组合其他过滤器使用

图 7-2　时间过滤器

我们也可以使用数据订阅功能，通过 Dork 语法或者订阅域名 / IP 周期性扫描服务，对关注的资产持续监测，从而实时掌握资产的变化情况（见图 7-3）。这里分享一个有趣的案例，2022 年春节期间，ZoomEye 团队通过数据订阅功能动态地观察到互联网上黑产投放钓鱼网站或者非法信息的情况，发现在中国的传统节日春节期间，黑产攻击呈明显下降趋势，节后黑产攻击又恢复到平日水平。

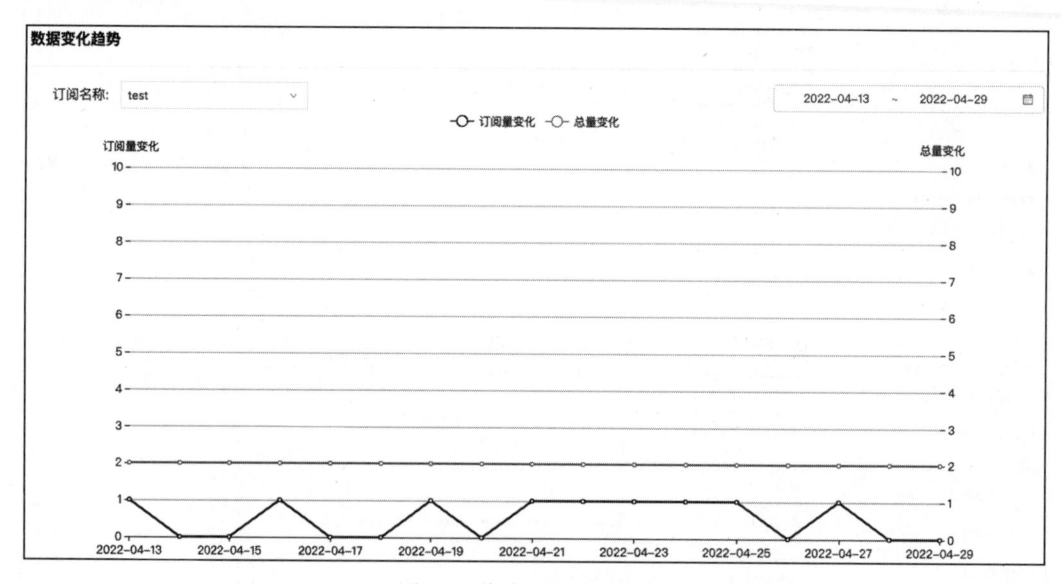

图 7-3　资产动态变化情况

7.3　交叉测绘

多维度数据关联才能得到更全面的数据。网络空间测绘要解决的一个核心诉求就是发现网络空间资产之间的关联关系，通过点发现面，通过已知资产发现未知资产。网络空间资产虚虚实实、真真假假，我们可以对 IPv4 地址、IPv6 地址、域名、暗网这 4 个对象的测绘数据进行交叉测绘，获取其内在关联，提升安全侦查能力。

（1）域名与 IP 地址的交叉测绘

IP 资产的数字证书中 Subject 信息一般包含 CN 字段，内容常常是网站域名。IP 地址和端口可以和域名进行交叉关联，比如 IP 地址 47.x.x.80 的 443 端口返回数字证书中 CN 字段是 *.csdn.net，说明该 IP 地址和 CSDN 有所关联（见图 7-4）。

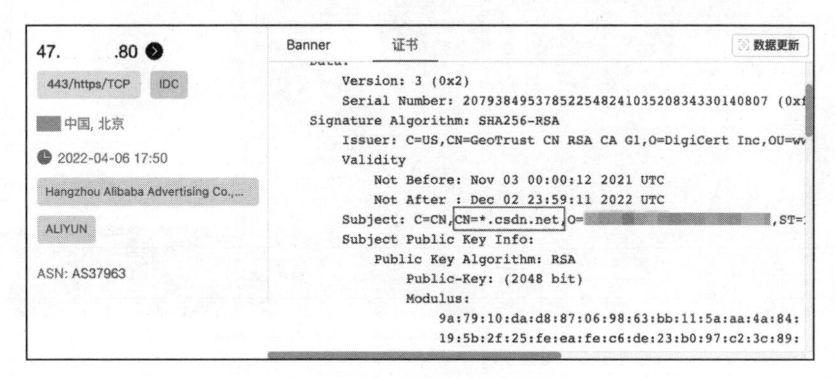

图 7-4　证书中的 CN 字段

通过对该 IP 进行域名关联（见图 7-5），我们可以获取更多的 DNS 记录的域名信息，也可以发现该 IP 曾绑定过多个 CSDN 域名。

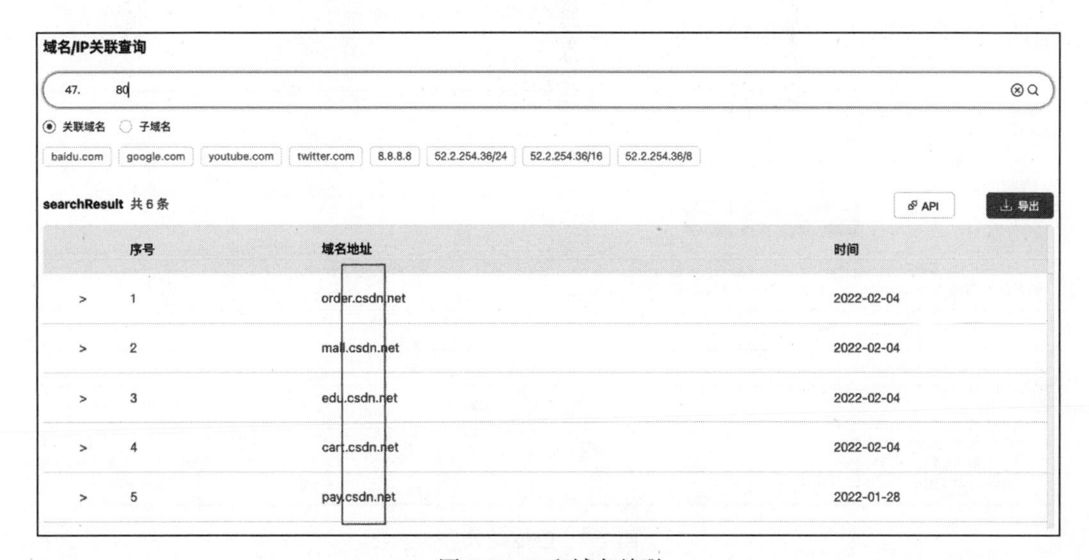

图 7-5　IP 和域名关联

直接访问该 IP 地址 47.x.x.80，可以发现跳转到 CSDN 的登录界面（见图 7-6），则确定该 IP 地址和 CSDN 域名的关联关系。

图 7-6 CSDN 的登录界面

另外发现一个有趣的现象是，Ping 该域名时，明显可以看出该域名部署了 CDN 加速业务（见图 7-7），解析到的 IP 并不是 47.x.x.80，可以说明 47.x.x.80 是 CSDN 网站服务器实际使用过的 IP 地址。

网址/IP地址: passport.csdn.net

超时时间: 2000ms

Ping操作: 开始Ping Ping多次

```
正在 Ping qb5x4edlyistb6qd2xzmaoe97c1s2aoo.yundunwaf5.com [60.205.172.2] 具有 32 字节的数据:
来自 60.205.172.2 的回复: 字节=32 时间=4ms TTL=108
来自 60.205.172.2 的回复: 字节=32 时间=4ms TTL=108
来自 60.205.172.2 的回复: 字节=32 时间=4ms TTL=108
来自 60.205.172.2 的回复: 字节=32 时间=4ms TTL=108
来自 60.205.172.2 的回复: 字节=32 时间=4ms TTL=108
来自 60.205.172.2 的回复: 字节=32 时间=4ms TTL=108

60.205.172.2 的 Ping 统计信息:
    数据包: 已发送 = 6, 已接收 = 6, 丢失 = 0 (0% 丢失),
往返行程的估计时间(以毫秒为单位):
    最短 = 4ms, 最长 = 4ms, 平均 = 4ms
```

图 7-7 Ping 结果

通过 IP 地址和域名的交叉测绘，我们可以对测绘目标进行拓展，获取更多的资产信息，也可以知道 IP 地址和域名之间的关联关系，甚至有可能发现网站的真实源 IP 地址。

（2）明暗网交叉测绘

暗网是利用加密传输、对等网络、多点中继混淆等，来提供匿名的互联网信息访问的一种手段，往往被不法分子用来隐匿犯罪痕迹或者从事其他恶意行为。我们可以利用明网和暗网的交叉测绘，获取暗网站点对应的实际 IP 地址，从而获得更多的情报，协助有关机构进行下一步工作。明暗网交叉测绘原理如图 7-8 所示。

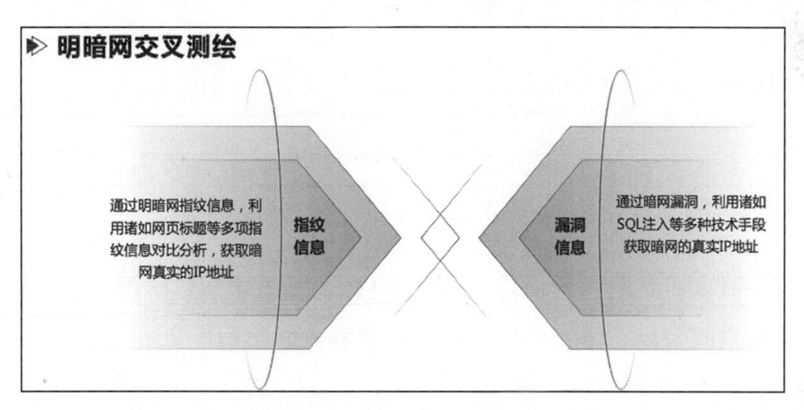

图 7-8 明暗网交叉测绘原理

图 7-9 是一个暗网网站 HTML 源码信息。

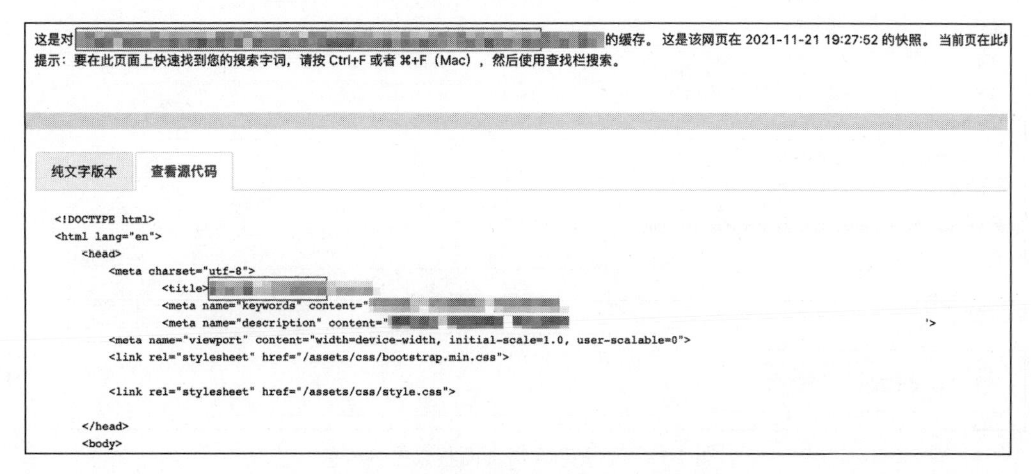

图 7-9 某暗网网站 HTML 源码信息

在 ZoomEye 中检索该暗网的 Onion 域名及 title 信息，可以获取 IP 资产信息（见图 7-10）。

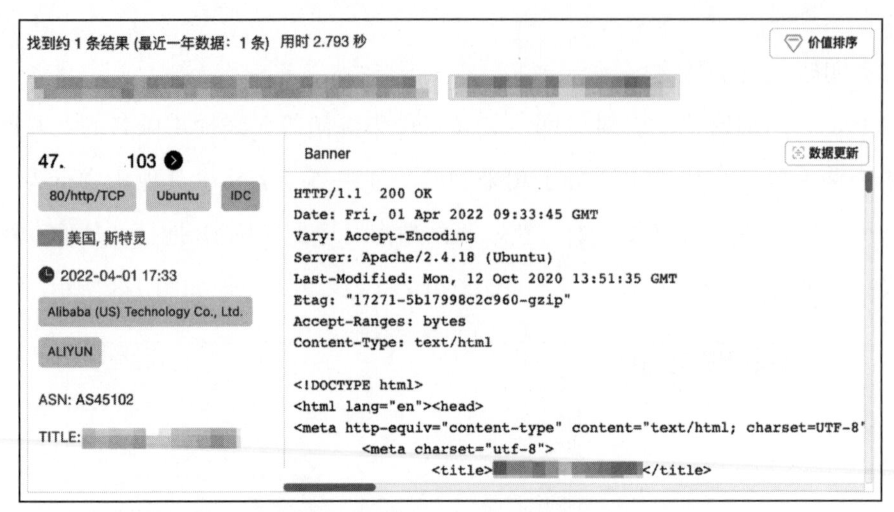

图 7-10 在 ZoomEye 中找到暗网资产

在资产详情页面获取更多信息（见图 7-11），从而找到该暗网在互联网中的实际 IP 地址、网络空间资产、域名信息、漏洞信息和威胁情报信息等。

基本信息 组件详情

IP 地址	47. .103
城市	斯特灵
省 / 州	弗吉尼亚州
坐标	39.006699, -77.429129
组织	Alibaba (US) Technology Co., Ltd.
网络服务提供商	ALIYUN
自治系统编号	AS45102
数据来源	知道创宇安全大脑
IP标签	GAC, Malware, IDC

端口 / 服务 3 Whois r/fDNS 13 相关漏洞 18 威胁情报 1 用户标记 0

22/ssh 80/http 9030/http

图 7-11 在资产详情页面获取更多信息

（3）IPv4 与 IPv6 交叉测绘

随着工业和信息化部 IPv6 深化改造工作的开展，网络空间资产通过 IPv6 地址接入互联网也越来越普及，同时也带来很多安全隐患。因为 IPv4 地址已经使用多年，相关的安全防护措施和手段比较完善，而 IPv6 地址空间巨大，传统的安全防护设备已经难以满足实际需求。ZoomEye 支持通过 IPv4 资产的特征搜索其关联的 IPv6 资产，尽快发现漏洞风险。

比如通过 IPv4 资产 Banner 信息中的 Server 和 ETag 字段进行关联检索（见图 7-12），搜索语句为 "5f2b7302-214" +"Server: nginx/1.18.0 (Ubuntu)" +"HTTP/1.1 200 OK" + "Content-Length: 532" +port:80，可以获得关联度极高的 IPv4 和 IPv6 资产，如果可以获得 MAC 地址，甚至可以判断这两个资产是不是属于同一台设备的同一个接口。

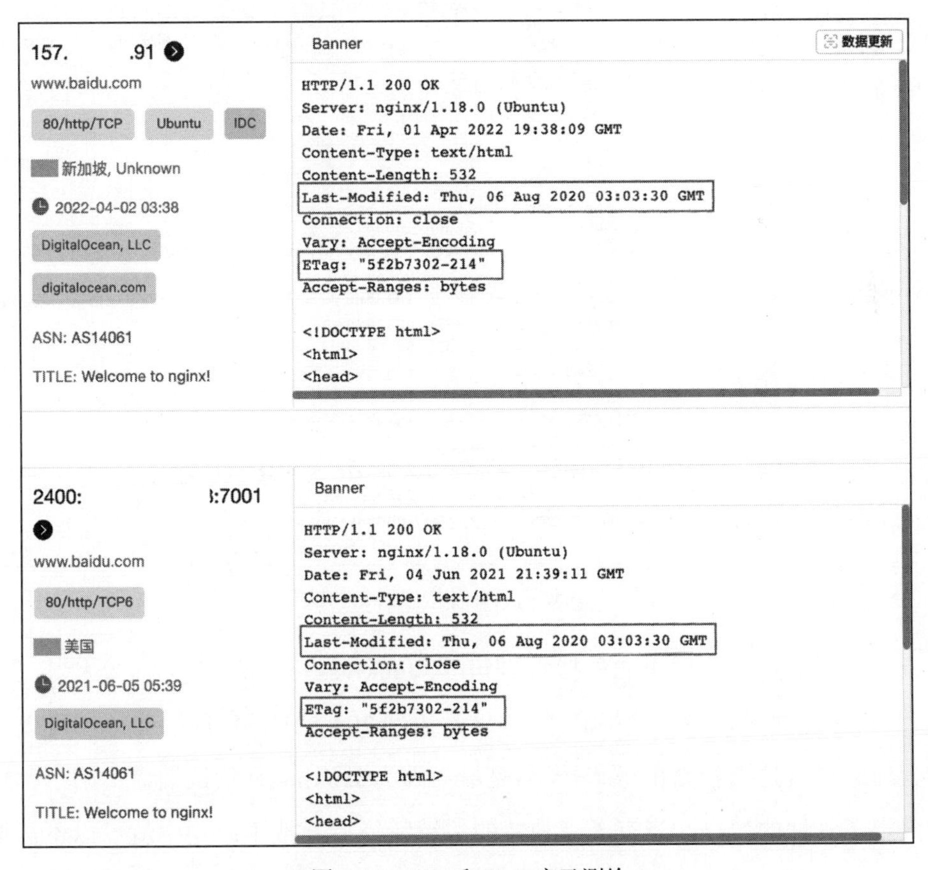

图 7-12　IPv4 和 IPv6 交叉测绘

除了上述方法，我们还可以通过一些其他手段来实现利用已知资产发现未知资产。比如，检索某端口时获得一个 IP 资产，此时我们只有该 IP 和端口的 Banner 信息，单击该 IP 进入资产详情页面，就可以获得它所有被测绘到的端口信息，再单击 Whois 标签，就可以从 Whois 基本信息中获得更多的 IP。再比如，初次检索时可能掌握的资产特征较少或者比较单一，难免以偏概全，我们可以尝试在检索结果中再次提取资产特征进行第二次检索，进一步对 ZoomEye 中的海量数据进行挖掘，就有可能获取更多、更准确的资产数据。如图 7-13 所示，搜索互联网中使用了开源持续集成工具 Jenkins 的网络空间资产，第一种搜索语句是 "server:jetty" +port:8080 +title:"dashboard[jenkins]"，获得 19 794 条结果。观察 Banner 信息，可以发现使用 Jenkins 的资产回复报文头中都带有 X-Jenkins-Session 信息。

图 7-13 使用第一种搜索语句的结果

调整搜索语句，使用第二种搜索语句 "X-Jenkins-Session" 进行全文检索（见图 7-14），惊喜地发现结果数量提高了 25 倍，达到 704 521 条！细心的读者可以想一想，为什么会有这么神奇的效果。（小提示：因为 Jenkins 有默认端口，第一种搜索语句限定了查询的端口。当有了更独特的关键特征后，搜索语句中就可以不再指定端口，从而发现更多使用了非默认端口的资产。）

图 7-14 使用第二种搜索语句的结果

7.4 行为测绘

行为是人类或动物在生活中表现出来的生活态度及具体的生活方式，是在一定条件下不同的个人、动物或群体，表现出来的基本特征，或对内外环境刺激所做出的能动反应。

不同的群体可能表现出独有的特征，我们能掌握这些特征，就能尽可能识别这个群体。在网络空间中，网络空间资产也可能存在这样的行为特征，通常表现在资产上线、Banner 信息、电子证书、主机名称、域名、端口号、端口开放等方面。一般情况下，大部分特征有据可依、遵循一定的规律，而有些资产的 Banner 信息和预期有着明显的区别，或者其端口开放行为为日关夜开（相对于观察者的时区）等，我们利用这些行为特征进行网络空间测绘，这就是所谓的“行为测绘”。行为测绘在关键信息基础设施、APT 组织、黑产组织等发现上有着巨大的应用空间及意想不到的效果。

观察发现，ZoomEye 在对某 IP 资产的 25 号端口进行 SMTP 服务探测时，获得的 Banner 信息并不是邮件服务内容，没有如预期一样识别为 SMTP 服务。该 IP 资产的 25 端口返回的 Banner 信息为一个固定的拦截信息“554 5.7.1 This message has been blocked because it is from a FortiGuard - AntiSpam black IP address."。我们通过查找资料确定这是美国著名的安全公司飞塔（Fortinet）的安全防御产品 FortiGuard 里 AntiSpam 模块为了阻止网络上的探测行为而做出拦截提示信息，这从侧面可以说明使用这款设备进行防护的资产很可能是很重要的资产。

通过 ZoomEye 对上述拦截信息进行检索发现，返回这种提示信息的网络空间资产很多属于军事行业（见图 7-15），而且被防护的不仅仅是 25 端口。这说明这个防护针对很多服务和端口，进一步证明了这些资产的重要性。

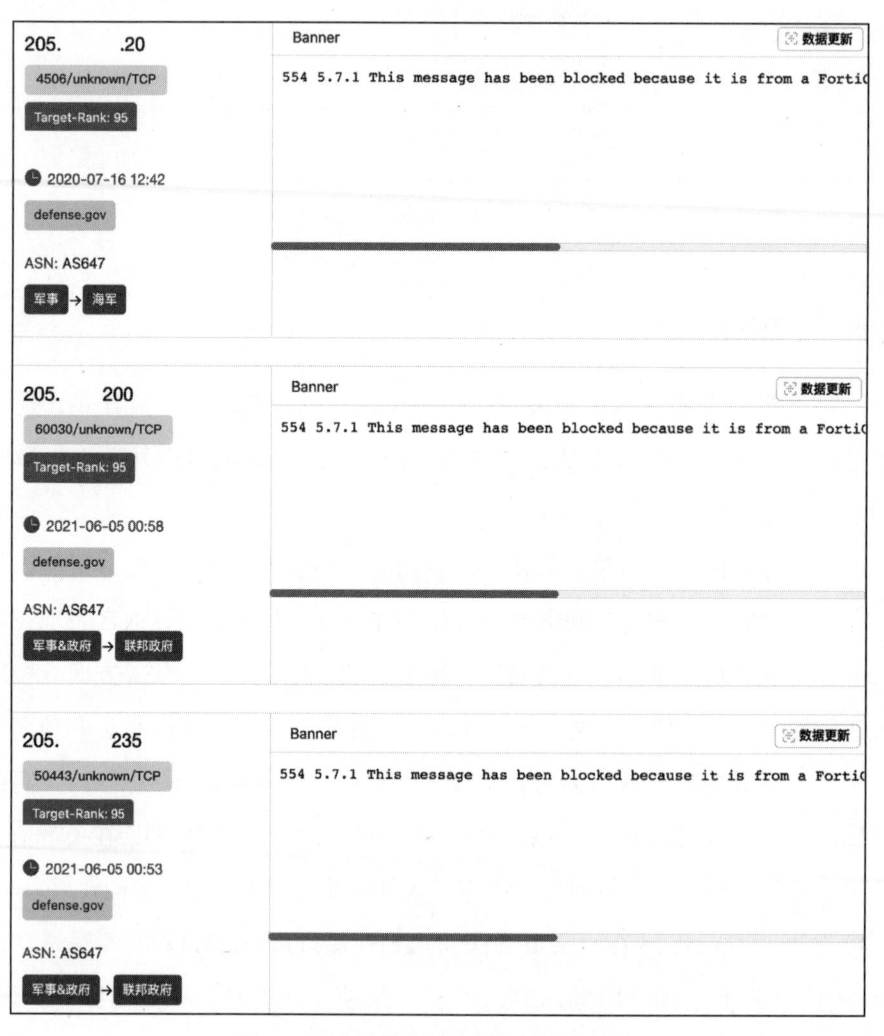

图 7-15 通过某种特殊的特征进行测绘

再比如某网络空间资产的SSL证书中，签发者的CN字段使用了“www.windowsupdate.com”域名，而该资产的IP地址是韩国某VPS运营商提供的虚拟机节点（见图7-16）。这个行为很可疑，试问微软的升级中心怎么会部署在他国的虚拟机环境？可以断定该网络空间资产使用了伪造证书。凑巧的是，我们在检索该IP时发现一个乌克兰的网络空间资产的4443端口Banner中包含了该IP，而该端口提供的服务正好是阻止某些在黑名单中的IP或者域名访问！我们访问该4443端口的Web页面，可以发现更多被阻止的IP和域名，这是前文提到的通过交叉测绘方法，利用已知资产发现未知资产的又一个好的示例。

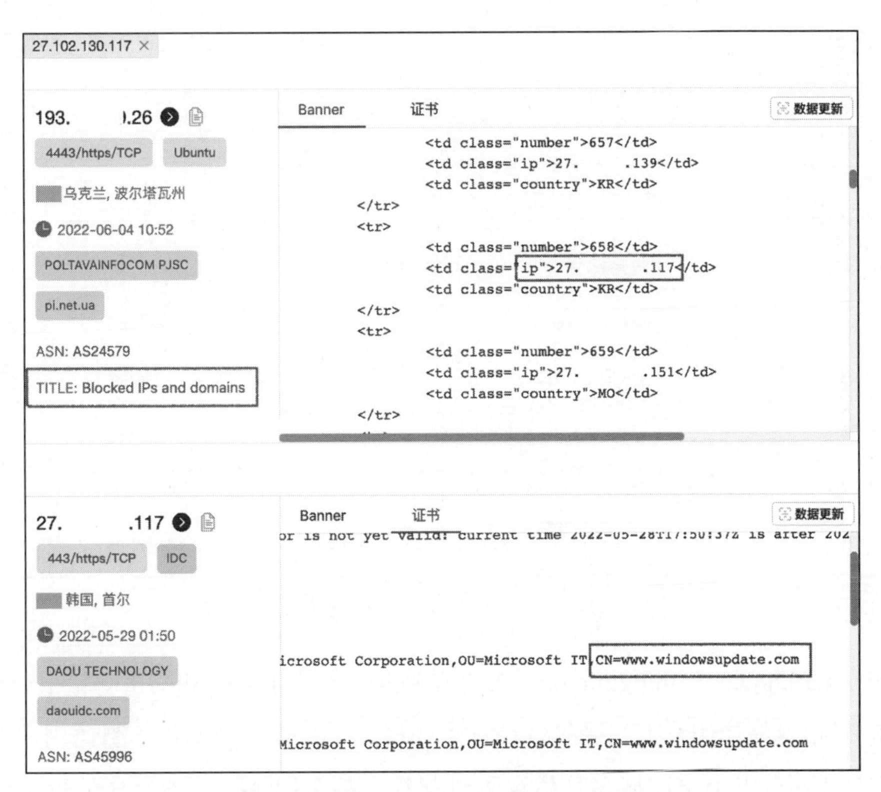

图7-16 使用了伪造证书的网络空间资产

7.5 钓鱼行为判断

钓鱼网站是指欺骗用户的虚假网站。钓鱼网站的页面与真实网站界面基本一致，目的是欺骗消费者或者窃取访问者提交的账号和密码信息，是互联网中最常见的一种诈骗方式。利用网络空间测绘搜索引擎来发现钓鱼网站，是比较高效、常用的一种方式。

（1）通过域名/IP关联查询功能检索

不法分子通常注册和官方域名相近的域名，并模仿官方Web界面来引诱用户，伺机植入木马或者窃取用户账户信息。我们可以通过ZoomEye的域名/IP关联查询功能发现可疑的域名资产。将QQ邮箱的官方域名mail.qq.com输入检索框进行关联域名检索（见图7-17），可发现很多疑似仿冒域名。

域名/IP关联查询

mail.qq.com

◉ 关联域名 ○ 子域名

baidu.com google.com youtube.com twitter.com 8.8.8.8 52.2.254.36/24 52.2.254.36/16 52.2.254.36/8

searchResult 共2,323条 API 导出

	序号	关联域名	时间
>	67	mail.qq123abc.com	2022-03-04
>	68	mail.slot999qq.com	2022-03-04
>	69	auth.mail.qq.owaauthwebmail.com	2022-03-04
>	70	mail.qq58888.com	2022-03-04
>	71	mail.qq.com.aimugui.com	2022-03-04

图7-17 通过关联域名发现疑似仿冒域名

访问mail.qq.com.aimugui.com，可以看到其界面显示效果和腾讯邮箱很相似（见图7-18），很容易让用户上当受骗。该站点还提供了一个下载链接，引诱用户点击下载。我们基本可以确定该域名是仿冒腾讯邮箱的钓鱼网站，可能存在传播木马等安全隐患。

（2）通过Icon检索

如果有钓鱼网站使用了被仿冒网站的Icon图标来欺骗用户，那么通过ZoomEye的Icon过滤器来发现此类网站是一个很好的方法。比如将淘宝网站的Icon图标拽入搜索框，或者通过系统内置的淘宝 Icon 进行检索（见图 7-19）。

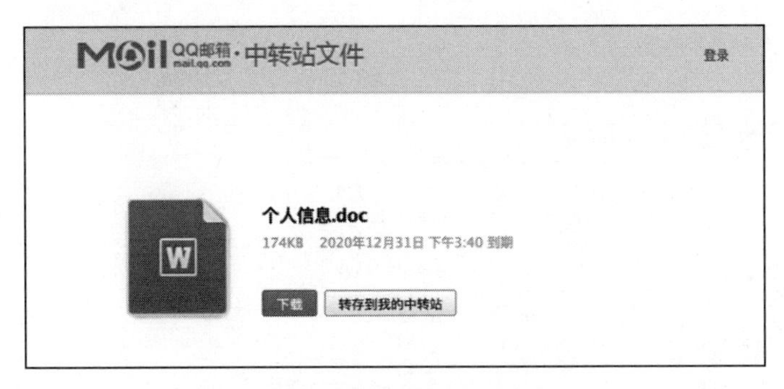

图 7-18 仿冒腾讯邮箱的网站

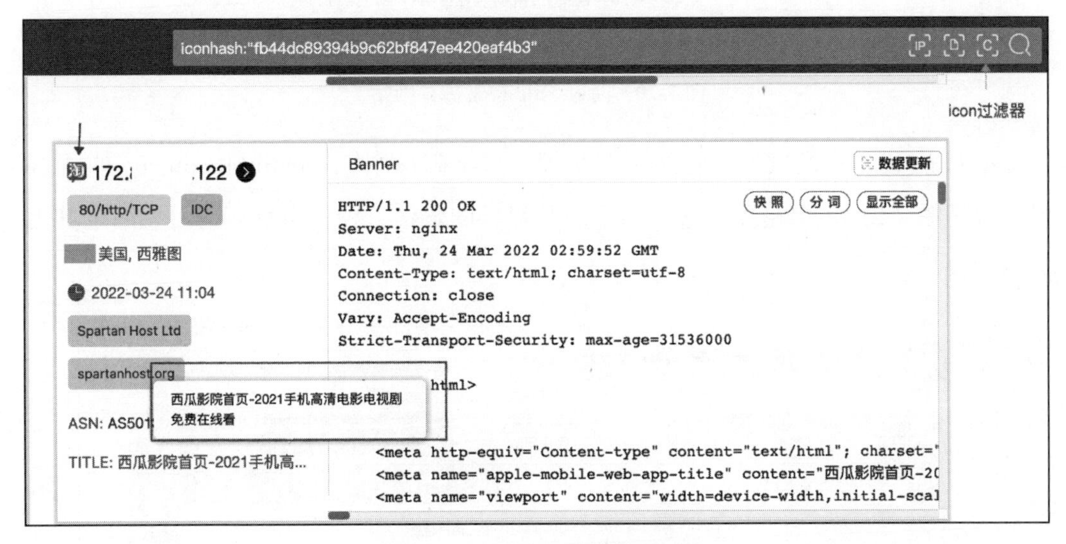

图 7-19 通过 Icon 检索仿冒网站

可以发现，这个可疑 IP 地址 172.x.x.122 使用了和淘宝相同的 Icon，但实际上该站点的业务是提供在线影视服务。

（3）通过 Title 检索

我们也可以通过检索网站 Title 来发现不法的仿冒网站。比如搜索 title:" 北京理工大学邮件系统 "，对北理工的 Web 服务资产进行检索（见图 7-20），发现有一个 IP 地址 104.x.x.27 提供的 HTTP 服务也使用了 Title“北京理工大学邮件系统”，但是其地理位置竟然是英国伦敦，而且使用的是美国的 Vultr 提供的云主机，这让人产生了怀疑，一个中国的高校怎么会将自己重要的邮件系统托管在海外？

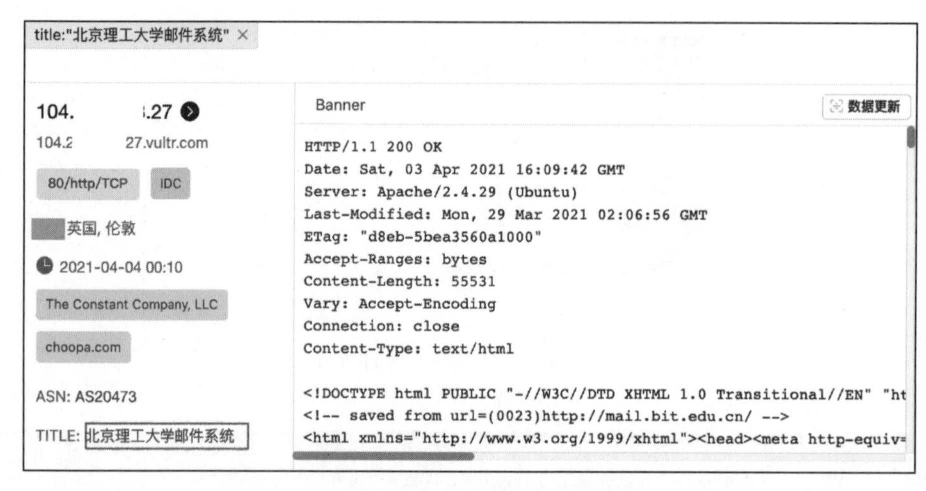

图 7-20 通过 Title 检索仿冒网站

访问该 IP，我们发现其页面和北京理工大学邮件系统（mail.bit.edu.cn）页面很相似（见图 7-21），但是要求进一步下载其提供的软件，种种可疑行为可以断定其为仿冒网站。

图 7-21 仿冒北京理工大学邮件系统的网站

7.6 挖矿行为判断

ZoomEye 提供了区块链专题，里面包含挖矿机、挖矿协议、监控平台等资产的介绍以及搜索语句。结合 ZoomEye 的探测能力，我们可快速发现存在挖矿行为的网络空间资产信息。比如，矿池一般采用 Stratum 协议与挖矿机进行通信，我们可以通过搜索语句 service:stratum 搜索 Stratum 协议，来判断哪些网络空间资产有挖矿行为（见图 7-22）。

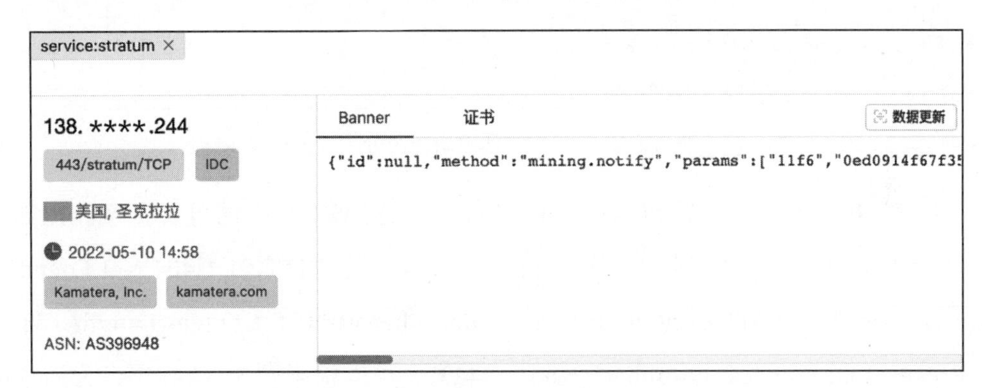

图 7-22 检索使用 Stratum 协议的挖矿机

7.7 APT 行为判断

APT 攻击即高级可持续威胁攻击，也被称为定向威胁攻击，指某组织对特定对象展开的持续有效的攻击活动。这种攻击活动具有极强的隐蔽性和针对性，通常会运用受感染的各种介质、供应链等多种手段实施持久的且有效的威胁和攻击。

不同的 APT 组织具备独有的行为特征。如果掌握了这个特征，我们就可以通过 ZoomEye 尽可能多地识别这个 API 组织使用的网络空间资产。而这些行为特征在网络空间中会在网络设备的 Banner、所在地理位置、使用的电子证书、域名、主机名称等信息中有所体现。

具体的分析流程如图 7-23 所示，先根据已经采集到的 APT 攻击样本来分析网络报文流量特征；其次将提取出来的报文中的特征，利用 ZoomEye 进行全球范围内的检索；最后提取出新的攻击资产，结合相关攻击事件，完成恶意组织发现及攻击趋势分析。

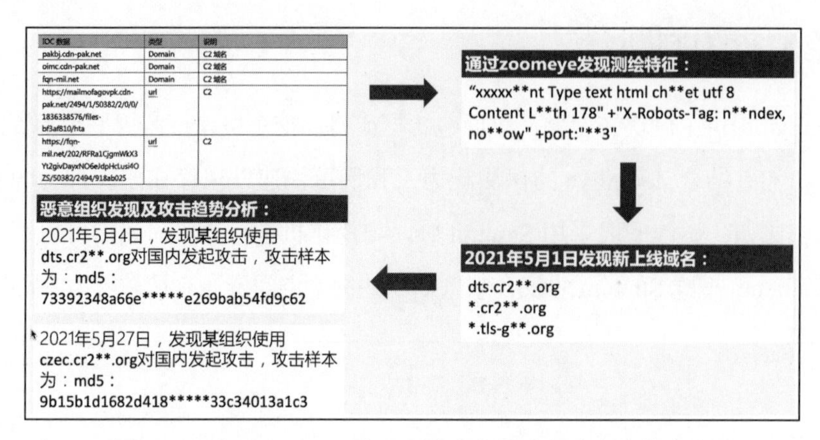

图 7-23 基于 ZoomEye 发现恶意组织及分析攻击趋势步骤

按照上述流程，我们可以通过 ZoomEye 来检索 APT 组织的可疑资产。比如检索“眼镜蛇”组织的 C2 域名（见图 7-24），搜索语句为 "HTTP 1.1 404 Not Found" + "Server nginx" + "GMT Content Type text html charset utf 8 Content Length 178" + "X-Robots-Tag: noindex, nofollow" + port: "443"，可以检索到 80 条数据，为后续的进一步分析研判提供了重要的素材。

找到约 80 条结果 (最近一年数据：72 条) 用时 23.911 秒　　价值排序

"HTTP 1.1 404 Not Found" ×　+"Server nginx" ×　+"GMT Content Type text html charset utf 8 Content Len... 　+"X-Robots-Tag: noindex, nofollow" ×　+port:"443" ×

5.2 *** 140
placeholder.noezserver.de
443/https/TCP　IDC
德国, 法兰克福
2022-05-11 06:43
GHOSTnet GmbH　ghostnet.de
ASN: AS12586
TITLE: 404 Not Found

Banner　证书　数据更新

```
HTTP/1.1  404 Not Found
Connection: keep-alive
X-Robots-Tag: noindex, nofollow
Server: nginx/1.21.6
Date: Tue, 10 May 2022 22:43:16 GMT
Content-Type: text/html; charset=utf-8
Content-Length: 178

<html>
<head><title>404 Not Found</title></head>
<body bgcolor="white">
<center><h1>404 Not Found</h1></center>
<hr><center>nginx/1.14.0 (Ubuntu)</center>
</body>
```

图 7-24 通过 ZoomEye 检索“眼镜蛇”组织的 C2 域名

当然，我们也可以利用公开的 APT 报告中提到的某 APT 组织的行为特征，在 ZoomEye 上对该组织进行检索和分析。比如毒云藤（APT-C-01）在 2018 年 5 月针对我国数家船舶重工企业、港口运营公司等海事机构发动攻击。攻击时，下载程序会从用于控制和分发攻击载荷的控制域名下载一个名为 tiny1detvghrt.tmp 的恶意载荷。根据该特征，在 ZoomEye 上使用搜索语句 tiny1detvghrt.tmp 进行检索，可以查询到带有该特征的可疑资产（见图 7-25）。探测时间是 2018 年 5 月 21 日。

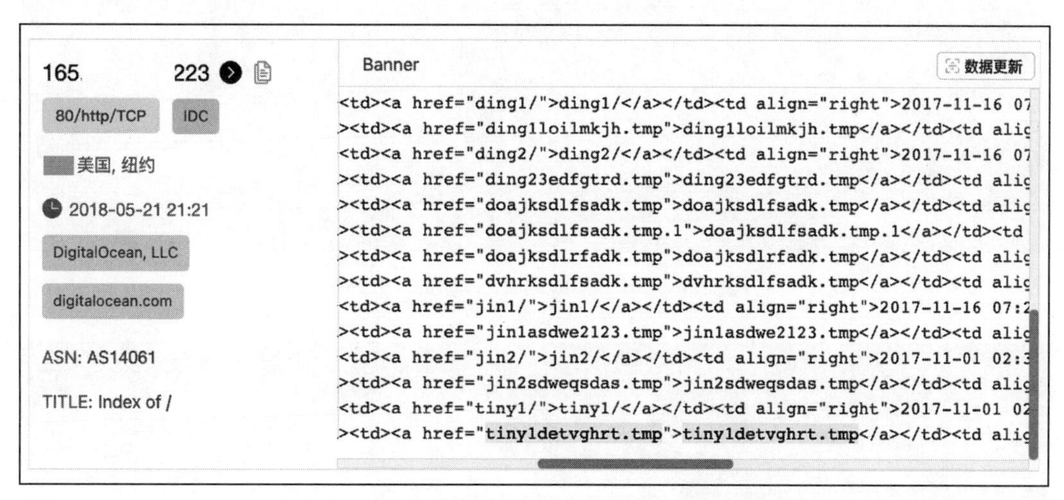

图 7-25 通过 ZoomEye 检索毒云藤组织的可疑资产

再通过 ZoomEye 的历史数据查询接口进行查询，可以发现，早在 2017 年 11 月 21 日，该资产的 80 端口的 Banner 中就携带了该特征（见图 7-26），说明该资产在这个时间点已经开始部署对外攻击。

再往前一个时间点，在 2017 年 10 月 4 日探测到该资产的 80 端口 Banner 中携带的 payload 的下载路径是“doajksdlrfadk.tmp”而非正式攻击使用的“tiny1detvghrt.tmp”（见图 7-27），但是从命名方式和文件大小基本上可以推断在这个时间点攻击者为正式实施攻击做实战演练。

```
{
  "ip": "165.227.220.223",
  "port": 80,
  "raw_data": "HTTP/1.1 200 OK\r\nDate: Tue, 21 Nov 2017 11:09:14 GMT\r\nServer: Apache\r\nVary: Accept-Encoding\r\nContent-Length: 5217\r\nConnection
: close\r\nContent-Type: text/html;charset=UTF-8\r\n\r\n<!DOCTYPE HTML PUBLIC \"-//W3C//DTD HTML 3.2 Final//EN\">\n<html>\n <head>\n  <title>Index of
/</title>\n </head>\n <body>\n<h1>Index of /</h1>\n  <table>\n   <tr><th valign=\"top\"><img src=\"/icons/blank.gif\" alt=\"[ICO]\"></th><th><a href=\
"?C=N;O=D\">Name</a></th><th><a href=\"?C=M;O=A\">Last modified</a></th><th><a href=\"?C=S;O=A\">Size</a></th><th><a href=\"?C=D;O=A\">Description</a>
</th></tr>\n   <tr><th colspan=\"5\"><hr></th></tr>\n<tr><td valign=\"top\"><img src=\"/icons/folder.gif\" alt=\"[DIR]\"></td><td><a href=\"bing/\">bi
ng/</a></td><td align=\"right\">2017-11-16 07:44  </td><td align=\"right\">  - </td><td> </td></tr>\n<tr><td valign=\"top\"><img src=\"/icons/unk
nown.gif\" alt=\"[   ]\"></td><td><a href=\"bingpolkji9ds.tmp\">bingpolkji9ds.tmp</a></td><td align=\"right\">2017-11-16 07:38  </td><td align=\"right
\">4.9K</td><td> </td></tr>\n<tr><td valign=\"top\"><img src=\"/icons/folder.gif\" alt=\"[DIR]\"></td><td><a href=\"ding1/\">ding1/</a></td><td a
lign=\"right\">2017-11-16 07:46  </td><td align=\"right\">  - </td><td> </td></tr>\n<tr><td valign=\"top\"><img src=\"/icons/unknown.gif\" alt=\"
[   ]\"></td><td><a href=\"ding1loilmkjh.tmp\">ding1loilmkjh.tmp</a></td><td align=\"right\">2017-11-16 07:47  </td><td align=\"right\">4.9K</td><td>&
nbsp;</td></tr>\n<tr><td valign=\"top\"><img src=\"/icons/folder.gif\" alt=\"[DIR]\"></td><td><a href=\"ding2/\">ding2/</a></td><td align=\"right\">20
17-11-16 07:49  </td><td align=\"right\">  - </td><td> </td></tr>\n<tr><td valign=\"top\"><img src=\"/icons/unknown.gif\" alt=\"[   ]\"></td><td>
<a href=\"ding23edfgtrd.tmp\">ding23edfgtrd.tmp</a></td><td align=\"right\">2017-11-16 07:48  </td><td align=\"right\">4.9K</td><td> </td></tr>\n
<tr><td valign=\"top\"><img src=\"/icons/unknown.gif\" alt=\"[   ]\"></td><td><a href=\"doajksdlfsadk.tmp\">doajksdlfsadk.tmp</a></td><td align=\"righ
t\">2017-09-15 08:21  </td><td align=\"right\">4.9K</td><td> </td></tr>\n<tr><td valign=\"top\"><img src=\"/icons/unknown.gif\" alt=\"[   ]\"></t
d><td><a href=\"doajksdlfsadk.tmp.1\">doajksdlfsadk.tmp.1</a></td><td align=\"right\">2017-09-15 08:21  </td><td align=\"right\">4.9K</td><td> </
td></tr>\n<tr><td valign=\"top\"><img src=\"/icons/unknown.gif\" alt=\"[   ]\"></td><td><a href=\"doajksdlrfadk.tmp\">doajksdlrfadk.tmp</a></td><td al
ign=\"right\">2017-09-27 06:36  </td><td align=\"right\">4.9K</td><td> </td></tr>\n<tr><td valign=\"top\"><img src=\"/icons/unknown.gif\" alt=\"[
   ]\"></td><td><a href=\"dvhrksdlfsadk.tmp\">dvhrksdlfsadk.tmp</a></td><td align=\"right\">2017-09-27 06:38  </td><td align=\"right\">4.9K</td><td>&n
bsp;</td></tr>\n<tr><td valign=\"top\"><img src=\"/icons/folder.gif\" alt=\"[DIR]\"></td><td><a href=\"jin1/\">jin1/</a></td><td align=\"right\">2017-
11-16 07:29  </td><td align=\"right\">  - </td><td> </td></tr>\n<tr><td valign=\"top\"><img src=\"/icons/unknown.gif\">2017-11-...</td><td><a
href=\"jin1asdwe2123.tmp\">jin1asdwe2123.tmp</a></td><td align=\"right\">2017-10-30 08:33  </td><td align=\"right\">4.9 d><td><a href=\ </tr>\n<tr
><td valign=\"top\"><img src=\"/icons/folder.gif\" alt=\"[DIR]\"></td><td><a href=\"jin2/\">jin2/</a></td><td align=\"right\" </tr>\n<tr><td val weqsda
s.tmp\">jin2sdweqsdas.tmp</a></td><td align=\"right\">2017-10-30 08:34  </td><td align=\"right\">4.9K</td><td>  02:41  </td><td alig "top\"
><img src=\"/icons/folder.gif\" alt=\"[DIR]\"></td><td><a href=\"tiny1/\">tiny1/</a></td><td align=\"right\">2017-1 ight\
">  - </td><td>... \"tiny1detvghrt.tmp\"idetv
ghrt.tmp</a> ...right\">2017-10-30 08:34  </td><td align=\"right\">4.9K</td><td> </td></tr>\n<tr> /icon
s/folder.gi ...n<tr><td va ...</td><td><a href=\"tiny2/\">tiny2/</a></td><td align=\"right\">2017-11-01 02:45  </td> align=\"top\"><img s <td>&n
bsp;</td></ ign=\"right\">  -
  "timestamp": "2017-11-21T...:09:14"
}
```


图 7-26　2017 年 11 月 21 日该资产的情况


```
{
  "ip": "165.227.220.223",
  "port": 80,
  "raw_data": "HTTP/1.1 200 OK\r\nDate: Tue, 03 Oct 2017 21:17:37 GMT\r\nServer: Apache\r\nVary: Accept-Encoding\r\nContent-Length: 1757\r\nConnection
: close\r\nContent-Type: text/html;charset=UTF-8\r\n\r\n<!DOCTYPE HTML PUBLIC \"-//W3C//DTD HTML 3.2 Final//EN\">\n<html>\n <head>\n  <title>Index of
/</title>\n </head>\n <body>\n<h1>Index of /</h1>\n  <table>\n   <tr><th valign c=\"/icons/blank.gif\" alt=\"[ICO]\"></th><th><a href=\
"?C=N;O=D\">Name</a></th><th><a href=\"?C=M;O=A\">Last modified</a></th><th> Size</a></th><th><a href=\"?C=D;O=A\">Description</a>
</th></tr>\n   <tr><th colspan=\"5\"><hr></th></tr>\n<tr><td valign=\"top\" <td align=\"ri own.gif\" alt=\"[   ]\"></td><td><a href=\"doajksdlf
sadk.tmp\">doajksdlfsadk.tmp</a></td><td align=\"right\">2017-09-15 08:21 sadk.tmp.1\">doaj 4.9K</td><td> </td></tr>\n<tr><td valign=\"to
p\"><img src=\"/icons/unknown.gif\" alt=\"[   ]\"></td><td><a href=\"doaj adk.tmp.1</a></td><td align=\"right\">2017-09-15
08:21  </td><td align=\"right\">4.9K</td><td> </td></tr>\n<tr><td v =\"top\"><img src=\ ns/unknown.gif\" alt=\"[   ]\"></td><td><a href=\
"doajksdlrfa fadk.tmp</a></td><td align=\"right\">2017- 06:36  </td><td al "right\">4.9K</td><td> </td></tr>\n<tr><td v
align=\"t p\"><img s nknown.gif\" alt=\"[   ]\"></td><td><a \"dvhrksdlfsadk.tmp hrksdlfsadk.tmp</a></td><td align=\"right\">2017-
09-27 06 \">4.9K</td><td> </td></tr>\n<tr \"/icons/unknown.gif\" alt=\"[   ]\"></td><td><a
href=\ n=\"right\">57 sadk.tmp</a></td><td align=\"right\">2 lign=\"top\"><im align=\"right\">4.9K</td><td> </td></tr>\n<tr
><td v s/unknown.gif\" alt=\"[   ]\"></td><td> 27 06:37 </ et-log</a></td><td align=\"right\">2017-09-20 07:24
 </td> d> </td></tr>\n   <tr><th colspan=\ \n</table>\n</body></html>\n",
  "timestamp": "2017-10-04T05
}
```


图 7-27　2017 年 10 月 4 日该资产的情况

7.8　防火墙设备识别

在网络安全领域，防火墙是一款成熟、有效且常用的安全防护设备。新一代防火墙产品不仅能针对应用层进行防护，还能针对网络层的一些如 TCP 泛洪扫描行为、DDoS 攻击进行防护。其防护原理通常是采用替答机制，而不会将扫描报文真的传递到被保护的网络空间资产上。对于搜索引擎而言，其如果能识别出防火墙并过滤掉无效的响应报文，就能够提高网络空间测绘的准确率和效率。

我们可以通过 ZoomEye 提供的设备类型字段来检索防火墙类型的网络设备，如图 7-28 所示。

找到约 2,853,176 条结果 (最近一年数据：738,081 条) 用时 1.414 秒
蜜罐筛选
高精筛选
价值排序
device:firewall ×
+country:US ×
Banner
证书
数据更新
4443/https/TCP
SonicOS
美国, 盐湖城
2022-06-19 13:38
CenturyLink Communications, LLC
centurylink.com
ASN: AS209
TITLE: SonicWall - Authentication
HTTP/1.0 200 OK
Server: SonicWALL
Expires: -1
Cache-Control: no-cache
Content-type: text/html; charset=UTF-8;
X-Content-Type-Options: nosniff
X-XSS-Protection: 1; mode=block
X-Frame-Options: SAMEORIGIN
Strict-Transport-Security: max-age=31536000; includeSubDomains
<!DOCTYPE HTML PUBLIC "-//W3C//DTD HTML 4.0 Transitional//EN">
<html>

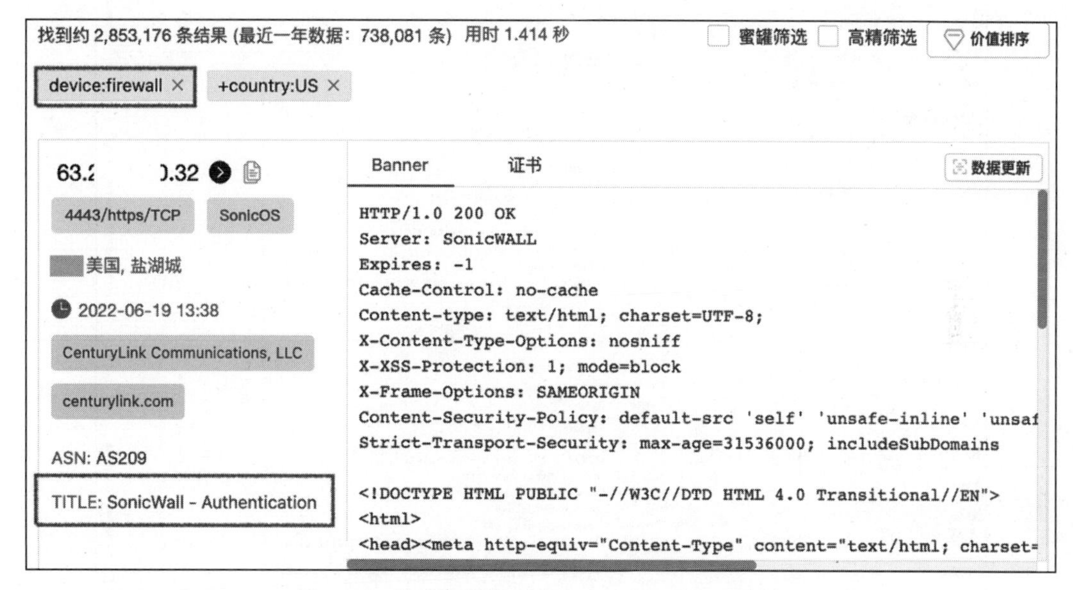

图 7-28 检索设备类型是防火墙的网络空间资产

除此之外，我们还可以利用防火墙的替答机制来判断网络空间资产是否为防火墙设备，如当某个资产的开放端口数为几百、几千，并且端口号是连续的（见图 7-29），返回的 Banner 也是相同的（见图 7-30），该资产大概率是防火墙，或者受防火墙防护。

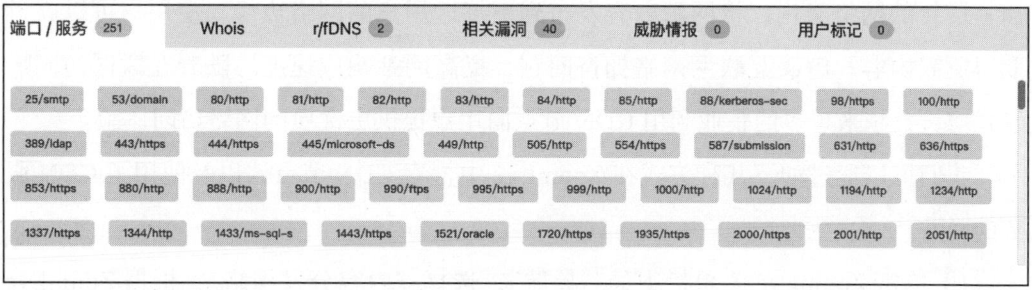

端口 / 服务 251
Whois
r/fDNS 2
相关漏洞 40
威胁情报 0
用户标记 0
25/smtp 53/domain 80/http 81/http 82/http 83/http 84/http 85/http 88/kerberos-sec 98/https 100/http
389/ldap 443/https 444/https 445/microsoft-ds 449/http 505/http 554/https 587/submission 631/http 636/https
853/https 880/http 888/http 900/http 990/ftps 995/https 999/http 1000/http 1024/http 1194/http 1234/http
1337/https 1344/http 1433/ms-sql-s 1443/https 1521/oracle 1720/https 1935/https 2000/https 2001/http 2051/http

图 7-29 开放了大量的连续端口

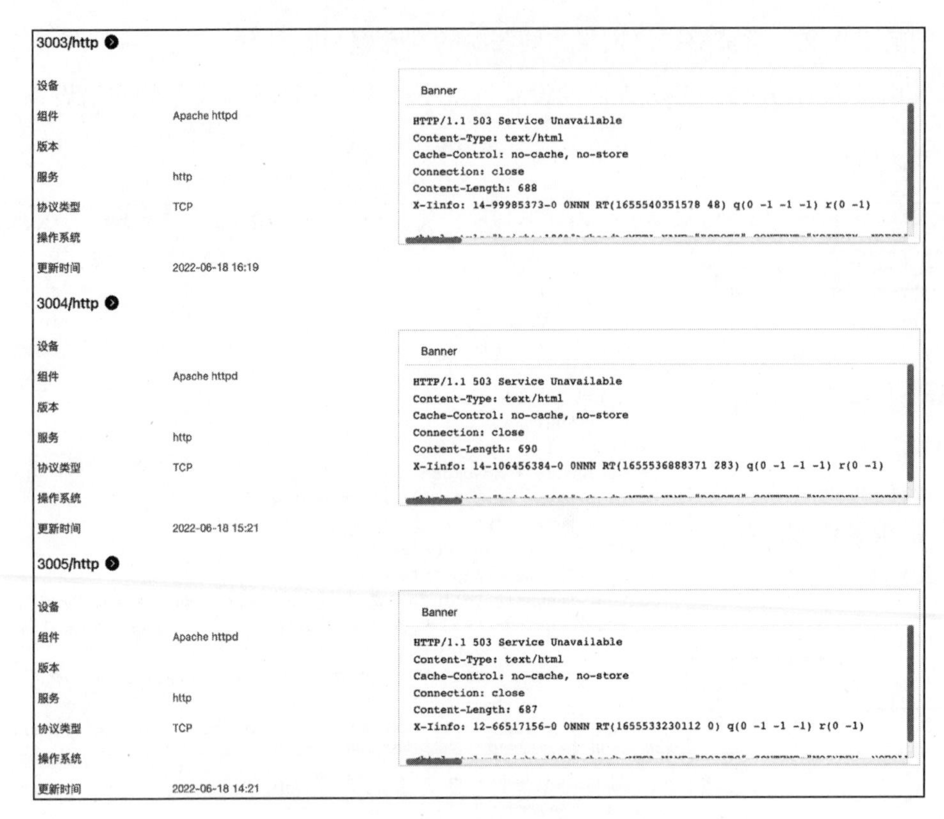

图 7-30 端口返回的 Banner 相同

7.9 CDN 节点识别

CDN（Content Delivery Network，内容分发网络）目的是通过在现有互联网中增加一层新的网络架构，将网站内容发布到更接近用户的网络边缘，使用户可以就近取得所需内容，解决互联网网络拥挤问题，提高网站响应速度。随着互联网访问爆发式增长，越来越多的企业利用 CDN 节点向用户提供更优质的网络访问体验。

我们可以通过如下几种方式在 ZoomEye 中检索 CDN 节点，以及使用了 CDN 服务的网站。

1）单击 ZoomEye 菜单栏中的“导航”，选择“内容分发网络”，根据 ZoomEye 内置的 Dork 语法快速检索 CDN 节点（见图 7-31）；也可以直接使用 App 过滤器（搜索语句为 app:"Cdn Cache Server"）来检索指定的 CDN 节点。

图 7-31　通过“导航”功能中的内容分发网络来检索 CDN 节点

2）通过 CDN 节点返回的 HTTP 响应报文头中的特征进行全文检索，一般 CDN 的特征在 Server、Powered-By 等描述信息中。如图 7-32 所示，使用搜索语句 "Server: cloudflare" "Powered-By-Chinacache" 进行检索。

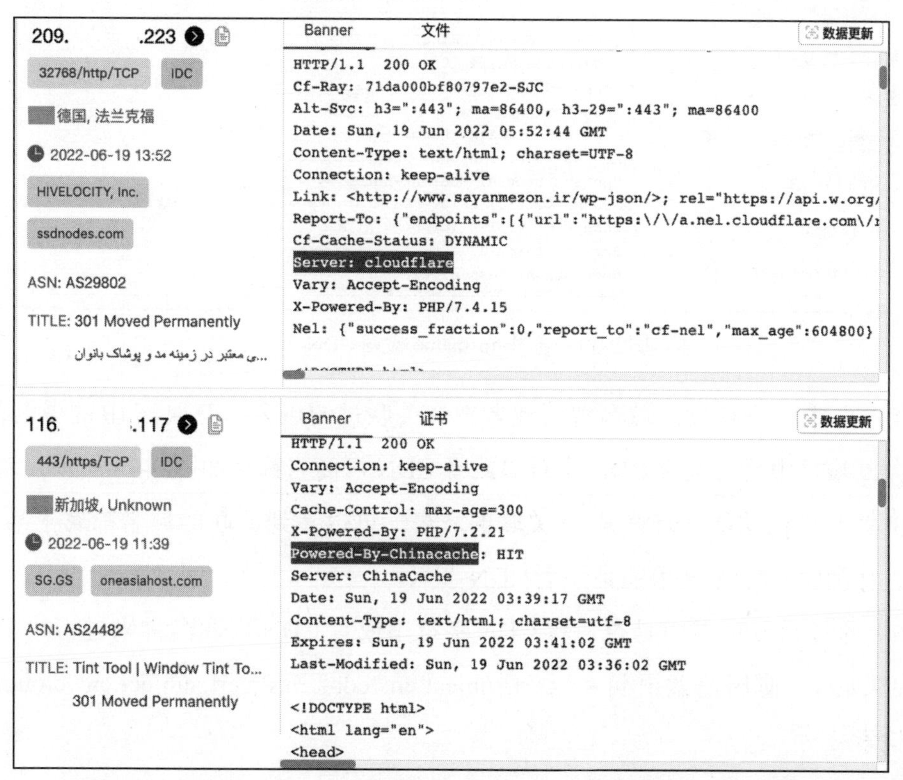

图 7-32　通过 CDN 节点返回的 HTTP 响应报文头中的特征进行全文检索

3）通过主机名称中是否包含 CDN 字符串或者 CDN 厂商名称进行检索。如图 7-33 所示，使用搜索语句 hostname:cdn 进行检索。

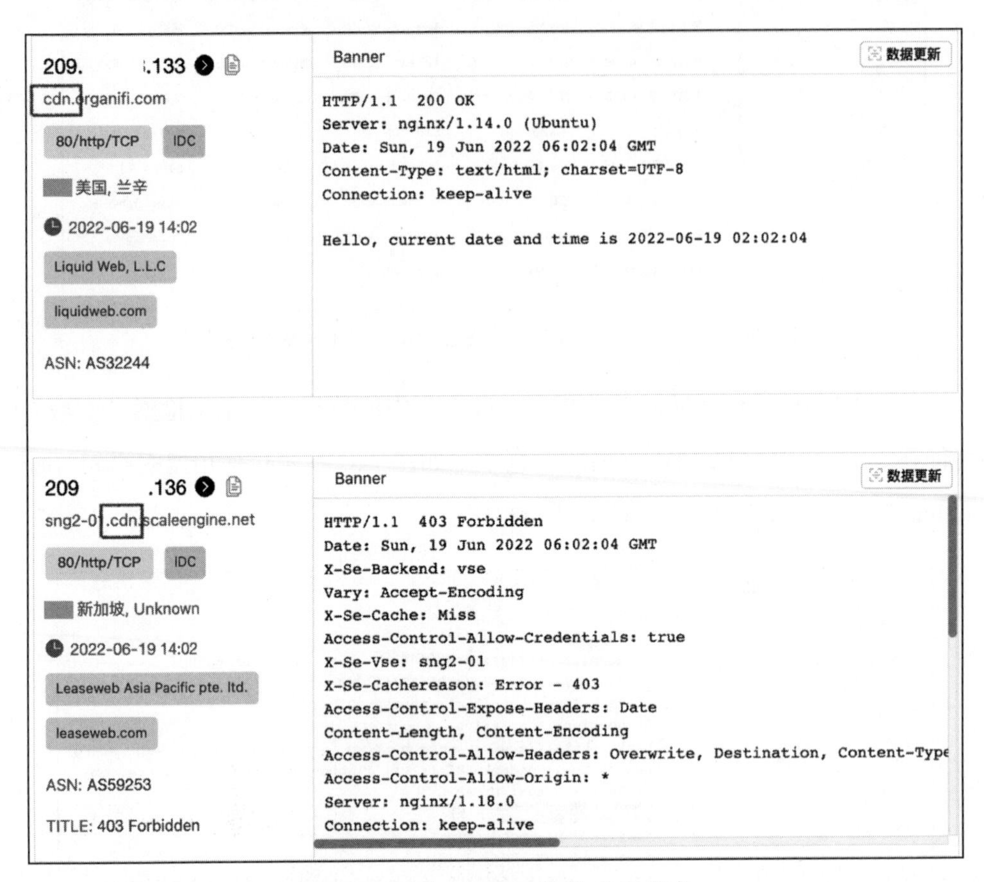

图 7-33 通过 hostname 检索 CDN 节点

4）通过 IP 进行反向域名解析或者查询关联过的域名，获取该 IP 的域名信息，然后判断域名中是否包含 CDN 字符串或者 CDN 厂商名称。如图 7-34 所示，使用域名 / IP 关联查询功能，查询某 IP 关联的域名，可以看到关联的域名都属于某 CDN 厂商，从侧面说明该 IP 可能是一个 CDN 节点。

5）通过 SSL 证书中是否包含 CDN 字符串或者 CDN 厂商名称来进行检索。如图 7-35 所示，使用搜索语句 ssl.cert.subject.cn:"cdn" +ssl.cert.subject.cn:"cloudflare" 进行检索。

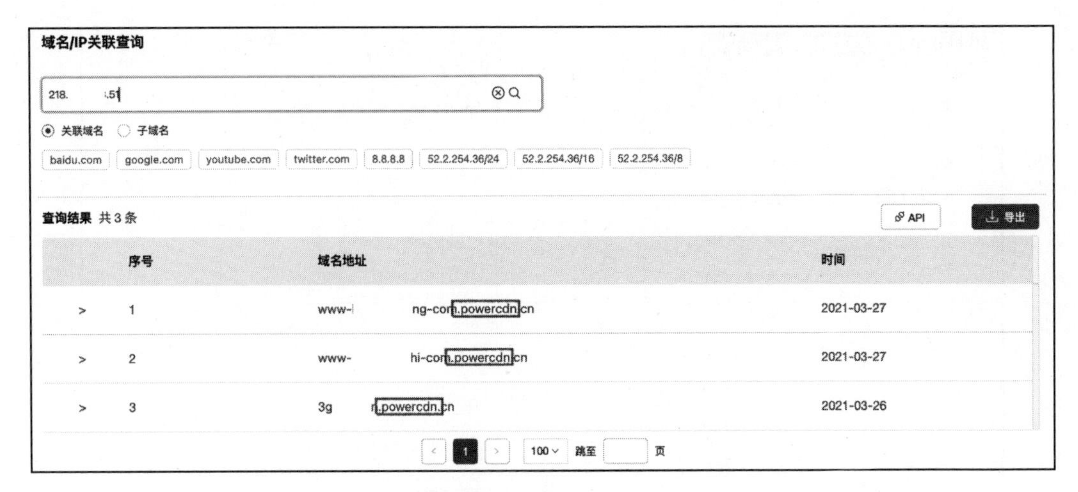

图 7-34 通过域名判断 IP 是否为 CDN 节点

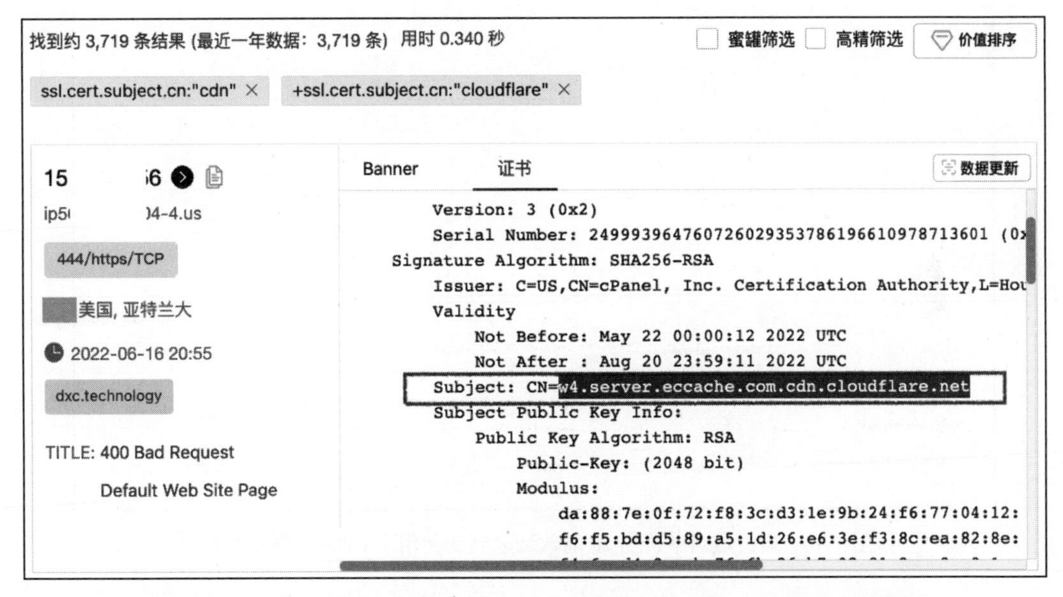

图 7-35 通过 SSL 证书中是否包含 CDN 字符串或者 CDN 厂商名称进行检索

6）使用 CDN 提供服务的网站一般域名解析出的 IP 数量不止一个，我们可以根据这个特征来判断站点是否使用了 CDN 服务。如图 7-36 所示，某站点的资产详情中，域名解析出的 IP 数量为 16，基本可以判定该站点使用了 CDN 加速服务。

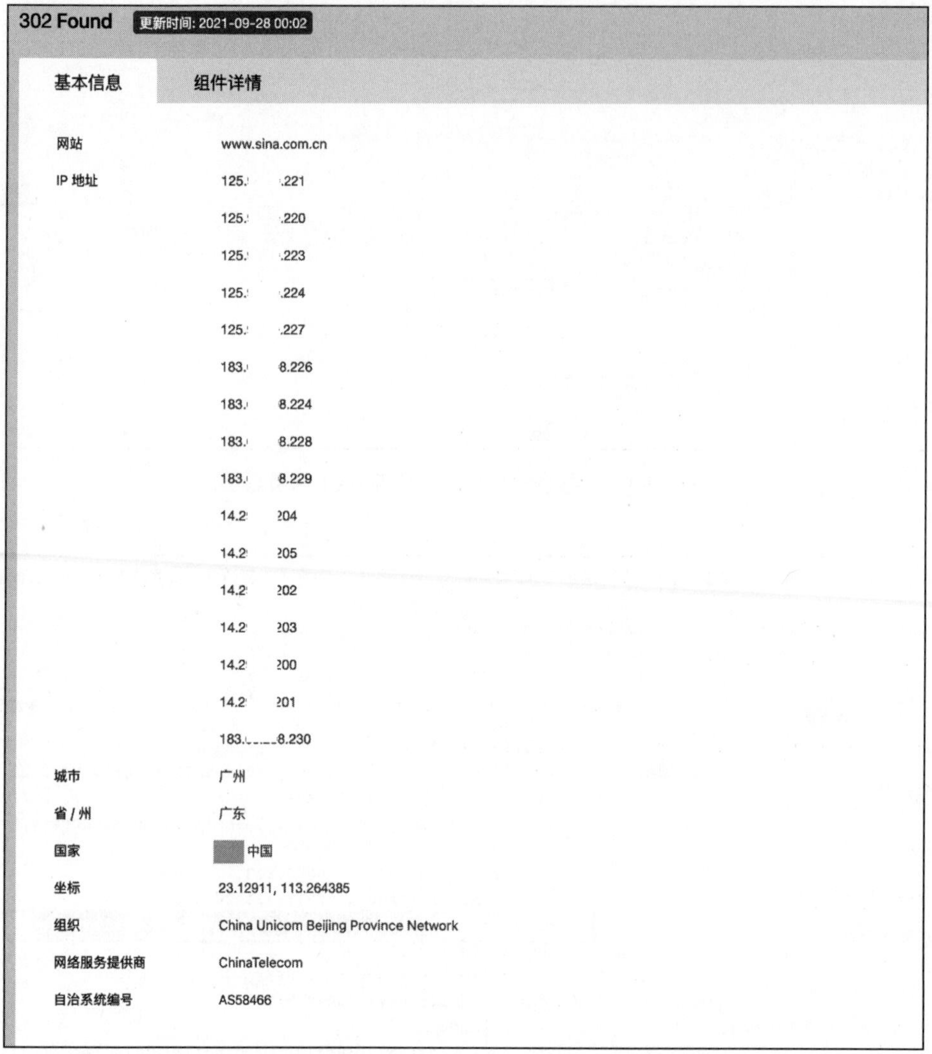

302 Found 更新时间: 2021-09-28 00:02

基本信息 组件详情

网站	www.sina.com.cn
IP 地址	125.: .221
	125.: .220
	125.: .223
	125.: .224
	125.: .227
	183.: 8.226
	183.: 8.224
	183.: 8.228
	183.: 8.229
	14.2: 204
	14.2: 205
	14.2: 202
	14.2: 203
	14.2: 200
	14.2: 201
	183.: 8.230
城市	广州
省 / 州	广东
国家	中国
坐标	23.12911, 113.264385
组织	China Unicom Beijing Province Network
网络服务提供商	ChinaTelecom
自治系统编号	AS58466

图 7-36 通过域名解析出 IP 的数量来判断使用了 CDN 服务的网站

当知道某个 IP 地址为 CDN 节点的 IP 地址时，我们可以通过查询该 IP 的 Whois 中的网段信息，获取更多的 CDN 节点的 IP 地址，从而实现从点到面地检索（见图 7-37）。

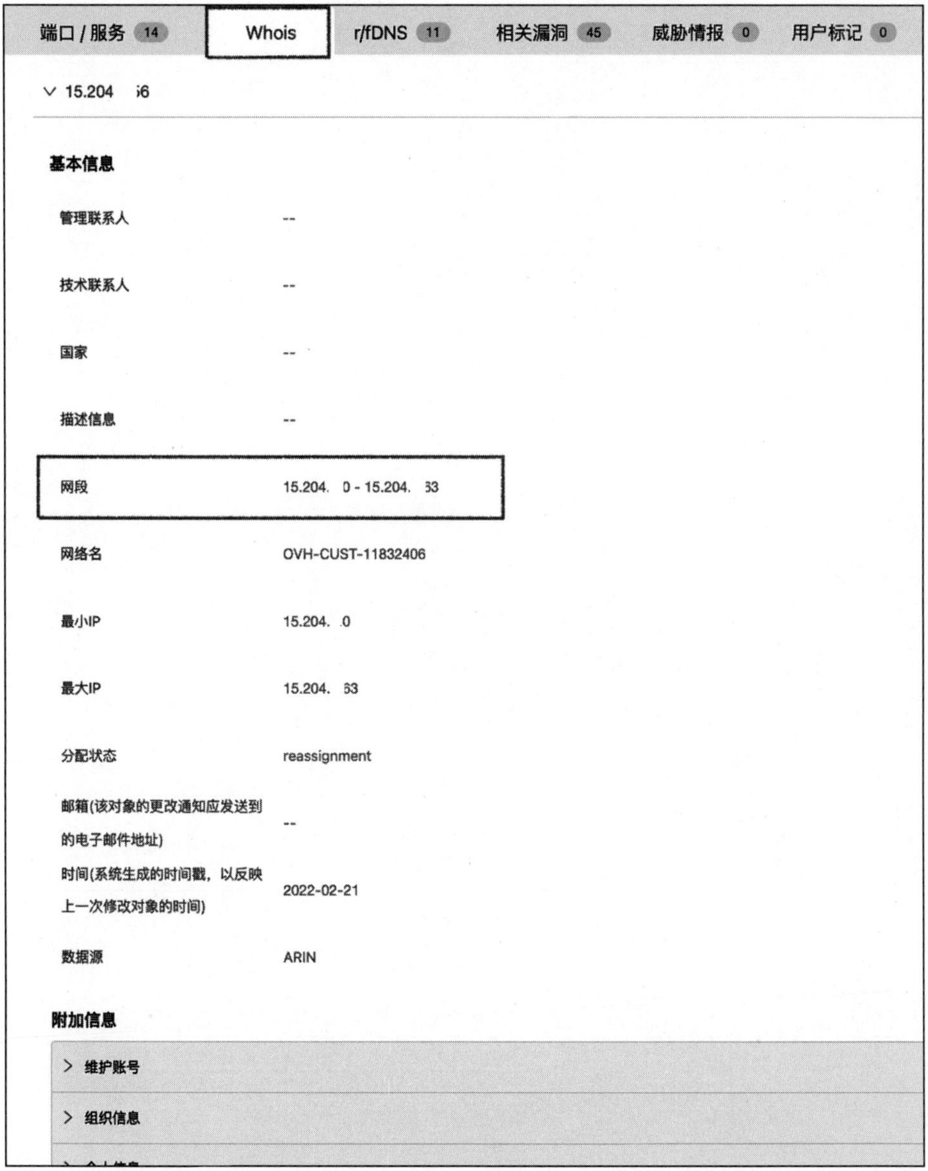

端口 / 服务 14　Whois　r/fDNS 11　相关漏洞 45　威胁情报 0　用户标记 0

∨ 15.204　i6

基本信息

管理联系人	--
技术联系人	--
国家	--
描述信息	--
网段	15.204.　0 - 15.204.　63
网络名	OVH-CUST-11832406
最小IP	15.204.　.0
最大IP	15.204.　63
分配状态	reassignment
邮箱(该对象的更改通知应发送到的电子邮件地址)	--
时间(系统生成的时间戳，以反映上一次修改对象的时间)	2022-02-21
数据源	ARIN

附加信息

> 维护账号

> 组织信息

图 7-37　通过 Whois 中的网段信息获取更多 CDN 节点的 IP 地址

第三部分 Part 3

最佳实践

网络空间测绘技术构建起联通网络空间与现实世界的全息地图，而网络空间测绘搜索引擎直接将这张地图提供给需要的人。第三部分将通过多个实践案例向读者展示，如何利用网络空间测绘搜索引擎掌握全球网络安全态势，提升网络空间社会治理能力，推动网络安全和数字化建设。

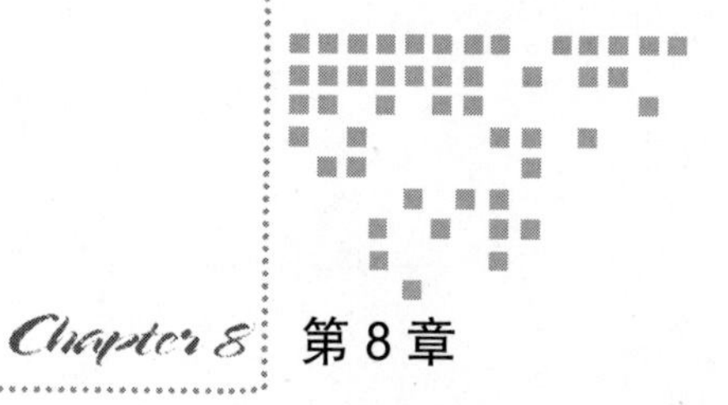

Chapter 8 第8章

从国家视角看网络空间测绘

美国得克萨斯大学圣安东尼奥分校网络安全和分析中心的两位研究者 Antonio Mangino、Elias Bou-Harb 在著名的全球学术分享交流平台 ResearchGate 发表的论文“A Multidimensional Network Forensics Investigation of a State-Sanctioned Internet Outage”中，提出通过 IBR（Internet Background Radiation，互联网背景辐射）流量及 ZoomEye 动态测绘数据，针对网络安全事件进行追踪分析及网络取证的构思。论文里列举了 2019 年 11 月 Y 国政府因某些安全问题主动实施国家级断网的案例。在此期间，IBR 流量趋势和 ZoomEye 对该国网络空间主动探测结果趋势是吻合的（见图 8-1）。论文里也提到了在此次断网期间，一部分应用于政府和基础设施的网络空间资产被重点保护，以维持向社会提供最基础的服务。

该论文的分析结果说明了网络空间测绘在断网事件追踪上发挥的重要作用。在网络安全事件爆发时，基于动态测绘理念和时空测绘方法，利用网络空间测绘搜索引擎对国家级网络空间资产进行周期性监测，可以及时分析网络空间资产受影响面，暴露网络空间中存在的安全隐患，有助于后续科学、合理地开展网络安全建设工作。

突发事件导致国家级断网的情况还有很多，本章将通过具体的案例来演示 ZoomEye 在这些实践中发挥的价值。

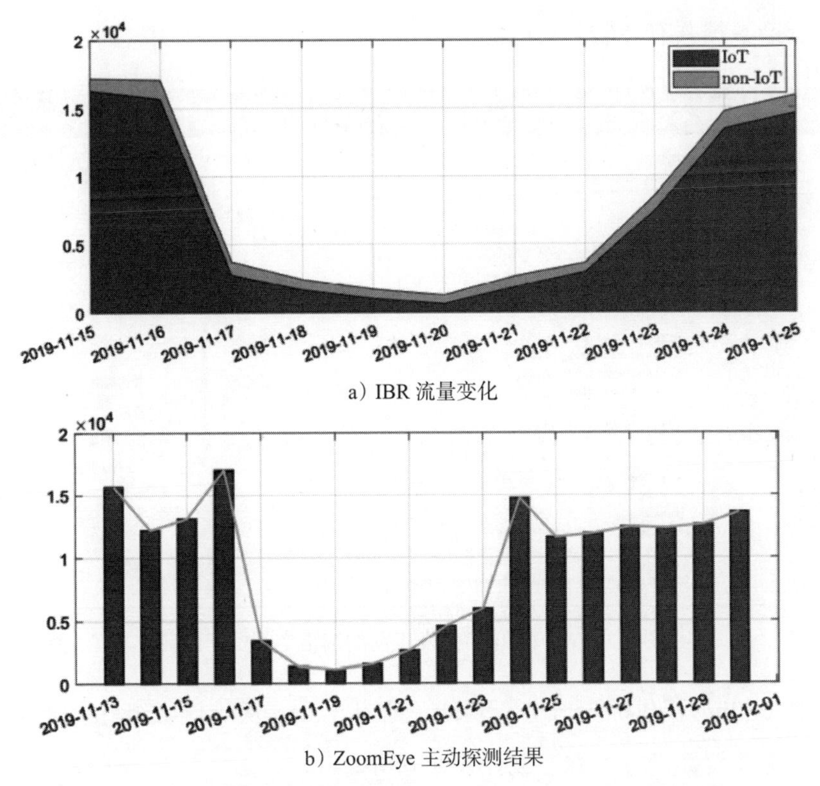

a）IBR 流量变化

b）ZoomEye 主动探测结果

图 8-1　Y 国断网期间 IBR 流量变化及 ZoomEye 主动探测结果

8.1　W 国被动断网事件监测

2019 年 3 月，W 国电力系统受到网络攻击而无法继续提供服务，导致全国出现大规模停电，交通、医疗、通信等基础设施几近瘫痪。

本节讲述如何利用 ZoomEye 进行国家级网络空间测绘，对 W 国的网络建设情况和停电事件给网络空间资产带来的影响进行监测和分析。

8.1.1　该国的网络空间资产情况

通过国家过滤器和时间过滤器构造搜索语句 country:"W 国 "+before:"2019-03-07" + after:"2016-01-01"，对 W 国的网络空间资产进行检索（见图 8-2），我们可以还原该国停电事件发生前的网络空间资产情况。从图 8-2 中可以看出，停电事件发生前 W 国网络空间资产数据共有 2 073 921 条。

图 8-2 W 国停电事件发生前的网络空间资产情况

通过 ZoomEye 提供的聚合分析功能（见图 8-3），从年份、组件、端口、服务等维度对这些资产数据进行多维度聚合统计分析。

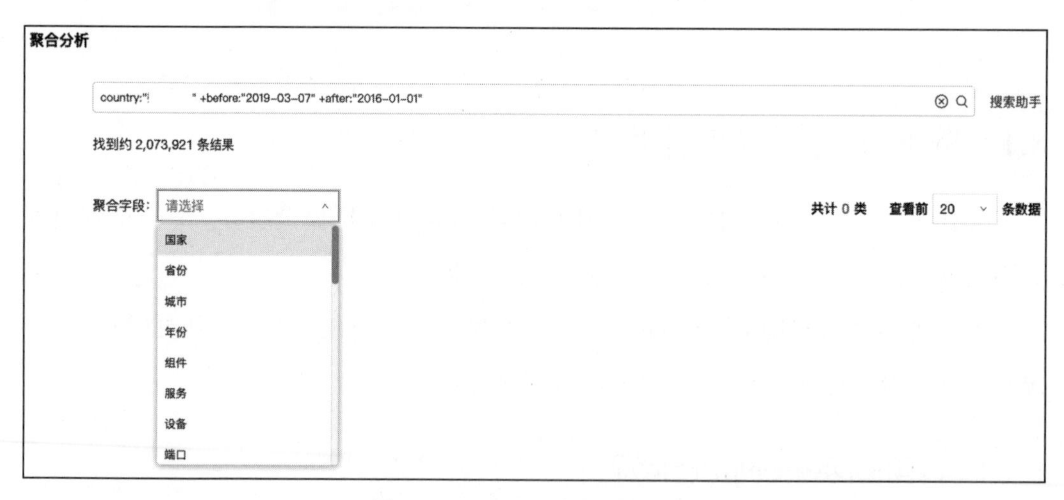

图 8-3 ZoomEye 聚合分析功能

近几年网络空间资产数据数量统计如图 8-4 所示。统计时间截止到 2019 年 3 月，基本上可以推断出从 2016 年开始，W 国的网络空间资产数据数量每年都在稳定增加，代表该国的互联网信息化建设在持续投入。

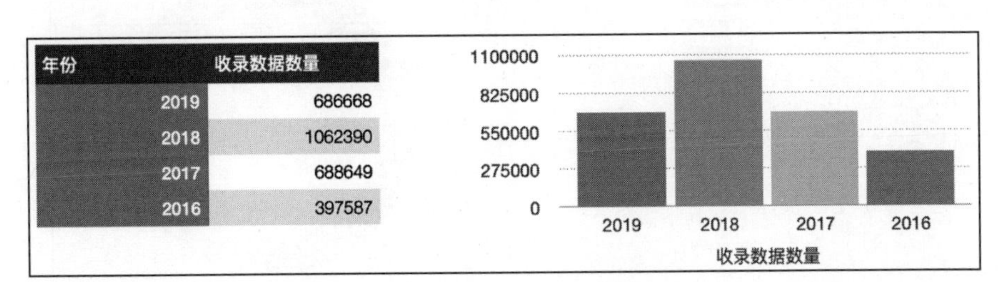

年份	收录数据数量
2019	686668
2018	1062390
2017	688649
2016	397587

图 8-4　网络空间资产数据数量统计

产品组件收录数量统计如图 8-5 所示。其中，“ZTE ZXV10 W300”家用路由器收录数量达到 306 794，约占总数的十分之一。这些路由器资产中开启了 Dropbear sshd 服务的数量高达 244 111，这也就意味着一旦该路由器被攻击，可能会导致 W 国家庭网络大范围瘫痪，存在很大的安全隐患。

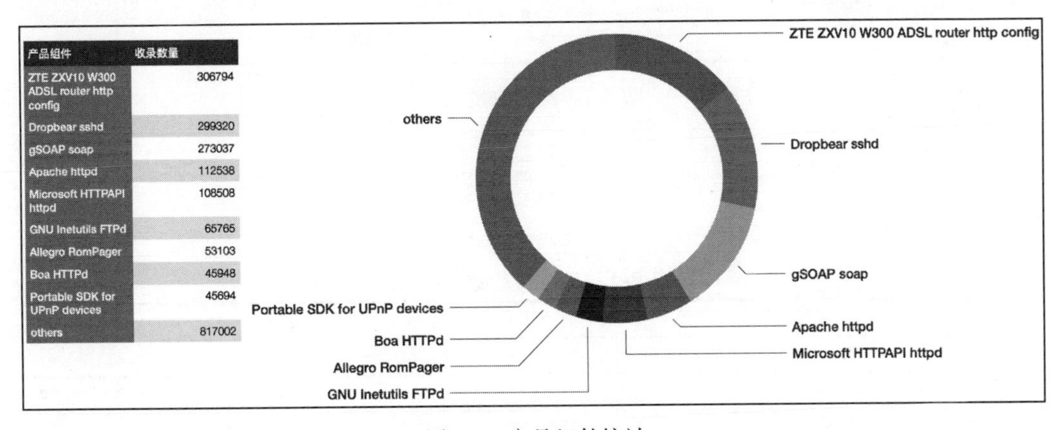

产品组件	收录数量
ZTE ZXV10 W300 ADSL router http config	306794
Dropbear sshd	299320
gSOAP soap	273037
Apache httpd	112538
Microsoft HTTPAPI httpd	108508
GNU Inetutils FTPd	65765
Allegro RomPager	53103
Boa HTTPd	45948
Portable SDK for UPnP devices	45694
others	817002

图 8-5　产品组件统计

开放端口数量统计如图 8-6 所示。开放比例较高的端口是 80、443 和 22，说明开放这些端口的网络空间资产主要提供 HTTP、HTTPS、远程连接和文件传输等服务。

网站数量统计如图 8-7 所示。政府和教育类网站数量占比 25%，邮件相关网站数量占比 12%，其他类型网站数量占比 62%。可见，该国互联网发展较为落后，政府和教育网站仍然是该国互联网应用的主要场景。

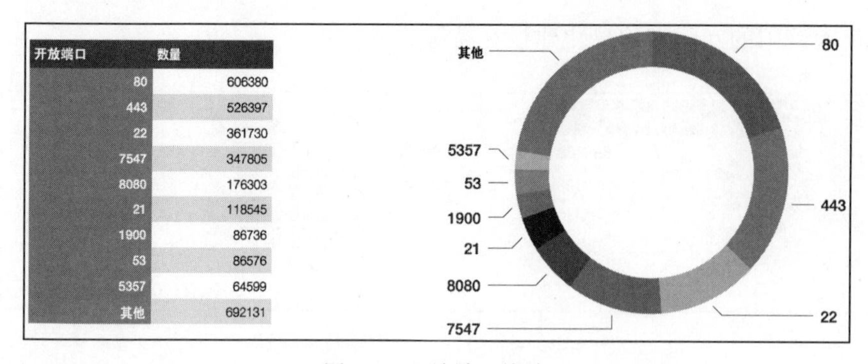

图 8-6 开放端口统计

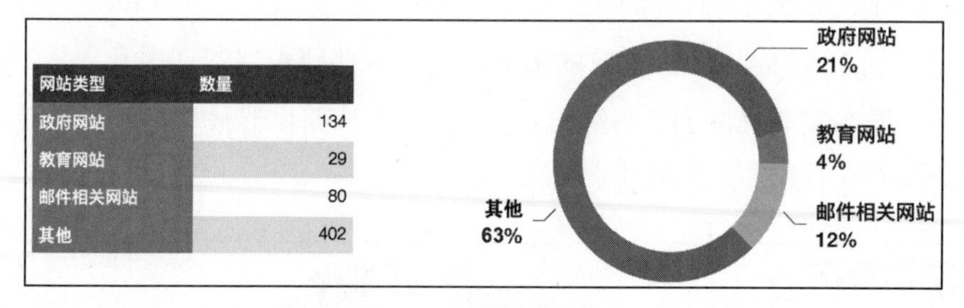

图 8-7 网站数量统计

工控资产数量统计如表 8-1 所示。根据 ZoomEye 的检索结果，该国有少量工控设备暴露在公网中。

表 8-1 工控资产数量统计

工控设备	数量
Siemens S7 PLC	1
Modbus	6
Crimson V3	1
Omron Fins	1

8.1.2 事件发生前后的网络空间资产变化情况

根据 ZoomEye 每日探测到的资产数量分析，W 国 2019 年 3 月份的网络空间资产数量有明显波动，如图 8-8 所示。

可以看到，资产数量在 3 月 7 日骤减，在 3 月 10 日达到最低点，在 3 月 11 日有所回升，到了 3 月 13 日基本恢复到正常水平。网络空间资产数量变化情况和此次停电事件发生的时间段基本吻合。从另一个层面可以说明，在 3 月 13 日，W 国的供电已经恢复正常，从停电到恢复正常这个过程用时近 6 天，从侧面反映出该国安全应急响应能力比较欠缺。对停电期间依然被探测到的网络空间资产进行分析，可以发现当时该国首都等重要城市和地区仍然存在部分能够联网的网络空间资产，见表 8-2。

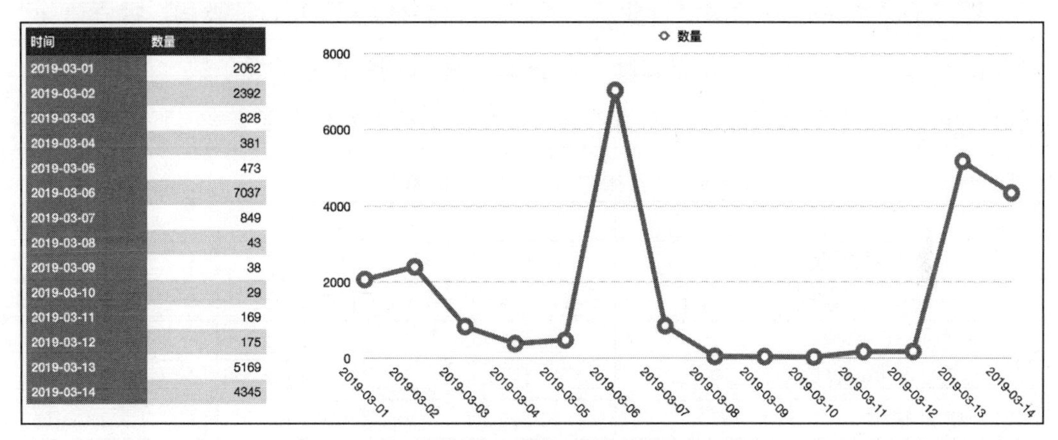

图 8-8　网络空间资产数量变化情况

表 8-2　资产分布情况

类型	城市（用 A、B、C 代替）	资产数量
首都	A 市	250
重要金融中心	B 市	66
重要海运港口	C 市	52

这些资产包括路由器、摄像头、Windows 系统等。由此推断，在全国大范围停电期间，该国首都等重要城市和地区仍然有基础的电力供应，有能力保证政府机关的正常运转。

综上所述，利用 ZoomEye 进行网络空间测绘，可以还原事件发展过程，暴露关键信息基础设施面临的安全问题，有助于后续科学、合理地开展和推动网络安全建设工作。

8.2　R 国和 U 国网络波动事件监测

2022 年，R 国和 U 国发生了一系列军事冲突，引发全世界的关注。除了炮火纷飞的热战之地，网络空间作为与海、陆、空、天等并列的“第五战场”，其博弈早在实战打响之前就开始了。双方可通过网络空间测绘数据来感知网络空间战场态势。

8.2.1 冲突双方的信息化建设水平

我们通过 ZoomEye 的国家过滤器、时间过滤器和设备类型过滤器构造搜索语句，对 R 国和 U 国的 IPv4 地址分配数量、截至 2022 年查询到的数据总条数、最近一年数据量、防火墙设备的数据量、加密设备的数据量等进行了对比，如表 8-3 所示。

表 8-3 R 国和 U 国网络空间资产对比

项目	R 国	U 国	对比比例
IPv4 地址分配数量	45 666 554	11 167 527	24.45%
截至 2022 年查询到的数据总条数	227 674 507	13 752 835	6.04%
最近一年数据量	86 092 756	5 159 342	5.99%
防火墙设备的数据量	66 668	9 196	13.79%
加密设备的数据量	11 492 509	1 979 155	17.22%

通过上述数据，我们可以判断 R 国的互联网信息化建设水平和安全防御能力远超 U 国。

8.2.2 U 国全境 IP 地址存活情况监测

通过 ZoomEye 检索到的存活 IP 数量约为 240 万。2022 年 1 月 27 日开始，利用 ZoomEye 对 U 国全境 IP 地址的存活情况进行每日监测。监测数据如图 8-9 所示。从图 8-9 中可看出，2022 年 2 月 24 日 16 时 51 分，存活 IP 数量急剧下降至 86%；4 个小时之后，存活 IP 数量反弹至 94%。2022 年 2 月 25 日至 3 月 7 日，存活 IP 数量整体保持下降趋势；截至 3 月 7 日，已经降至 78%。

基于 ZoomEye 测绘数据，我们可以得出如下结论。

1）U 国全境网络空间资产在 2 月 24 日急剧掉线，掉线比例达 14%，截至 3 月 7 日掉线比例为 22%。

2）网络空间资产急剧掉线的时间点（2 月 24 日），与 R 国宣布发起特别军事行动的时间点相吻合，一定程度上印证了实体战场和网络战场有时间对应关系，同时也反映了 R 国可能启用了闪电战战术快速精准打击目标，而 U 国可能采取了临时切断互联网的防御战术。

3）2 月 24 日 20 时 37 分，U 国全境网络空间资产在线存活数量有一次反弹，推测与 U 国临时切断互联网后重新恢复有关，也可能是对受损网络空间资产进行了抢修。2 月 25 日至 3 月 7 日，U 国全境资产数据呈持续下降趋势，但是相比 2 月 24 日数据下降波动幅度较小，这说明战局进入僵持阶段。

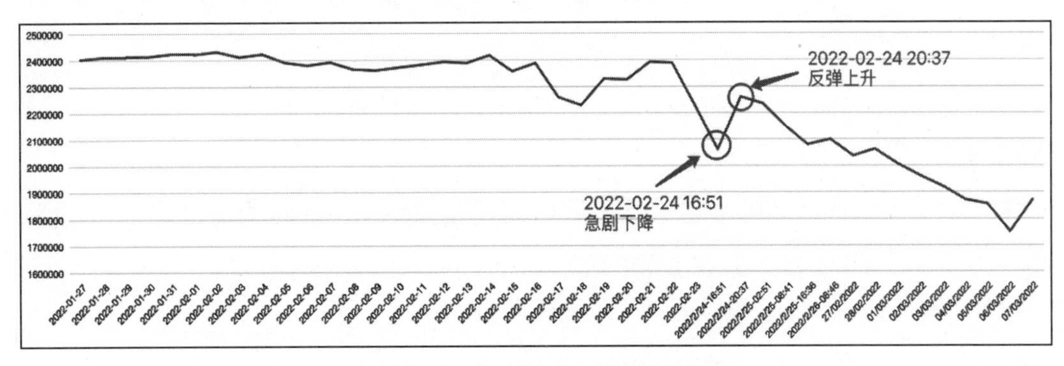

图 8-9　U 国全境 IP 地址存活情况监测

8.2.3　U 国关键信息基础设施 IP 地址存活情况监测

在网络战中，关键信息基础设施必然是网络攻击的重点。通过 ZoomEye 对 U 国关键信息基础设施（见图 8-10）和非关键信息基础设施（见图 8-11）进行统计分析，我们可知，2022 年 2 月 24 日 16 时 51 分，U 国的关键信息基础设施在数小时内掉线比例达到 57.81%，非关键信息基础设施的掉线比例为 7.52%。2022 年 2 月 24 日 20 时 37 分，U 国网络设备反弹上线的 199 298 个 IP 地址中有 109 个属于关键信息基础设施，199 189 个属于非关键信息基础设施。关键信息基础设施的反弹比例为 5.82%，非关键信息基础设施的反弹比例为 8.94%。

截至 2022 年 3 月 7 日，U 国的关键信息基础设施掉线比例为 66.00%，非关键信息基础设施掉线比例为 16.07%。

掉线关键信息基础设施所属行业分布如图 8-12 所示。掉线关键信息基础设施数量最多的 3 个行业分别是金融、政府、能源。

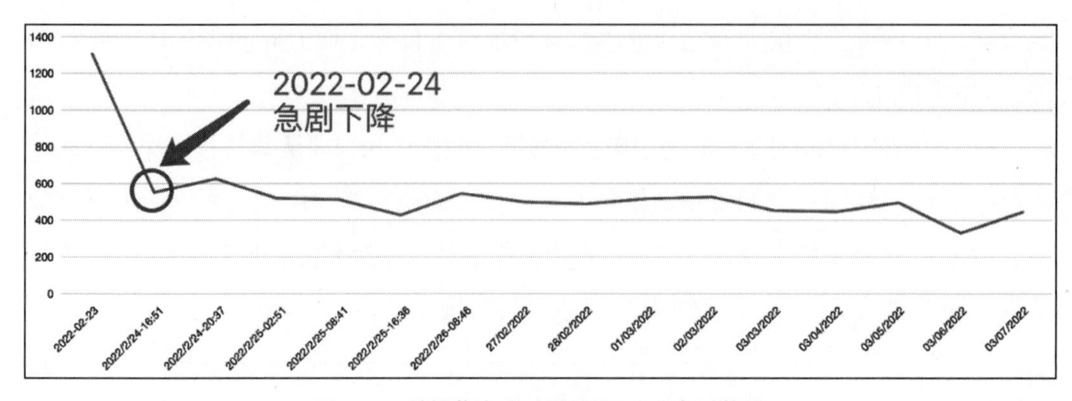

图 8-10 关键信息基础设施 IP 地址存活数量

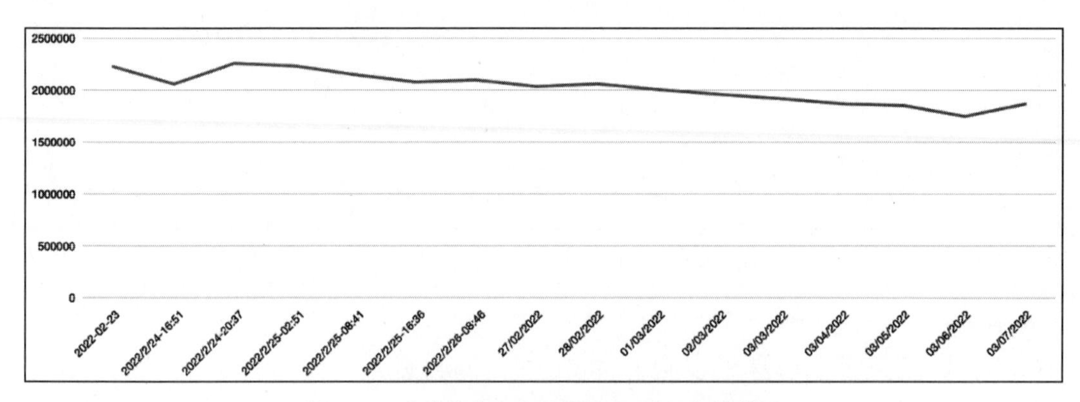

图 8-11 非关键信息基础设施 IP 地址存活数量

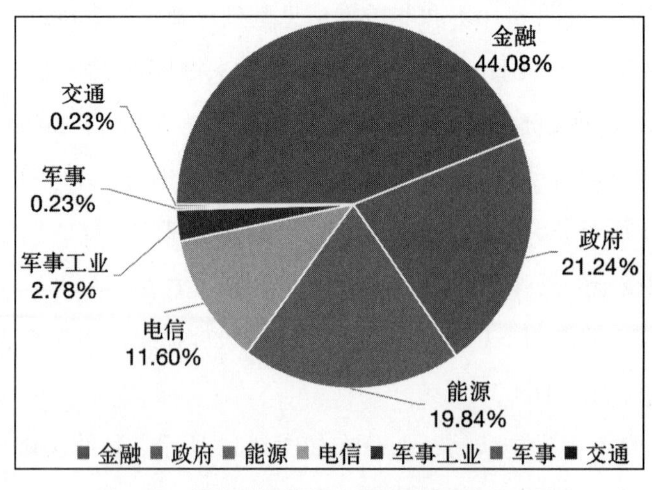

图 8-12 掉线关键信息基础设施所属行业分布

基于 ZoomEye 测绘数据，我们得出如下结论。

1）从关键信息基础设施和非关键信息基础设施维度来看，2 月 24 日网络空间资产急剧掉线，关键信息基础设施掉线比例为 57.81%，非关键信息基础设施掉线比例为 7.52%；截至 3 月 7 日，关键信息基础设施掉线比例为 66.00%，非关键信息基础设施掉线比例为 16.07%。相比较而言，关键信息基础设施的掉线比例远远高于非关键信息基础设施，这与 R 国重点打击 U 国军事等关键信息基础设施的作战战略强相关。

2）U 国关键信息基础设施掉线比例较高的所属行业为金融、政府、能源，与媒体报道中 R 国针对 U 国的政府和银行网站开展大量 DDoS 攻击相呼应。

3）从 2 月 24 日到 3 月 7 日非关键信息基础设施的掉线比例有了明显增加，说明战争给 U 国民众生活带来很大影响。

8.2.4　U 国持续存活 IP 地址监测

利用 ZoomEye 的历史数据查询接口统计 U 国近 3 年持续存活 IP 地址，结果为 43 491。此处持续存活 IP 地址的定义是：该 IP 地址所属设备处于持续提供服务的状态，并且对应的硬件设备和软件系统没有发生变化。因此，持续存活 IP 地址是相对重要且提供关键服务的 IP 地址。

2022 年 1 月 27 日开始，利用 ZoomEye 对这 43 491 个地址的存活状态进行每日监测，监测数据如图 8-13 所示。从图 8-13 中可看出，在 2022 年 2 月 23 日之前持续存活 IP 数量变化不大，保持在一个相对平稳的状态；从 2022 年 2 月 24 日开始，持续存活 IP 数量急剧下降；从 2 月 25 日至 3 月 7 日，持续存活 IP 数量依旧保持下降趋势。

U 国持续存活 IP 地址数量显著下降的时间点为 2 月 24 日，与 R 国宣布发起特别军事行动的时间点相吻合，一定程度上印证了实体战场和网络战场有时间对应关系。

利用 ZoomEye 对国家级网络空间资产进行周期性监测，基于动态测绘理念，结合多维度信息进行统计分析，对网络空间态势感知、发展趋势预测、积极防御策略制定等有明显的效果。

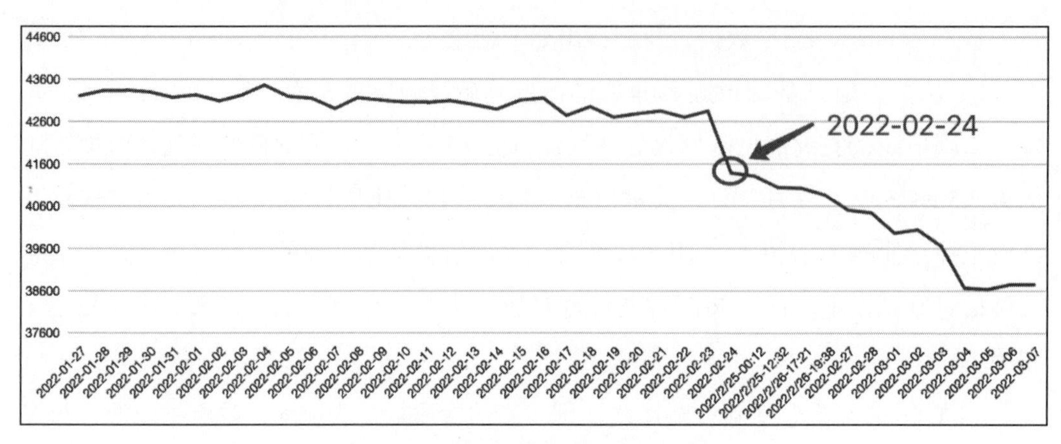

图 8-13 U 国持续存活 IP 地址监测

8.3 实践收益

通过 ZoomEye 进行国家层面的网络空间测绘，我们可以获得如下收益。

1）为国家层面的信息化发展策略提供决策依据：可以获得国家整体信息化建设的现实状况和发展趋势，可以观察到金融、交通、医疗、通信等各行业的信息化程度，为国家层面的信息化发展策略制定提供依据。

2）对国家级关键信息基础设施的安全防范提供支撑：可以获得国家级关键信息基础设施的分布情况、网络空间资产情况、威胁情报信息、漏洞信息等，为安全防范工作提供有力支撑，有效提高国家安全应急能力。

3）提升国家级网络空间信息系统能力：可以准确发现和判断安全事件对国家网络空间的影响，提供制定积极防御策略依据；能提升国家级网络空间信息系统的全方位、全天候网络空间态势感知能力，实时精准评估战场态势能力，提升网络空间安全防御能力。

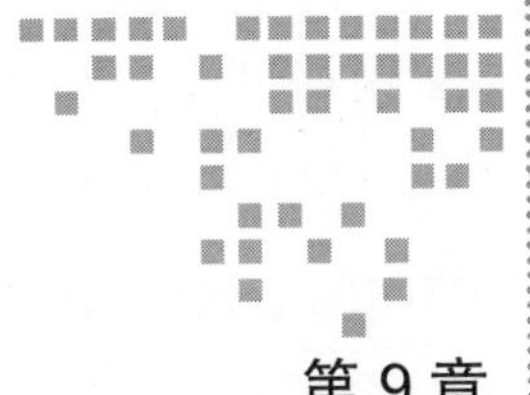

第 9 章 Chapter 9

从监管视角看网络空间测绘

互联网监管单位负责统筹协调各个领域的网络安全和信息化重大问题，研究和制定网络安全和信息化发展战略、宏观规划和重大政策，推动国家网络安全和信息化法治建设。

目前，网络空间资产的管理方案远未像理想中那么成熟，特别是在云、物联网、移动互联网迅速发展的时代背景下，网络空间资产数量剧增、类型更加丰富，网络空间资产脆弱性暴露的形势也更加严峻。“知己”比“知彼”显得更加关键，无论暴露在公网的资产还是网络边界上未纳入管理的“黑资产”，都将大幅增加网络空间安全防护的难度。网络空间资源种类繁多且涉及范围广，加上网络基础设施、云平台、工业控制系统、物联网等细分领域越来越多，给监管带来了极大的困难和挑战。

ZoomEye 能够帮助监管单位将网络空间中的各种资产与社会空间中的组织实体形成对应，解决资产的归属关系；将网络空间中的各种资产与地理空间中的位置信息形成对应，解决资产的定位问题；将网络空间中零散无序的资产有效地组织起来，将对网络空间资产的管理转向对资产所属单位、资产所属地理区域的管理；在网络中有新爆发的漏洞时能够利用资产信息快速比对、确认，向监管单位提供漏洞影响范围和受影响网络空间资产类型的信息。

随着时间的积累，监管单位还能够实现对网络空间安全状况做出量化评价，如某个对象风险处置周期较长，某个产品出现风险次数较多，某类产品应用易受到攻击等，从而建立起网络空间安全评价体系与评价指数，以更好地实现对网络空间安全的监管，为网络空间治理打下坚实基础。

9.1 辖区内网络空间资产暴露面梳理

ZoomEye 通过持续不断地对网络空间进行监测，结合完善的知识库对网络空间资产进行立体画像，以更好地帮助监管单位对辖区内的网络空间资产暴露面进行梳理，具体分为如下几个步骤。

（1）网络空间资产梳理

按照监管范围在 ZoomEye 上进行检索，比如通过 Subdivisions 或者 City 过滤器，对省级或者市级资产进行检索，然后在查询结果页面选择“统计报告”，可以获取监管辖区内网络空间资产的总体情况，包括端口、服务、应用组件、分布区域等维度的聚合统计。如图 9-1 所示，通过搜索语句 subdivisions:" 江苏 " 统计江苏省网络空间资产数据。

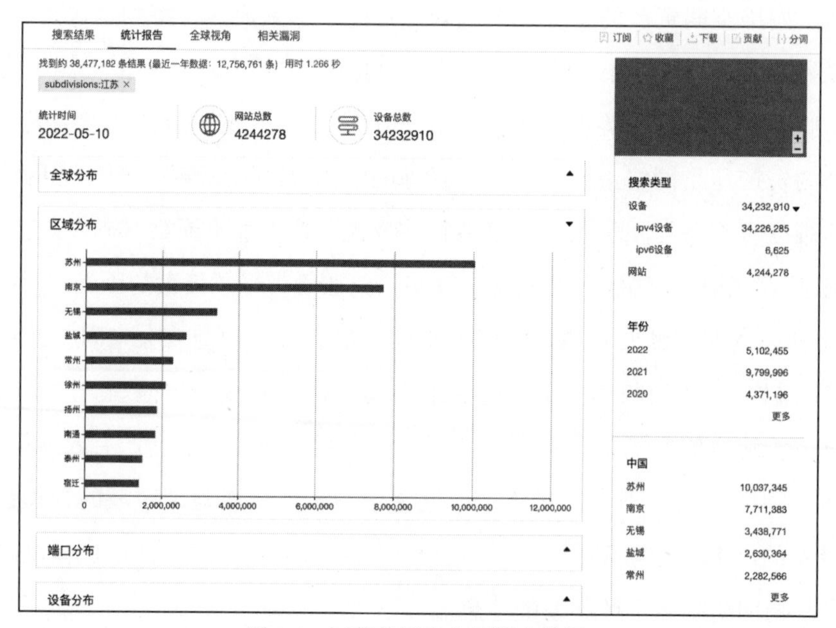

图 9-1 江苏省网络空间资产数据

可以在查询结果页面选择某一条网络空间资产，单击该资产查看资产的基本信息（见图 9-2），通过地理位置信息定位资产位置，通过组织和使用者信息确定资产归属。

218　　10

基本信息　组件详情

IP 地址	218　　0
城市	常州
省 / 州	江苏
国家	中国
坐标	31.766211, 119.94722
高精位置	点击获取 ⑦
组织	CHINA UNICOM Industrial Internet Backbone
网络服务提供商	ChinaUnicom
自治系统编号	AS9929
数据来源	知道创宇安全大脑
IP标签	Malware, GAC

图 9-2　资产的基本信息

除了提供基本信息外，ZoomEye 还提供威胁情报、域名、相关漏洞等多维度信息（见图 9-3），方便监管单位全方位地了解网络空间资产情况。

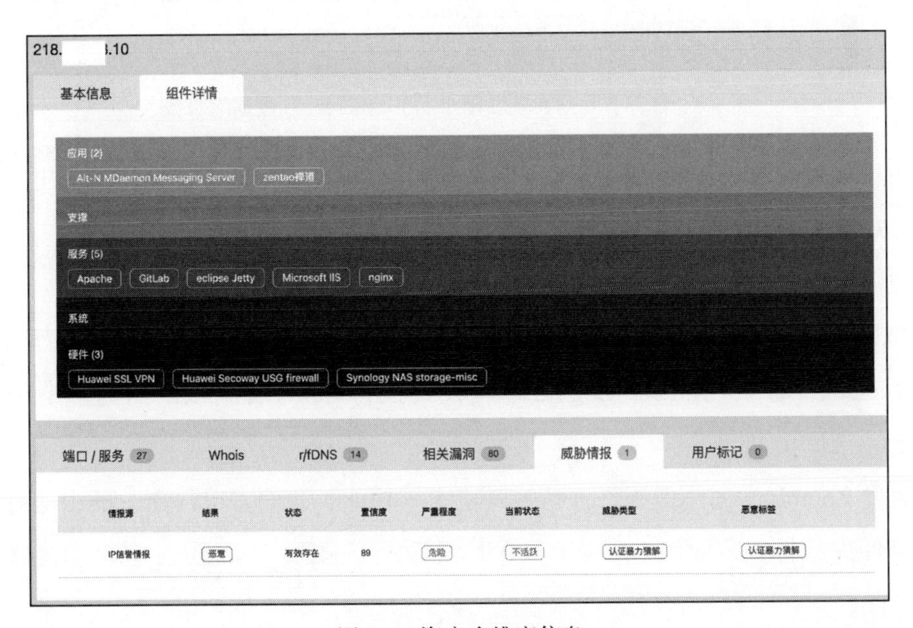

图 9-3　资产多维度信息

（2）互联网风险暴露面排查

可以通过 ZoomEye 对监管范围内的某类高危资产进行检索，及时发现风险并进行整改。比如通过给 Subdivisions 或者 City 过滤器加上 App 过滤器，对省级或者市级未授权数据库资产进行检索，对可能存在的互联网风险暴露面进行排查，收集资产开放的远程访问端口、数据库服务端口等信息。如图 9-4 所示，通过搜索语句 subdivisions: 江苏 +app:"Elasticsearch REST API" 搜索江苏省暴露在互联网中的 Elasticsearch 数据库服务。

图 9-4 江苏省暴露在互联网中的 Elasticsearch 数据库服务

还可以通过单击“相关漏洞”来获取该网络空间资产的可疑漏洞、历史漏洞等信息（见图 9-5）。

（3）评估监管范围内网络空间资产的受影响面

2021 年 12 月 10 日爆发的核弹级 Apache Log4j2 远程代码执行漏洞还历历在目。登录 SeeBug，检索 "Apache Log4j2 远程代码执行 "，可看到该漏洞的影响组件是 log4j2（见图 9-6）。

通过 ZoomEye 的热搜词、自动关联检索等功能，我们可以快速、准确地对受影响的组件进行排查。如图 9-7 所示，在首页输入 log4j2，ZoomEye 会自动关联受影响的组件。

搜索结果　统计报告　全球视角　相关漏洞

相关漏洞数据由 SeeBug 支持提供，仅供参考　　漏洞搜索

http

99364	2021-10-08	高危	Apache HTTPd 多个路径穿越与命令执行漏洞（CVE-2021-41773 CVE-2021-42013）...
97900	2019-04-10	高危	CVE-2019-0211 Apache Root Privilege Escalation
97633	2018-10-30	高危	ACME Mini_httpd组件任意文件读取漏洞(CVE-2018-18778)
96556	2017-09-20	高危	Apps industrial OT over Server: Anti-Web Local File Incl...
96555	2017-09-20	高危	Apps industrial OT over Server: Anti-Web Remote Command ...

elasticsearch

99324	2021-07-30	中危	Elasticsearch ECE 7.13.3信息泄露漏洞（CVE-2021-22146）
99242	2021-05-13	中危	Open Distro for Elasticsearch SSRF漏洞（CVE-2021-31828）
97730	2018-12-18	高危	Elasticsearch Kibana Console本地文件包含漏洞 (CVE-2018-17246)
89268	2015-08-31	高危	ElasticSearch < 1.4.5 / < 1.5.2 - Path Transversal
89064	2015-03-10	高危	ElasticSearch Groovy 脚本 远程代码执行漏洞

图 9-5　相关漏洞信息

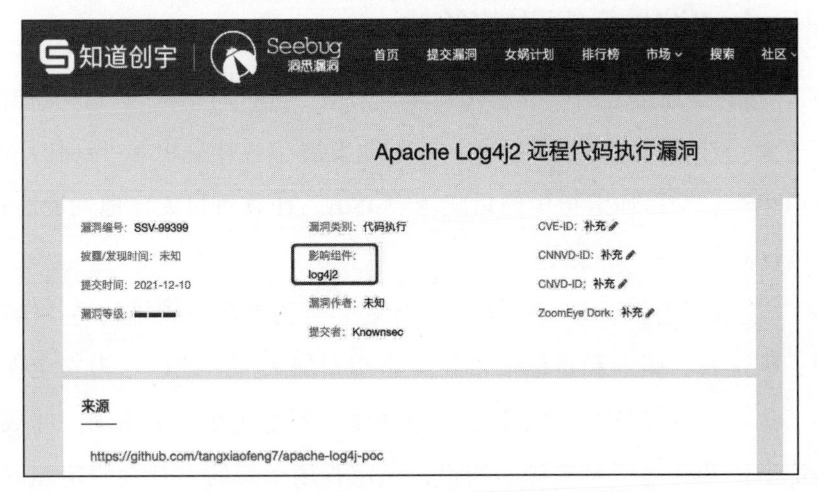

图 9-6　Apache Log4j2 远程代码执行漏洞

可以选择其中一个组件进行查询，分析其数据量和分布情况，并及时升级 log4j2 的修复补丁，避免漏洞隐患。

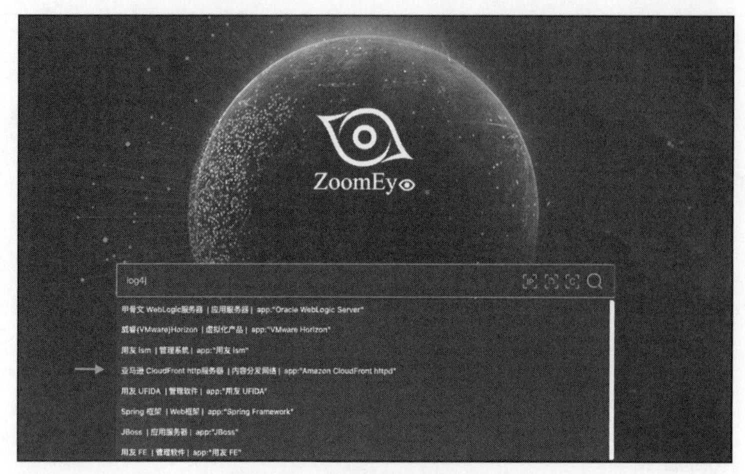

图 9-7 自动关联 log4j 组件

通过 ZoomEye 发现威胁和风险，我们可提前制定防控策略，采取有效的安全措施，在安全防护上做到“量体裁衣”。基于动态测绘理念，通过对网络空间资产特征进行提取并与漏洞库关联，ZoomEye 可更有针对性地进行漏洞情报收集，更有力地支持网络空间资产治理的相关决策。

9.2 辖区内“挖矿”行为整治

“挖矿”指的是通过专用矿机强大的算力来生产虚拟货币的过程，其能源消耗和碳排放量很大，对国民经济贡献度低，对产业发展、科技进步等带动作用有限，加之虚拟货币生产、交易环节衍生的风险越发突出，任其盲目无序地发展对社会经济和节能减排政策会带来不利影响。

“挖矿”带来的危害巨大。一方面，“挖矿”行为能耗和碳排放高，给我国实现能耗双控、碳达峰、碳中和目标带来较大影响，加大部分地区电力安全保供压力；另一方面，比特币炒作扰乱我国正常金融秩序，催生违法犯罪活动，并成为洗钱、逃税、恐怖融资和跨境资金转移的通道，一定程度上威胁了社会稳定和国家安全。可见，整治“挖矿”行为对促进我国产业结构优化、推动节能减排、实现碳达峰和碳中和目标具有重要意义。ZoomEye 通过对主流挖矿木马的行为分析，形成包括挖矿木马使用、通信、回连的常用端口清单，结合网络空间测绘搜索引擎的探测能力，快速发现存在“挖矿”行为的网络空间资产信息，同时与平台接入的“挖矿”资产威胁情报数据关联，快速识别和精准定位管辖区域内的“挖矿”资产。

可以通过 ZoomEye 的专题页面（见图 9-8），选择“区块链专题”来快速检索常见的区块链协议、矿机等网络空间资产。

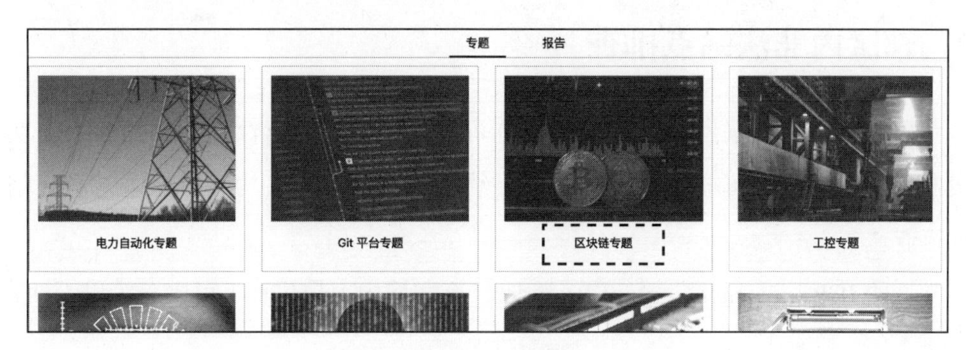

图 9-8　页面专题

通过专题中提供的 Dork 语句，并配合使用 Subdivisions 或者 City 等区域过滤器进行相关资产筛查，如通过搜索语句 app:"Ethereum" +subdivisions: 江苏，可以对江苏省内通过 Ethereum RPC 进行通信的矿机、钱包等资产进行筛查，并进行取证和处理（见图 9-9）。

图 9-9　江苏省内通过 Ethereum RPC 服务的资产情况

通过 ZoomEye 对基于挖矿主机或控制端的指纹特征进行资产识别，监管单位能够快速发现存在“挖矿”行为的资产，及时了解辖区内“挖矿”资产分布情况及潜在安全风险，提前做好整治工作计划。

9.3 辖区内非法站点排查

我国对经营性互联网信息服务实行许可制度，对非经营性互联网信息服务实行备案制度。未取得许可或者未履行备案手续的单位或者个人均不得从事互联网信息服务行业。

常见的 ICP（Internet Content Provider，互联网内容提供商）可以分为以下两种。

（1）ICP 备案

ICP 备案也叫域名备案或网站备案。在我国境内提供非经营性互联网信息服务的网站应当依法履行备案手续。

（2）ICP 经营许可证

ICP 经营许可证也叫经营性 ICP 或 ICP 证。我国对提供互联网信息服务的经营性 ICP 实行许可证制度。经营性 ICP 主要是指利用网上广告、代制做网页、出租服务器内存空间、主机托管、有偿提供特定信息内容、电子商务及其他网上应用服务等方式获得收入的 ICP。提供经营性互联网信息服务的网站必须办理 ICP 证，否则就属于非法经营。因此，办理 ICP 证是网站合法经营的必要条件。

监管单位可以通过 ZoomEye 查询辖区内的网站资产，并结合 ICP 备案库，及时发现非法运营的网站，通过高精度 IP 定位功能，获取网站的组织、使用者和地理位置信息并及时处置。

如图 9-10 所示，通过搜索语句 city: 苏州 +site:* 检索苏州市内提供互联网内容服务的网站资产。

以“潇湘书院”的域名 xxsy.net 为例，在 ICP 备案库中进行匹配，可以看到该域名拥有合法的 ICP 备案信息（见图 9-11），具备对外提供服务的资质。

反之，如果发现某个域名没有 ICP 备案和 ICP 证信息，但是该网站依然对外提供服务，则该网站很可能是非法经营。

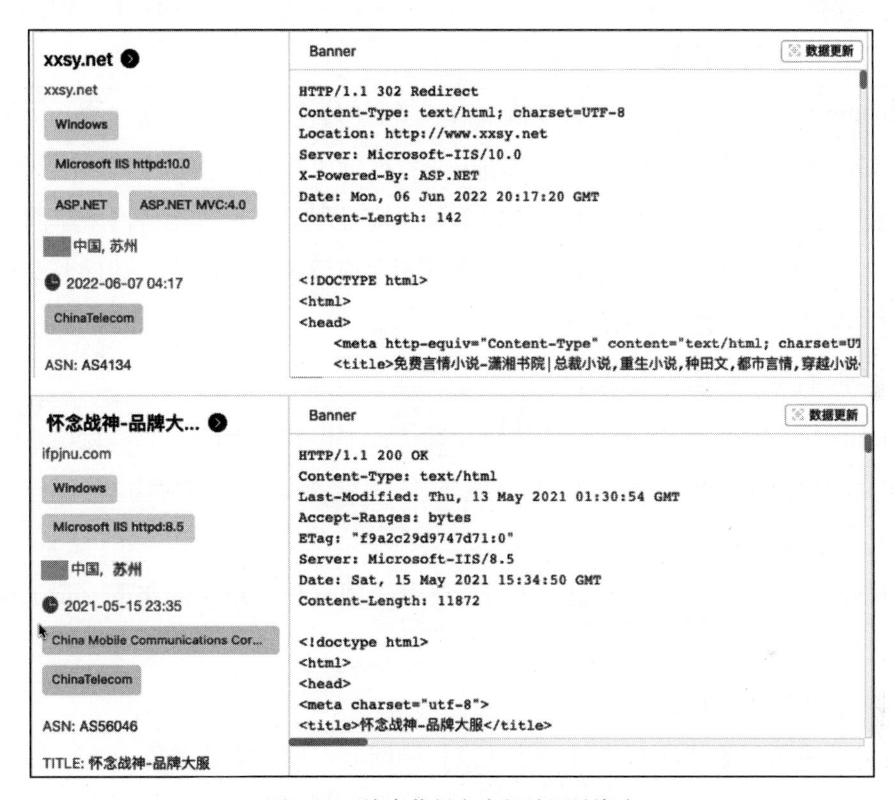

图 9-10　检索苏州市内相关网站资产

域名 xxsy.net　证书编号 请输入证书编号　注册地址 请输入注册地址　所在区域 请选择所在区域

主体名称 请输入主体名称　网站备案名称 请输入网站备案名称　法人名称 请输入法人名称　主体类型 请选择主体类型

清空　搜索　展开

结果数据 约找到 1 条结果 用时 0.07 秒　资产导入　导出　API

域名	证书编号	注册地址	所在区域	主体名称	网站备案名称	法人名称	主体类型	主体备案号	网站备案号	备案通过时间	认证类型
xxsy.net	913205(303E	江苏省苏州市工业园区东环路1500	苏州市-市辖区	苏州 科技有限公司	潇湘书院		企业	苏ICP备16(	苏ICP备1 }-1	2016/12/14	营业执照

图 9-11　合法的 ICP 备案信息

由此可见，通过 ZoomEye 的网络空间资产数据和 ICP 信息，监管单位可以快速地对辖区内的网站资产进行合法筛查，以便进一步治理和整顿非法网站。

9.4 实践收益

通过 ZoomEye 进行监管辖区内网络空间测绘，监管单位可以获得如下收益。

（1）网络空间资产梳理

ZoomEye 可以帮助监管单位对辖区内网络空间资产进行筛选并分类，解决资产类型、业务属性问题；通过将网络空间中的各种资产与社会空间中的组织实体形成对应，解决资产的归属问题，帮助监管单位明确管理对象；通过将网络空间中的各种资产与地理空间进行对应，解决资产分布和地理位置信息问题，帮助监管单位统一管理、有效组织、明确范围。

（2）漏洞应急响应能力提升

对于网络中新出现的漏洞快速比对、确认，定位存在威胁风险的资产，明确漏洞影响面和影响程度并准确通知到资产所属者，提升漏洞应急响应能力。

（3）安全评估能力提升

对辖区内网络空间安全状况做出量化评估，根据评估结果制定下一步工作，不断自主改进安全措施。

（4）非法行为整顿能力提升

对如“挖矿”等非法网络行为特征进行判断，对网站资产是否有 ICP 信息进行核实等，对辖区内网络空间资产快速筛查，并根据结果进一步进行整顿和监测，提升辖区内网络空间治理水平。

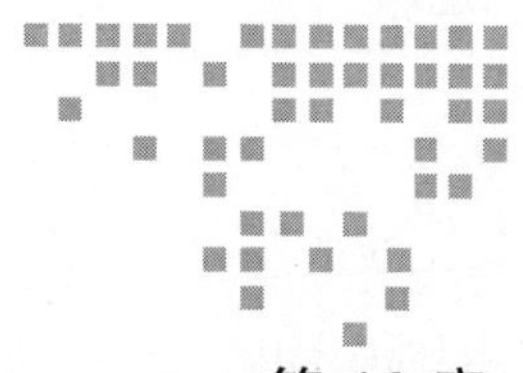

第 10 章 Chapter 10

从蓝队视角看网络空间测绘

网络安全实战攻防演习是新形势下关键信息系统网络安全保护工作的重要组成部分。演习通常是以实际运行的信息系统为保护目标，通过有监督的攻防对抗，最大限度地模拟真实的网络攻击，以此来检验信息系统的实际安全性和运维保障的实际有效性。

从多年来的演习过程来看，从互联网侧发起的直接攻击非常普遍且十分有效。而系统的外层防护一旦被突破，横向移动、跨域攻击往往都比较容易实现。如何更好地参与网络安全实战攻防演习，如何更好地借助实战攻防演习提升自身安全能力，这已经成为大型政企机构运营者关心的重要问题。

蓝队一般是以参演单位现有的网络安全防护体系为基础，在实战攻防演习期间组建的防守队伍。蓝队的主要工作包括演习前期安全检查、整改与加固，期间进行网络安全监测、预警、分析、验证、处置，后期复盘总结现有防护工作中的不足之处，为后续常态化的网络安全防护措施优化提供依据。

孙子兵法有云："知己知彼，百战不殆。"在网络安全攻防实战演习开始之前，充分了解自身安全状况是蓝队在备战阶段不可或缺的一步，而通过 ZoomEye 对防护企业进行网络空间资产梳理、安全加固、全面监测则是至关重要的。

10.1 资产梳理

随着企业业务不断增多，越来越多的设备、系统暴露在互联网上，再加上管理不规范、安全意识淡薄等原因，私搭乱建、缺少安全防护的网络空间资产不在少数，还有很多未使用却仍占用系统资源的暗资产，例如：陈旧的 Web 服务或数据库、公司开放的测试环境、个人临时使用却未清退的资产等。这些资产成为红队攻击的首要目标。所以，蓝队在备战阶段有必要进行资产梳理，协助企业“摸清家底”，以便在攻防实战演习期间能够有效应对，提前做好防护。但网络空间资产数量多、种类繁杂、缺少完整的对账单，最高效的手段就是利用网络空间测绘搜索引擎进行网络空间资产梳理和核实，并对这些资产进行相应的防护。

在 ZoomEye 中对客户提供的企业名称或者 SSL 证书颁发者进行检索，例如：输入搜索语句 title:" 工商银行 " ssl:icbc，可以快速地对暴露在互联网中的工商银行的网络空间资产进行筛查，获得资产的数量、服务、类型、系统名称和分布情况；示例如图 10-1 所示。

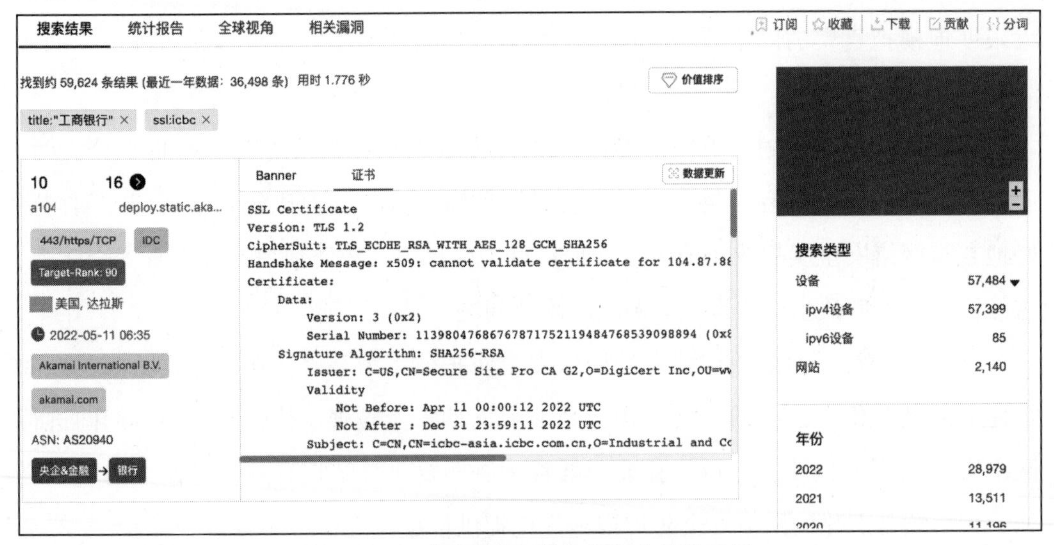

图 10-1 工商银行的网络空间资产结果示例

也可以通过客户提供的 Icon、关键字信息等进一步扩大搜索范围，避免遗漏相关资产。比如将工商银行的 Icon 拖拽到 Icon 过滤器中（见图 10-2），ZoomEye 会自动生成 Hash 值并在海量数据中进行关联查找。

图 10-2 通过 Icon 检索相关资产

还可以通过 ZoomEye 提供的域名 /IP 关联查询功能，对企业域名进行关联查询，得到更多的暗资产和可疑资产信息，比如查询 icbc.com 的关联域名（见图 10-3），可以发现 2 582 条结果。

域名/IP关联查询

.com

关联域名 子域名

baidu.com google.com youtube.com twitter.com 8.8.8.8 52.2.254.36/24 52.2.254.36/16 52.2.254.36/8

searchResult 共 2,582 条 API 导出

	序号	关联域名	时间
>	1	ag.icbc22.com	2022-05-10
>	2	live.rtc.icbc.com.cn	2022-05-05
>	3	nlive.rtc.icbc.com.cn	2022-05-05
>	4	hlspull.rtc.icbc.com.cn	2022-05-05

图 10-3 通过域名 /IP 关联查询功能查找相关域名资产

对企业域名进行关联子域名爆破，得到更多的下级资产信息，比如查询 icbc.

com 的子域名（见图 10-4），可以发现 178 条结果。通过域名 /IP 关联查询和子域名爆破这两个步骤，我们可以进一步发现需要防护的资产，避免被攻击者找到突破口。

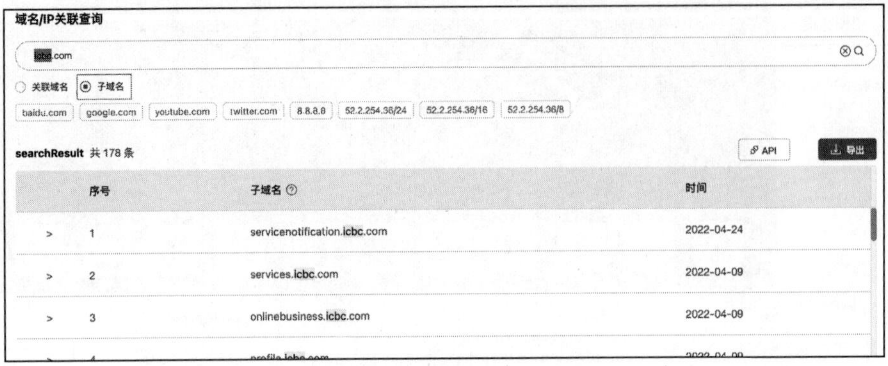

图 10-4 关联子域名爆破

企业对外提供的服务是攻击者攻击的突破口。对外服务包括但不限于对外服务网站、微博、公众号、邮件服务系统、API 等。蓝队可通过 ZoomEye 针对对外服务资产进行有效清点，实现对现有的 Web 服务进行有效分类，明确主机系统类型、版本、功能、域名、IP 地址、开放端口号、开发框架、中间件、相关漏洞、地理位置、组织名称、使用者等信息，以便管理和维护。比如查询工商银行某子域名，获取其详细资产信息（见图 10-5）。

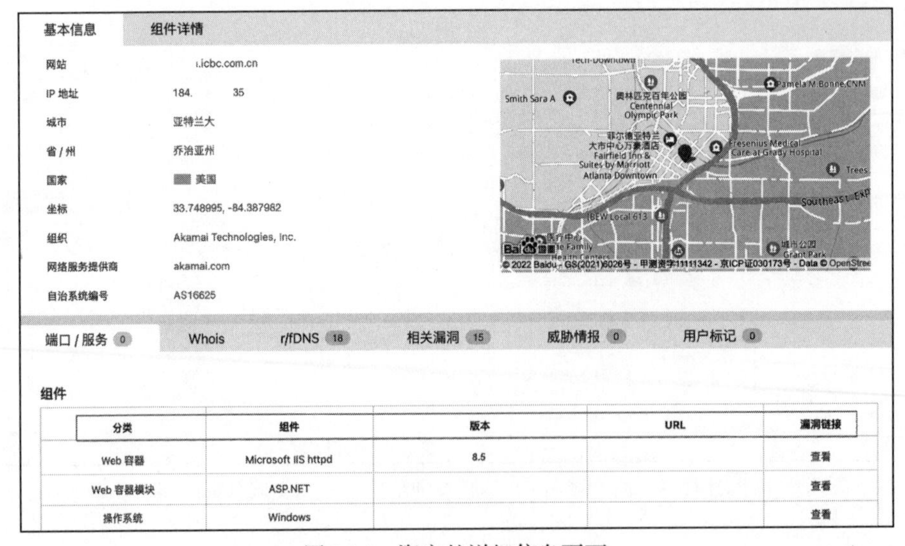

图 10-5 资产的详细信息页面

10.2　安全加固

对梳理出来的网络空间资产要及时进行安全加固。常用的安全加固手段有：给业务系统增加黑白名单，限制访问时段，将默认端口改成非默认端口，对服务增加认证机制，将弱口令修改为强口令，关停或隐藏暴露于公网的后台登录界面、运营管理界面、设备管理界面等。另外，我们可通过 ZoomEye 对资产及其组件名称、版本号进行精确检索，查询可能存在的漏洞，并及时进行补丁升级、修复、关停等操作。

比如使用 ZoomEye 的 SSL 过滤器和 App 过滤器，检索企业中某个具体组件信息情况。如图 10-6 所示，查询归属于工商银行、使用了 OpenSSL 组件的网络空间资产。

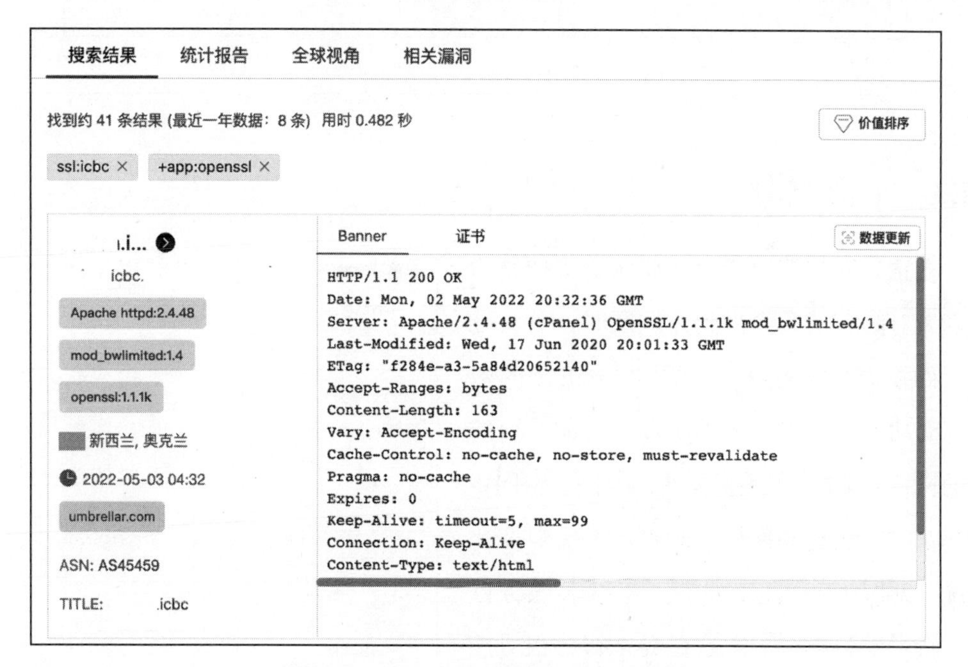

图 10-6　企业中某个具体组件信息查询

通过搜索结果页面中的“相关漏洞”（见图 10-7）或者资产详情页面中的“相关漏洞”，获取该组件可能存在的漏洞信息，以便及时进行排查和修复。

利用网络空间测绘搜索引擎进行资产漏洞风险排查，及时发现安全隐患和薄弱环节，确认补丁升级情况，可以有效降低实战过程中被红队攻破的可能性，让蓝队在攻防竞赛中处于主动地位，做到未雨绸缪。

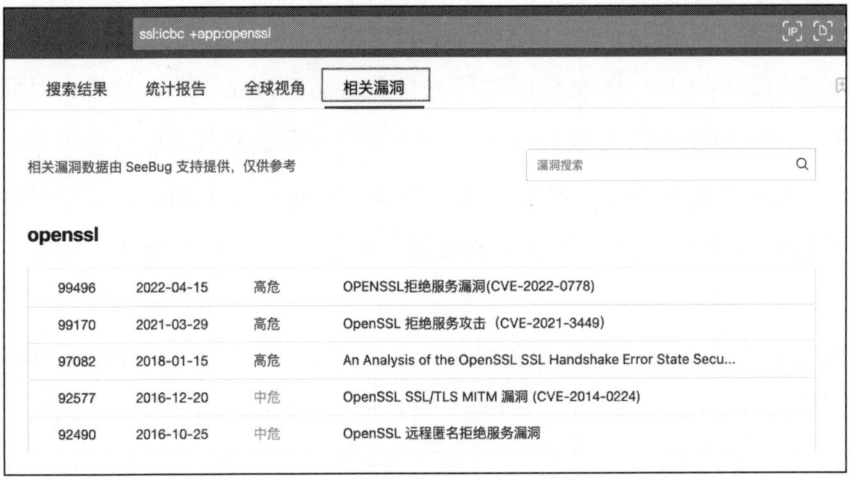

图 10-7 OpenSSL 的相关漏洞查询

10.3 全面监测

在正式对抗演习阶段，蓝队需集中精力和资源对防护的资产做到监测及时、分析准确、处置高效。蓝队可利用 ZoomEye 的数据订阅功能，对资产梳理阶段整理的需要防护的网络空间资产进行全面监测（见图 10-8），及时发现这些网络空间资产的端口变化情况（见图 10-9），比如资产下线、服务停止、新增端口等行为。这些异常行为很可能是攻击者已经潜入网络并实施破坏行为导致的。但由于发现及时，蓝队完全可以从被动变为主动，对攻击者的行为实施取证、溯源和反制。

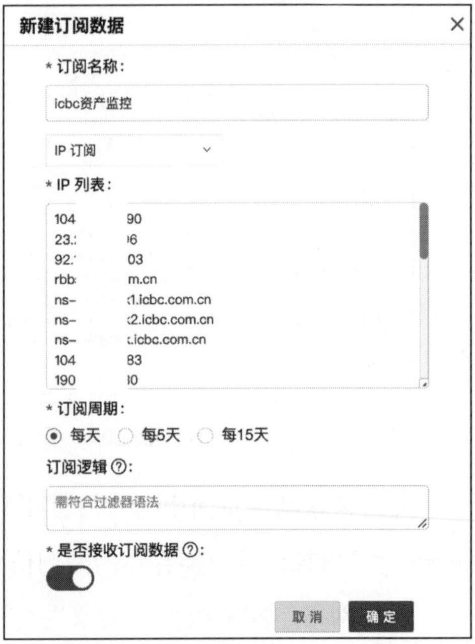

图 10-8 对防护资产全面监测

通过获取 ZoomEye 提供的网络空间资

产详情中的地理位置信息、组织信息、所有者信息，蓝队就可以及时准确地通报，并进行再次监测，对处置结果进行核实。

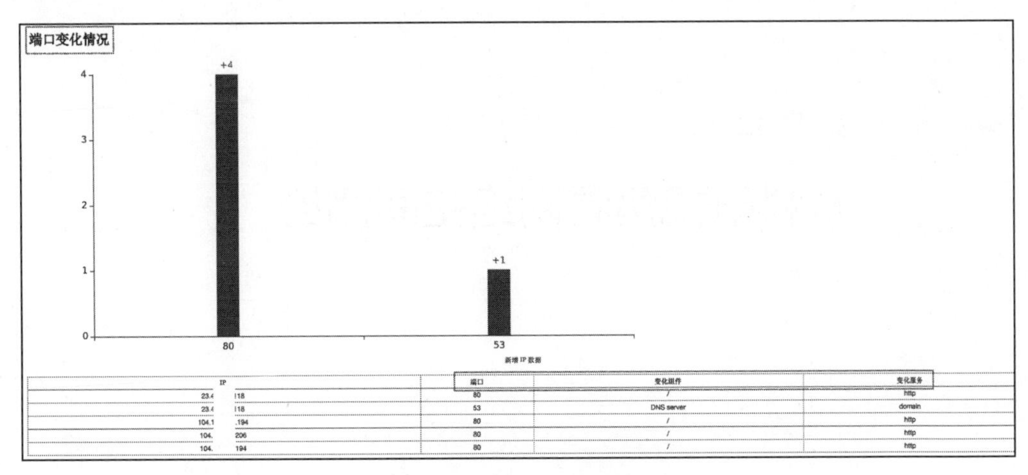

图 10-9　端口变化情况

10.4　实践收益

在网络安全实战攻防演习期间，蓝队可以通过 ZoomEye 进行资产梳理、安全加固、全面监测等操作，从而获得如下收益。

（1）保证实战效果

快速开展蓝队视角下的训练、评估和管控等业务，弥补薄弱环节，更好地保证实战效果。

（2）积极防守

通过不间断监测，持续预警、分析、验证、处置等操作，对网络空间资产进行梳理、暴露面排查、风险排查，重点对对外服务进行有效清点，实时查询存在的漏洞及受损信息，及时进行针对性地安全加固和防护。

（3）持续改进

演习后期和阶段性工作后，基于网络空间测绘数据科学地进行复盘，总结现有防护工作中的不足之处，为后续常态化的网络安全防护措施优化提供依据，构筑更有效的安全防御体系。

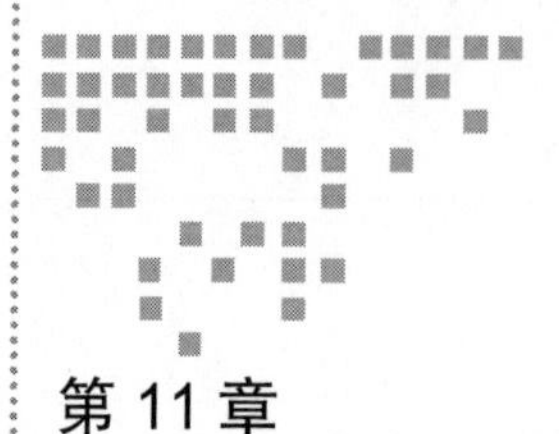

Chapter 11 第11章

从科研视角看网络空间测绘

利用网络空间测绘搜索引擎分析网络安全应急响应能力、互联网技术演进、新技术等研究工作，是一种绝佳手段。

11.1 全球漏洞修复能力监测

2014年4月7日，开源安全组件OpenSSL爆出重大漏洞（CVE-2014-0160），会造成敏感信息泄露。OpenSSL组件用于保障数据传输安全，被用于国家级重要信息系统和网络服务，因此该漏洞的影响面很广。受影响行业包括政府、电力、石油、通信、金融、科技等。该漏洞原理是OpenSSLHeartbeat模块存在一个Bug，攻击者可以构造一个特殊的数据包获得大小约64KB的服务器内存数据，而这段数据中可能包含用户的用户名、密码、密钥等敏感信息。因此，其获得一个名副其实的名字"心脏出血漏洞"。需要注意的是，下面介绍的案例中只展示ZoomEye发现泛目标的能力，而对于该漏洞的证明，需要使用网络空间测绘领域的漏洞证明（PoC）技术，这里就不过多阐述了。

11.1.1 漏洞爆发的当天

漏洞爆发第一天，通过 ZoomEye 对全球使用了 OpenSSL 组件的网络空间资产进行检索，发现网络空间范围内可能会受影响的网络空间资产数量为 2 433 550（见图 11-1）。

图 11-1 漏洞发生当天进行网络空间资产受影响面分析

通过分析发现，美国受漏洞影响的网络设备数量约占全球 34%，中国受漏洞影响的网络设备数量占比不足 1.5%。

（1）波及面最广

按照受漏洞影响的协议进行统计（见图 11-2），涉及常用的 HTTPS、IMAPS、SMTPS、POP3S 等，在受影响的网络空间资产中使用 HTTPS 的数量占比高达 68.5%。

按照受影响的国家进行统计（见图 11-3），涉及上百个国家，其中美国受到影响的网络空间资产最多，而相较互联网发达国家而言，中国受影响的网络空间资产较少。

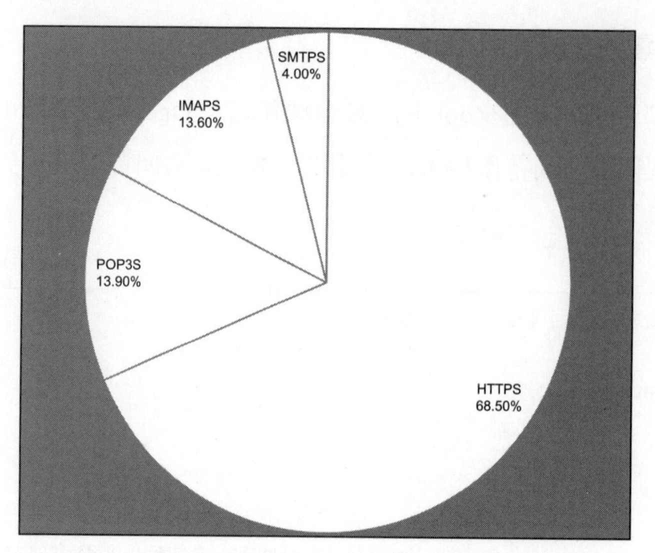

图 11-2 受漏洞影响的协议分布

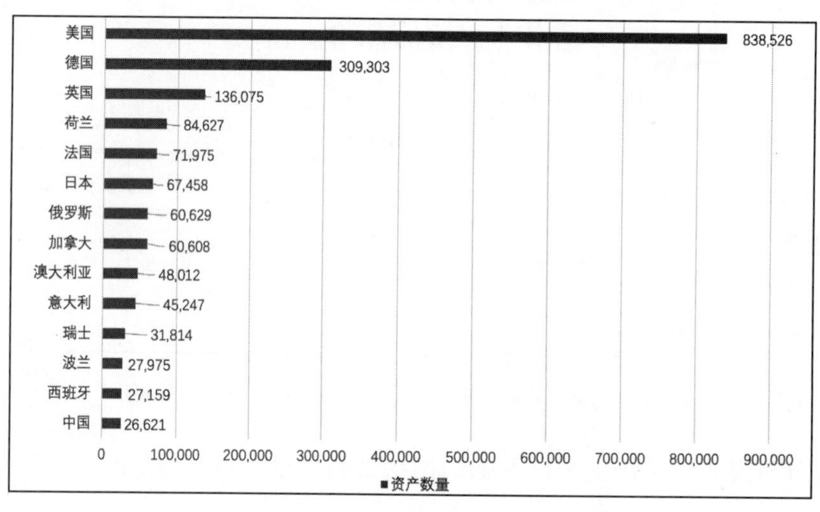

图 11-3 按照受影响的国家统计资产数量

（2）影响厂商最多

受影响的网络空间资产中，不乏 Facebook、Yahoo!、阿里巴巴、京东等国内外知名企业网站，同时大批网络设备诸如 Cisco 路由器、Juniper 防火墙、网御神州 VPN 网关等安全设备也纷纷“上榜”。

通过 ZoomEye 对各国受漏洞影响的网络空间资产持续监测，我们得到图 11-4 所示的数据变化趋势。从图 11-4 可以看出，漏洞爆发后的 3 天是修复的高峰期，是应急响应的黄金时段。

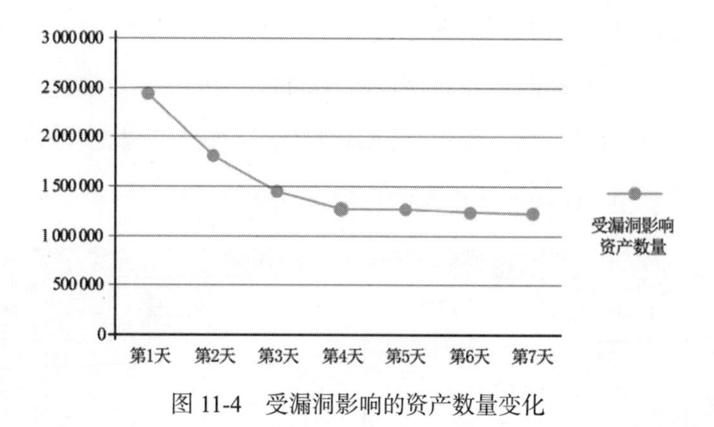

图 11-4　受漏洞影响的资产数量变化

通过对第 1 天和第 3 天受漏洞影响资产数量的对比，我们得到第 3 天几个国家对受漏洞影响资产的修复率（见图 11-5）。修复率是一个国家或地区对漏洞响应能力的重要表征之一，同时也是该漏洞威力的佐证。漏洞爆发后的第 3 天，全球平均修复率达到 40%，其中新加坡的修复率最高，反应最快。

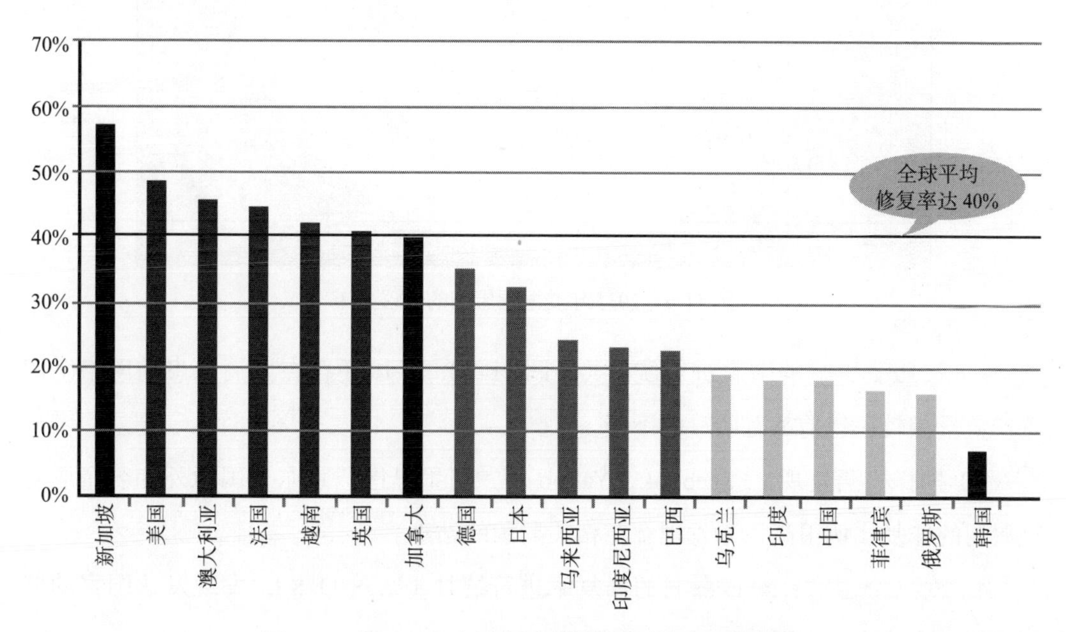

图 11-5　第 3 天几个国家对受漏洞影响资产的修复率

11.1.2 漏洞爆发后一年

在“心脏出血漏洞”爆发一年后，我们通过 ZoomEye 对全球网络空间资产进行了一次回归性普查分析，具体数据如下。

1）按照受到影响的 HTTPS、IMAPS、SMTPS、POP3S 协议进行全球范围内的网络空间资产探测和统计分析，发现受影响网络空间资产仅剩 377 221 个，修复率达到 85.4%。2015 年受漏洞影响的协议分布如图 11-6 所示。

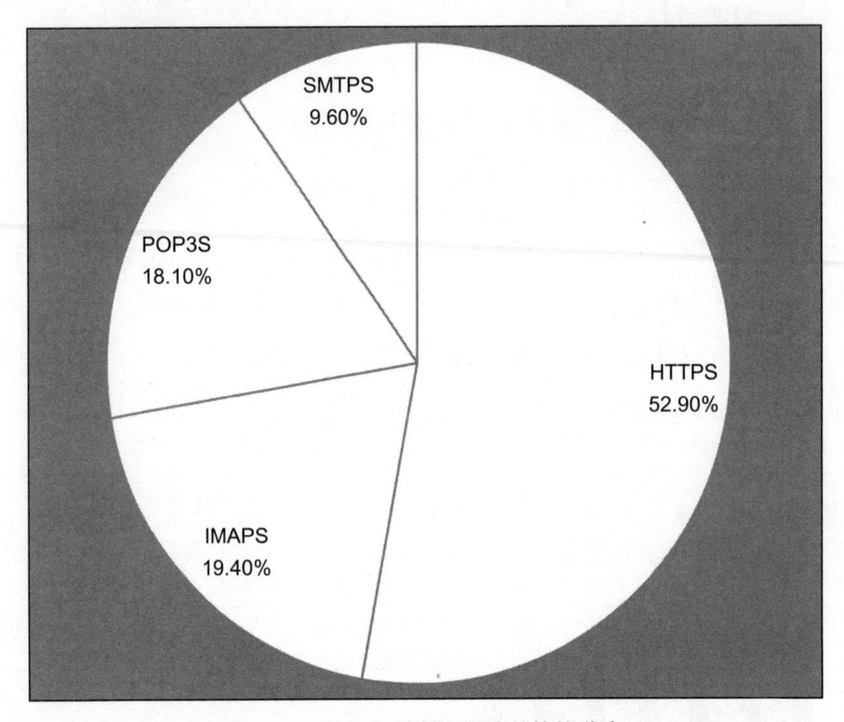

图 11-6 2015 年受漏洞影响的协议分布

2）按照受影响的国家进行统计（见图 11-7），各国还存在漏洞隐患的网络空间资产数量相较一年前都有明显的下降。

3）抽样检测发现，Facebook、Yahoo！、阿里巴巴、京东等国内外知名企业对该漏洞的修复比例很高，未发现存在相关漏洞的站点。

4）对几个国家针对该漏洞的修复率进行统计（见图 11-8），发现发达国家的修复率超过全球平均水平。

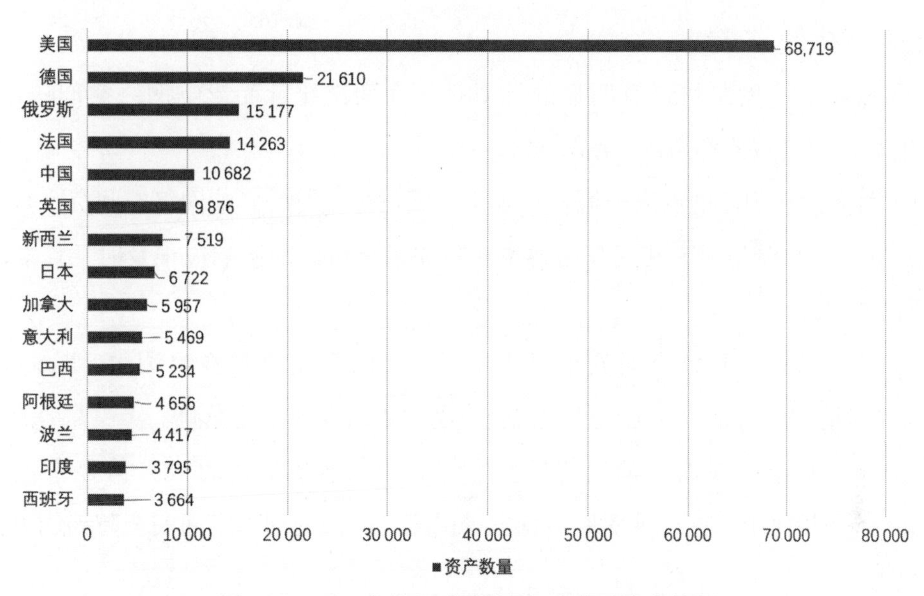

图 11-7　2015 年按照受影响的国家统计资产数量

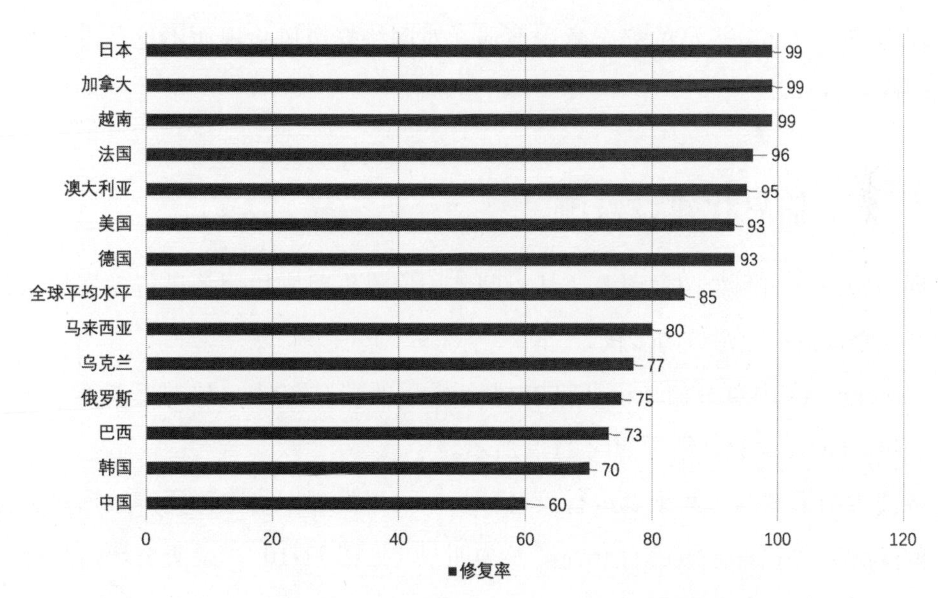

图 11-8　2015 年几个国家对“心脏出血漏洞”的修复率

经过一周年前后两组测绘数据的对比分析，我们可以得到如下结论。

1）对于该高危漏洞，全球修复率保持在较高水平。一年的时间，全球受影响网络空间资产数量下降到漏洞爆发时的 14.6%，但仍有较多网络空间资产漏洞并未得到及时修复，存在安全隐患。

2）该漏洞对网络协议有明显的针对性。在两次统计受影响网络空间资产中，HTTPS 协议资产占比都超过 50%。

3）西方发达国家的网络资源比较丰富，漏洞爆发时受影响网络空间资产数量远超发展中国家。但是因为其互联网技术比较先进，所以漏洞响应很及时，修复率高于发展中国家。

4）较大型站点运营者对安全更为重视。2015 年复查抽样检测中，Facebook、Yahoo！阿里巴巴、京东等国内外知名企业网站中未发现相关漏洞。

5）我国持续响应能力依然需要努力提高。虽然从最初的 18% 修复率上升到 59.9%，但是相比于韩国、俄罗斯、日本等国家，我国的网络空间安全防御能力依然令人担忧。

6）虽然已经留给网络空间资产运维工程师和网络安全工程师足够的漏洞修复时间，但是依然有部分人员的安全意识薄弱，对网络安全风险视而不见，没有及时进行漏洞修复。

11.2 全球信息化建设监测

利用网络空间测绘搜索引擎，从时间、国家维度对常用服务进行动态测绘，可以观察到全球信息化建设的步伐。

在 ZoomEye 中对 HTTP 和 HTTPS 服务常用的端口 80 和 443 进行检索（搜索语句为 port:80 port:443），结果如图 11-9 所示。

将搜索结果按照时间维度进行聚合分析，可以发现网络空间资产数据量为持续上升的变化趋势，近 4 年的上升幅度尤为明显（见图 11-10），说明全球信息化建设处于持续高速发展阶段。

对全球 2021 年的 HTTP 和 HTTPS 服务情况按照国家维度进行检索【搜索语句为 +after:2021-01-01 +before:2022-01-01 + (port:80 port:443) 】，结果如图 11-11 所示。

将搜索结果按照国家维度进行聚合分析（见图 11-12）。

图 11-9 对全球 HTTP 和 HTTPS 服务进行检索

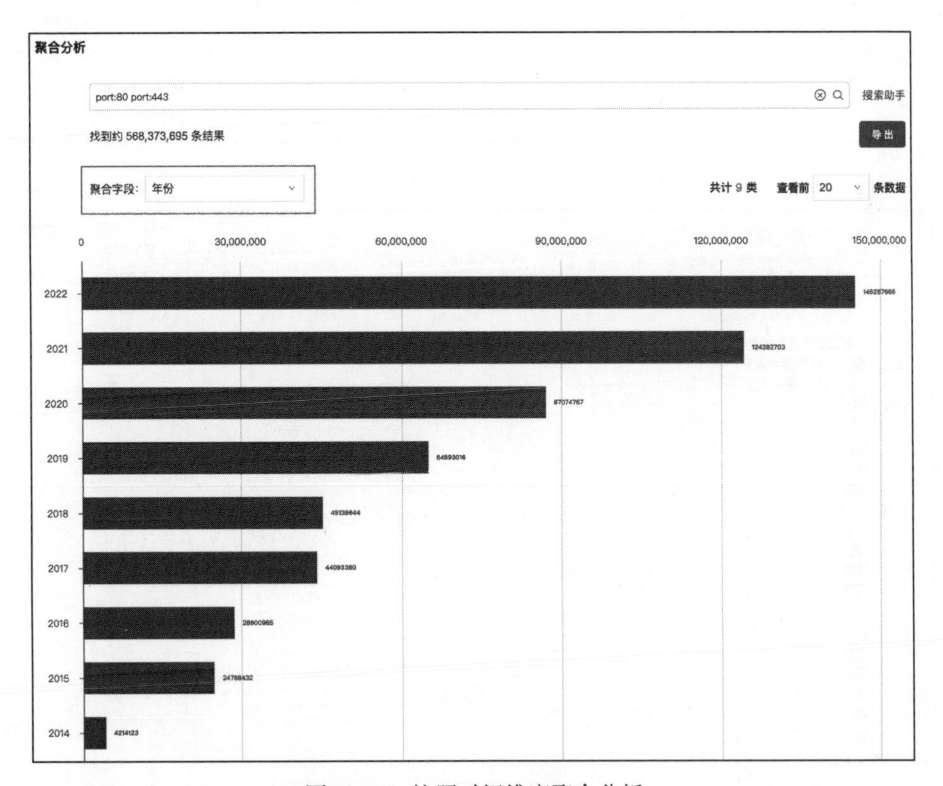

图 11-10 按照时间维度聚合分析

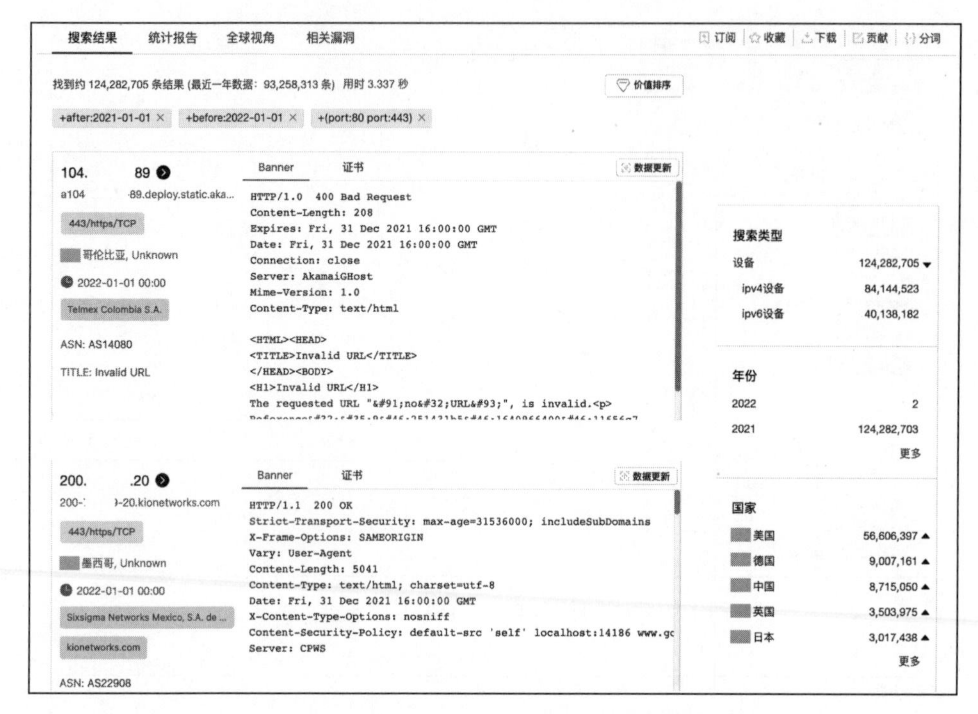

图 11-11 对全球 2021 年的 HTTP/HTTPS 服务情况按照国家维度进行检索

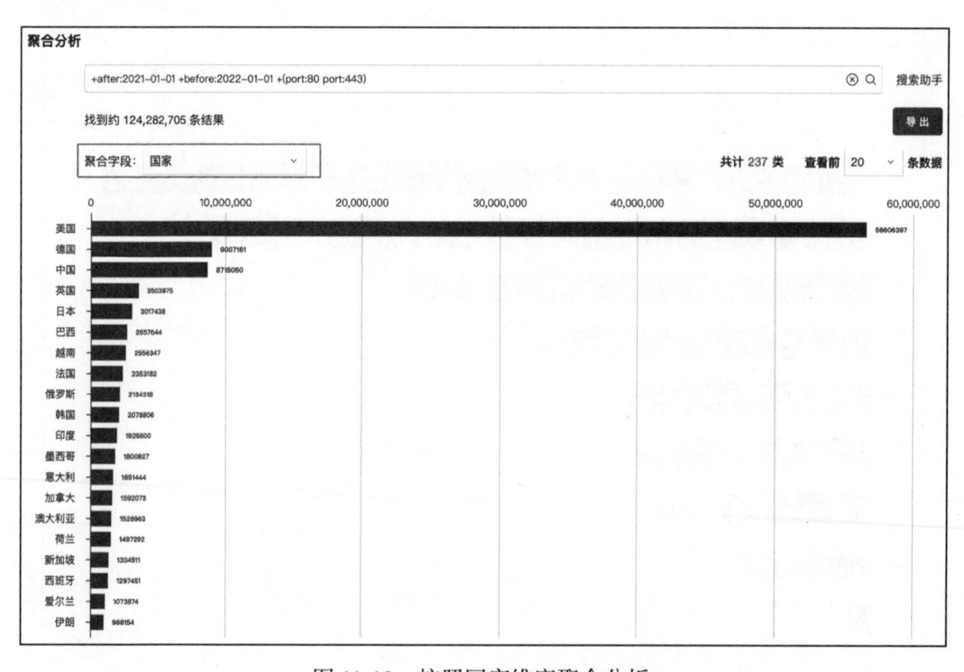

图 11-12 按照国家维度聚合分析

可以看到，2021年美国新增网络空间资产数据量高达5700万，约为排名第二的德国的6倍。由此可见，美国的信息化建设遥遥领先于其他国家，其次是德国、中国。网络空间测绘数据可以从侧面反映出大国除了在传统领域有优势外，在网络空间测绘领域依然能保持领先优势。

11.3 互联网技术进化监测

基于动态测绘理念，通过ZoomEye对全球网络空间资产使用HTTP版本、TLS版本的情况进行统计分析，对星链系统的发展情况进行观察，可以得到一些有意思的结论。

11.3.1 使用HTTP版本的情况

HTTP版本发展多年，已经有多个版本。目前，全球常用的是HTTP1.0和HTTP1.1版本。HTTP 1.0版本是1996年发布的，存在明文传输安全性差，Header长度过大等问题；HTTP 1.1版本是在1997年发布后一直在完善和优化中，增加了TLS安全传输层协议、支持Pipeline传输方式等特性。

通过ZoomEye对使用HTTP版本服务的网络空间资产进行测绘，可以观察到HTTP版本的发展趋势。

在ZoomEye中输入搜索语句"HTTP"+"1.0 200"，共找到183 618 993条结果（见图11-13）。

在ZoomEye中输入搜索语句"HTTP"+"1.1 200"，共找到753 802 012条结果（见图11-14），数量上远超使用HTTP 1.0版本的资产数量。

按照时间维度统计使用HTTP 1.0版本及HTTP 1.1版本的网络空间资产（见图11-15），我们可以发现使用HTTP 1.0版本的网络空间资产在2019年增长至峰值，随后开始下降；使用HTTP 1.1版本的网络空间资产始终处于持续稳定增长的趋势，在2021年资产量同比2020年增长345%，增长趋势尤为明显。

图11-5从侧面说明全球互联网技术在持续更新，也说明了人们对网络安全的关

注度越来越高。

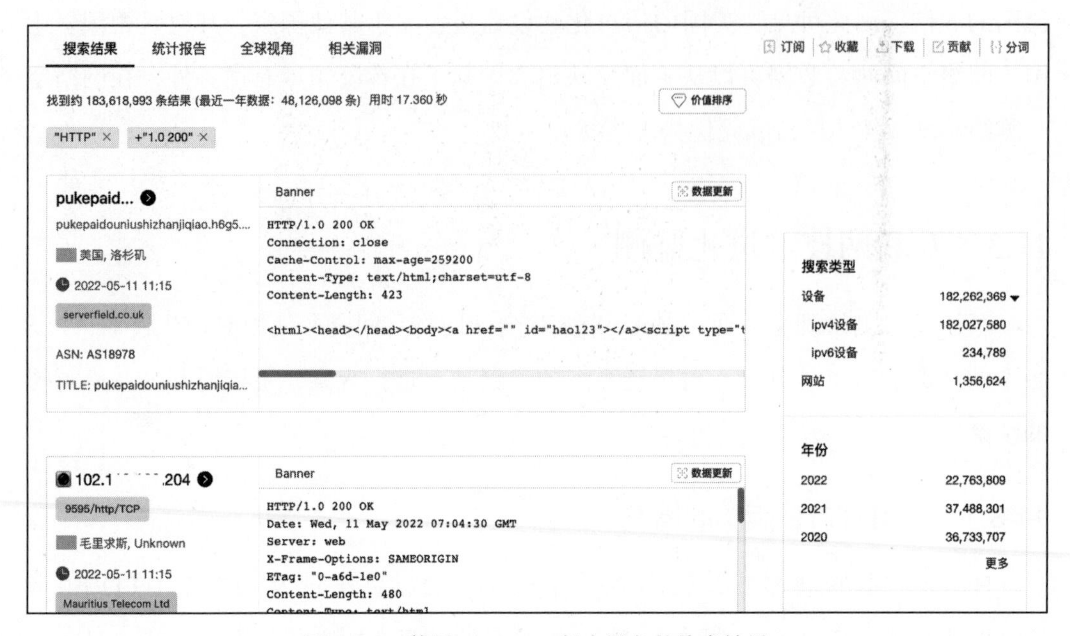

图 11-13 使用 HTTP 1.0 版本服务的检索结果

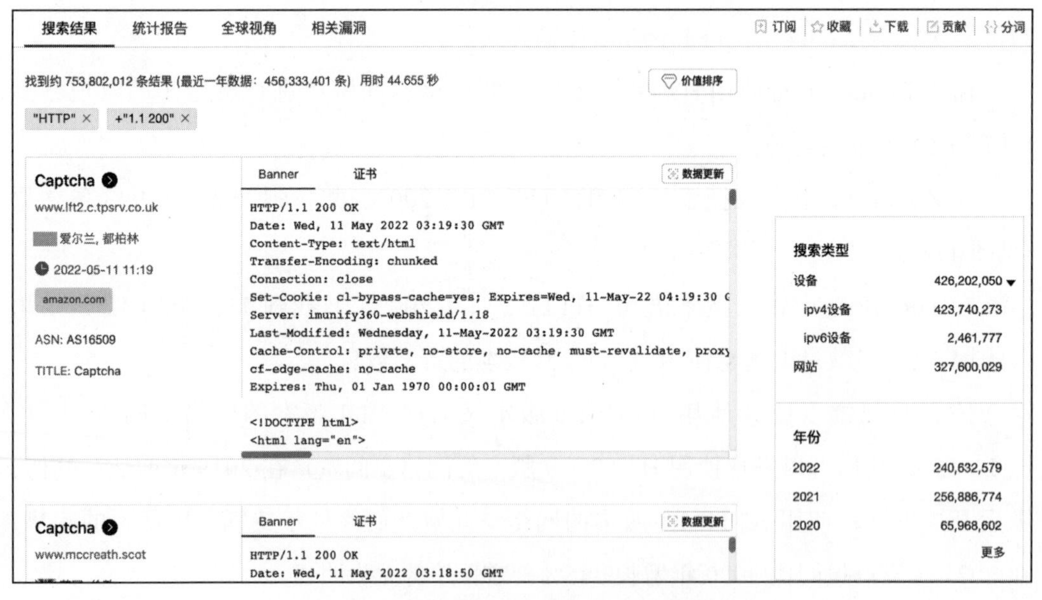

图 11-14 使用 HTTP 1.1 版本服务的检索结果

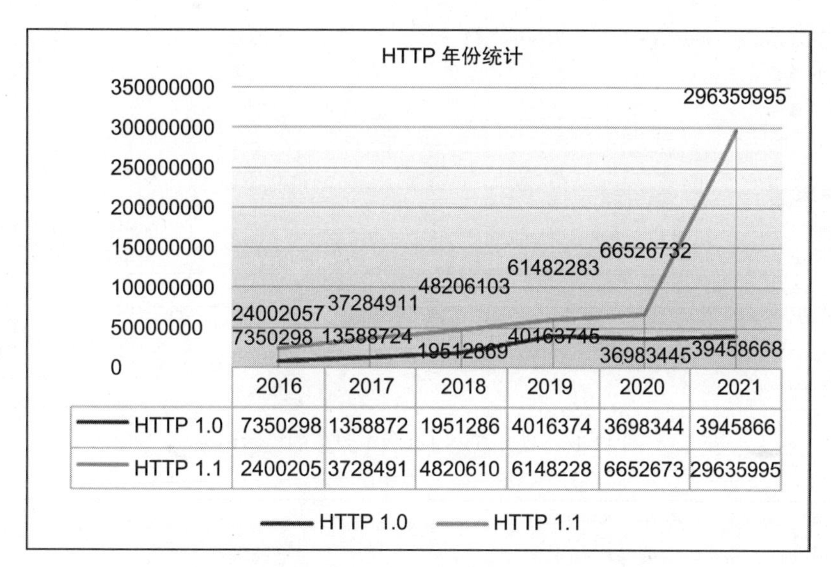

图 11-15 按照时间维度统计使用 HTTP 的资产变化情况

11.3.2 使用 TLS 版本的情况

TLS 是传输层安全协议，为互联网通信提供安全及数据完整性保障。从 1999 年 1 月发布 TLS1.0 版本至今，TLS 协议已经迭代 4 个版本。TLS 1.3 发布于 2018 年，和第一个版本时隔 9 年，也是迄今为止改动最大的一次。随着对 TLS 1.3 版本的不断改进，它有望成为有史以来最安全，但也最复杂的 TLS 协议。

通过 ZoomEye 对使用 TLS 版本服务的网络空间资产进行测绘，可以观察到其发展过程。在 ZoomEye 中输入搜索语句 "Version: TLS 1.0" 搜索使用 TLS 1.0 版本的网络空间资产，共找到 11 664 646 条结果（见图 11-16）。

在 ZoomEye 中输入 "Version: TLS 1.1" 搜索使用 TLS 1.1 版本服务的网络空间资产，共找到 1 375 530 条结果（见图 11-17）。

在 ZoomEye 中输入 "Version: TLS 1.2" 搜索使用 TLS 1.2 版本服务的网络空间资产，共找到 259 737 584 条结果（见图 11-18）。

在 ZoomEye 中输入 "Version: TLS 1.3" 搜索使用 TLS 1.3 版本服务的网络空间资产，共找到 373 207 182 条结果（见图 11-19）。

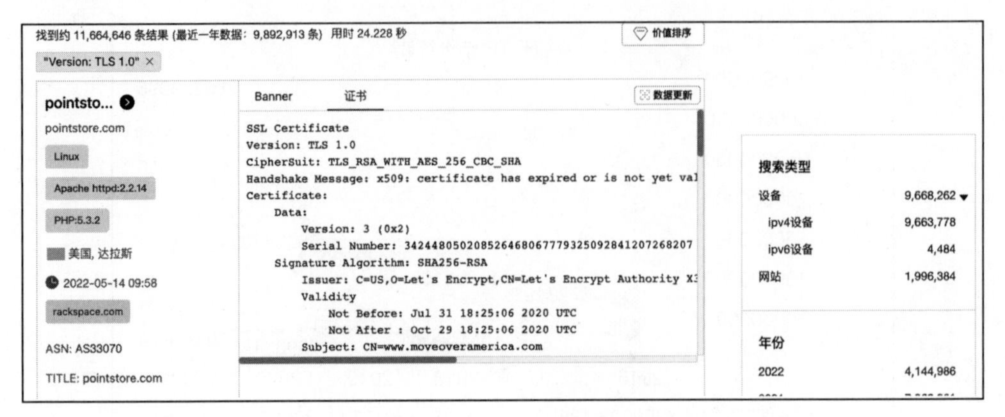

图 11-16 使用 TLS 1.0 版本服务的检索结果

图 11-17 使用 TLS 1.1 版本服务的检索结果

搜索结果 统计报告 全球视角 相关漏洞 订阅 收藏 下载 贡献 分词

找到约 259,737,584 条结果 (最近一年数据：246,353,389 条) 用时 27.144 秒 价值排序

"Version: TLS 1.2"

Pure Hai...
www.pure-hairdresssing.co.uk
Apache httpd
德国, 德国
2022-05-11 11:30
1and1.com
ASN: AS8560
TITLE: Pure HairdressingExpand/...

Banner 证书 数据更新

```
SSL Certificate
Version: TLS 1.2
CipherSuit: TLS_ECDHE_RSA_WITH_AES_128_GCM_SHA256
Certificate:
    Data:
        Version: 3 (0x2)
        Serial Number: 18609047914471617884603681199194208786 (0xc
    Signature Algorithm: SHA256-RSA
        Issuer: C=US,O=DigiCert Inc,OU=www.digicert.com,CN=Encrypt
        Validity
            Not Before: Apr 18 00:00:12 2022 UTC
            Not After : May 03 23:59:11 2023 UTC
        Subject: CN=*.pure-hairdresssing.co.uk
        Subject Public Key Info:
```

搜索类型
网站 159,302,695
设备 100,434,894
ipv4设备 99,597,439
ipv6设备 837,455
年份

图 11-18 使用 TLS 1.2 版本服务的检索结果

图 11-19　使用 TLS 1.3 版本服务的检索结果

对 2020 年和 2021 年的数据结果进行对比分析，我们可以看出使用 TLS 新版本服务的资产增长幅度要远高于旧版本（见表 11-1）。

表 11-1　2020 年和 2021 年使用 TLS 不同版本服务的网络空间资产量

版本	2020 资产量	2021 资产量
TLS 1.0	151 814	7 778 622
TLS 1.1	11 306	771 242
TLS 1.2	986 939	132 194 508
TLS 1.3	241 767	162 534 623

该发展趋势可以说明，互联网企业或者服务厂商的安全意识在逐步提升，愿意在其产品上使用更加安全可靠的 TLS 1.3 版本服务。不过也可以发现，使用 TLS 1.0 版本服务的网络空间资产数量依然很多，甚至超过了使用 TLS 1.1 版本服务的资产近 10 倍。在越来越多的 Web 浏览器和开发平台弃用 TLS 1.0、TLS1.1 版本的背景下，这些网络空间资产面临安全隐患和无法继续被正常使用的双重风险，亟需进行升级和整改。

11.3.3　热闹的“星链”计划

“星链”计划（Starlink）是美国太空探索技术公司（SpaceX）推出的一项通过近地轨道卫星群，提供覆盖全球的高速互联网无线微波接入的项目。其初衷是在全球范围内提供网络服务，尤其是目前互联网没有覆盖到的偏远地区。截止到目前，

SpaceX已经累计发射2000多颗卫星，为全球30多个国家的十几万用户提供服务。

“星链”计划自2015年启动之后，就一直是全球的热点话题。首先是因为其技术的先进性，“星链”作为天基互联网，使用了一套全新网络系统，卫星及终端等硬件设备使用的芯片、协议都是量身定制的，打破了原有卫星通信模式——通过在卫星上增加激光交叉链路技术，实现卫星之间的数据路由和转发，不再需要频繁地通过地面站进行数据中继，大大缓解了对地面环境的依赖，这对于不易建地面站的地表环境（例如海洋、南北极、偏远山地以及其他恶劣环境）而言是重要的优势。卫星之间以及卫星和终端之间采用全新的P2P方式的网络协议，并且采用端对端的硬件加密技术，在安全性上远超传统的互联网技术，可以有效避免数据被拦截或者解密。另外，在性能方面，“星链”目前已经可以达到150～300Mbit/s的传输速度，最终目标是达到1Gbit/s，以满足所有互联网业务需求。其先进性还体现在成本控制方面，SpaceX公司通过猎鹰9号来发射“星链”卫星。猎鹰9号是可回收火箭，并且一次可发射60颗卫星，大大降低了卫星发射成本。令人惊叹的是，SpaceX正在研发的星际飞船，计划一次发射400颗卫星，这使短期内低成本部署上万颗卫星成为可能。

其次是由于“星链”卫星规模带来了不少争议。SpaceX计划在近地轨道部署上万颗卫星，以便信号覆盖到地球的每一个角落。这种卫星规模前所未有，而这些所谓偏远区域的用户量仅占全球人口的3%，其收益远不及卫星接收器开发成本。“星链”计划这种赔本赚吆喝的商业运营模式在让人费解的同时，也引发外界对美国发展这一计划真实意图的诸多猜测。当然，也有很多专家和学者从不同角度进行了解释。

最后是“星链”计划给军事上带来的无限遐想，再加上马斯克频繁针对性的表态，让“星链”更加成为焦点，引发国际社会关注。从“星链”计划本身的效果来看，“星链”会增强美军作战能力，包括通信水平、全地域全天时侦察能力、空间态势感知能力和天基防御打击能力等。另外，“星链”还可以解决美国本土与海外军事基地的无缝连接问题，甚至可以替代GPS系统，给美军或者其盟友提供信号更强、更精准、更稳定的全球定位导航方案。目前，美国军方已与SpaceX公司展开合作，探索利用“星链”卫星开展军事服务的方式。

我们通过 4 张图简单介绍一下“星链”的工作原理。图 11-20 展示了“星链”终端 3 件套：1 号物体既是电源也是连接器，用来给卫星收发器和无线路由器供电，同时负责将两者连接到一起；2 号物体是屋内放置的无线路由器，用户设备通过其提供的 WiFi 信号接入互联网；3 号物体是屋外放置的卫星接收器，带有相控阵天线，用来追踪“星链”运行在近地轨道的卫星。

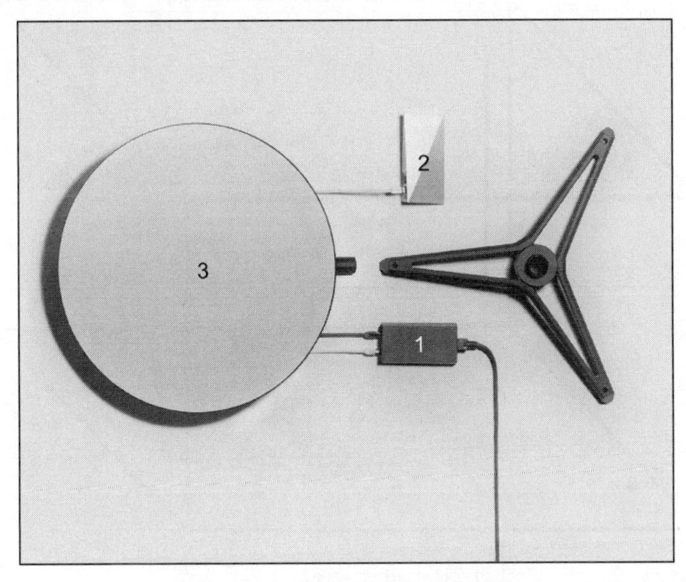

图 11-20　“星链”用户终端设备

图 11-21 是一种“星链”终端工作示意图，通过将太阳能转换成电能给“星链”卫星收发器和无线路由器供电，室内的台式计算机、笔记本电脑和移动设备都通过“星链”无线路由器接入互联网。

图 11-22 是“星链”网络架构。屋外房顶放置的卫星收发器可以追踪近地轨道的“星链”卫星，负责和卫星进行通信；卫星和常规陆基互联网相连的地面站通过专属链路进行通信；地面站通过光纤网络将信号传递给附近的 PoP 点接入互联网；“星链”卫星到地面站使用 Ka 波段，频率在 10.7 ～ 14.5GHz，卫星到收发器使用 Ku 波段进行通信，频率在 17.8 ～ 30.0GHz。

最后通过图 11-23 说明“星链”卫星之间可以通过激光交叉链路（Inter-SatelliteLink，ISL）进行用户端和地面站端的通信和信号中继，不再需要频繁地通过地面站进行数据中转，大大减少了地面站的数量。简单来说，“星链”的网络拓扑就是：用户终端 ↔ 星链卫星 ↔ 星间激光链路 ↔ 星链卫星 ↔ 用户终端。

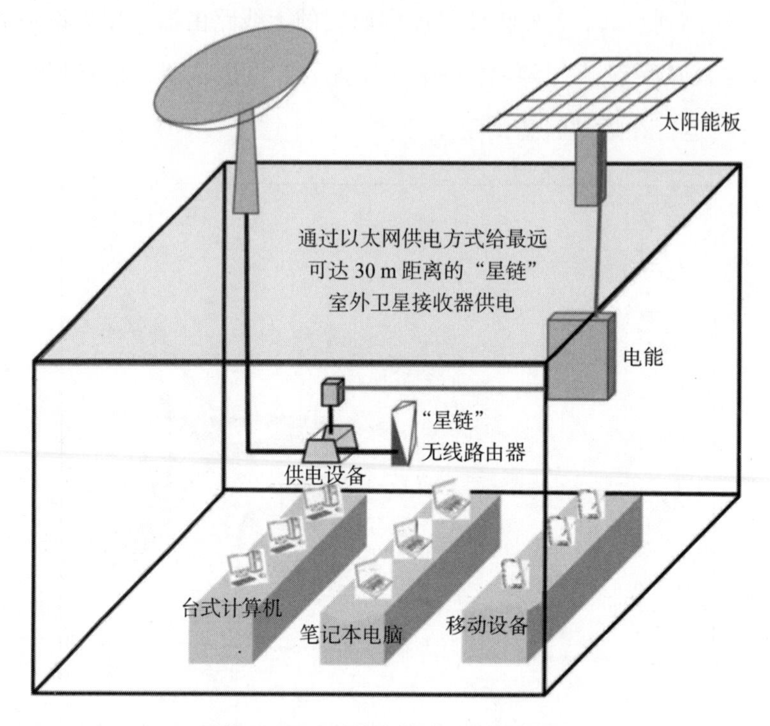

图 11-21 “星链”终端工作示意图

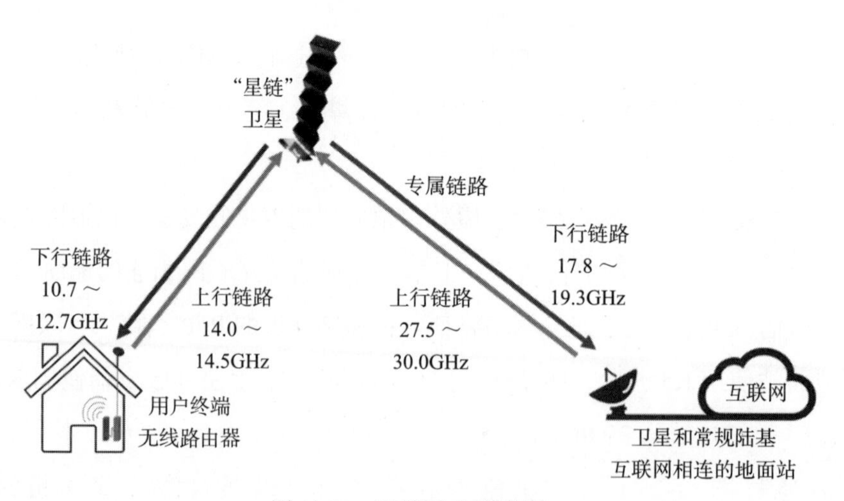

图 11-22 “星链”网络架构

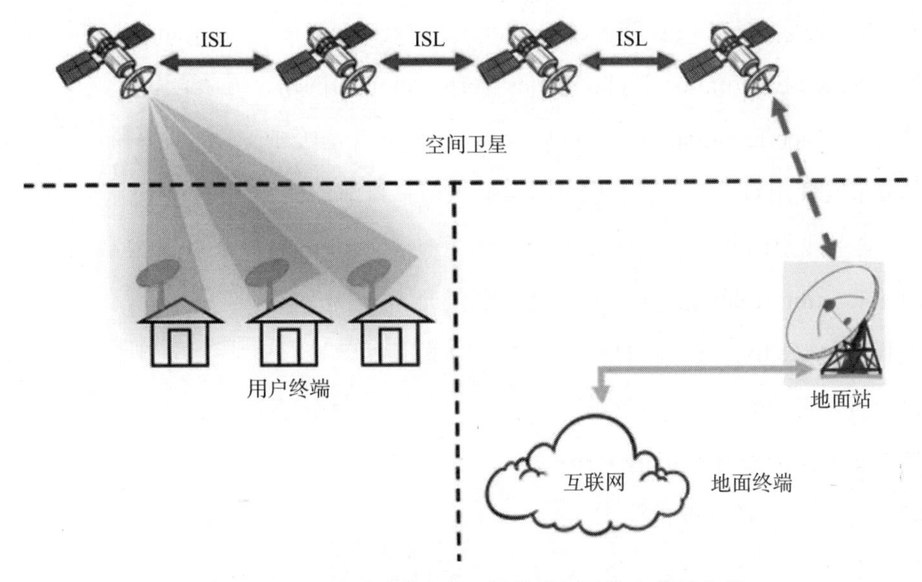

图 11-23 卫星通过激光交叉链路进行通信和信号中继

作为全球首创的天基互联网系统，“星链”系统使用全新网络协议、硬件加解密技术、激光交叉链路技术、火箭回收及一箭多星等多项创新技术。通过 ZoomEye，我们可以研究和分析“星链”系统暴露在互联网侧的网络空间资产、核心设备、关键服务、网络拓扑、防护手段、地理分布以及“星链”系统的应用情况、发展规划、发展进度、重要事件等信息。

我们可以通过如下几种方法在 ZoomEye 上进行星链相关检索和统计分析。

（1）通过组织名称进行检索

1）输入搜索语句 org："SpaceX"，可以检索组织名称为 SpaceX 的网络空间资产。

注释：SpaceX 是一家由埃隆·马斯克（Elon Musk）于 2002 年 6 月建立的美国太空运输公司。

2）输入搜索语句 org ："SpaceX Services, Inc."，可以检索组织名称为 SpaceX Services 的网络空间资产。

注释：SpaceX Services 公司是 SpaceX 的子公司，业务范围为开发、生产地面卫星通信站，计划生产超过 100 万座固定式地面卫星通信站，以便与“星链”系统进行通信。

3）输入搜索语句 org："Space Exploration Technologies Corporation"，可以检索组织名称为 Space Exploration Technologies Corporation 的网络空间资产。

注释：Space Exploration Technologies Corporation 是美国空间探索科技公司，开发了可部分重复使用猎鹰 1 号和猎鹰 9 号运载火箭，目前正在研制星际飞船。

4）输入搜索语句 org："Space Exploration Holdings LLC"，可以检索组织名称为 Space Exploration Holdings LLC 的网络空间资产。

注释：Space Exploration Holdings LLC（太空探索控股有限公司）是 SpaceX 的子公司，负责实验许可证、地面站许可证和特别临时授权（STA，没有专用许可证的临时通信许可）等的规划和申请工作。

（2）通过 ISP 名称进行检索

1）输入搜索语句 isp："Space Exploration Technologies Corporation"，可以检索 ISP 名称为 Space Exploration Technologies Corporation 的网络空间资产。

注释：Space Exploration Technologies Corporation 是互联网服务提供商，提供互联网接入服务和互联网内容服务。

2）输入搜索语句 isp："SpaceX Services, Inc."，可以检索 ISP 名称为 SpaceX Services, Inc. 的网络空间资产。

注释：SpaceX Services, Inc. 是互联网服务提供商，提供互联网接入服务和互联网内容服务。

3）输入搜索语句 isp："Spacex.com"，可以检索 ISP 名称为 Spacex.com 的网络空间资产。

注释：Spacex.com 是互联网服务提供商，提供互联网接入服务和互联网内容服务。

（3）通过主机名进行检索

1）输入搜索语句 hostname：SpaceX，可以检索网络空间资产使用了 SpaceX 作为主机名。

2）输入搜索语句 hostname：Starlinkisp，可以检索网络空间资产使用了 Starlinkisp 作为主机名。

3）输入搜索语句 hostname：*.pop.starlinkisp.net.*，可以检索网络空间资产使用了包含 pop.starlinkisp.net 的字符串作为主机名。

4）输入搜索语句 hostname:*.mc.starlinkisp.net.*，可以检索网络空间资产使用了包含 mc.starlinkisp.net 的字符串作为主机名。

（4）通过 Banner 内容进行检索

1）输入搜索语句 "SpaceX"+"Starlink"，可以检索网络空间资产的 Banner 内容中同时存在 SpaceX 和 Starlink 关键字。

2）输入搜索语句 "Starlink GW AP FTP server"，可以检索网络空间资产的 Banner 内容中存在 Starlink GW AP FTP server 关键字。

3）输入搜索语句 title："Starlink Exporter" + "gRPC connection state to Starlink dish"，可以检索网络空间资产的网页标题中存在 Starlink Exporter 关键字，同时 Banner 内容中存在 gRPC connection state to Starlink dish 关键字。

4）输入搜索语句 "dishy.starlink.com"，可以检索网络空间资产的 Banner 内容中存在 dishy.starlink.com 关键字。

通过前文的介绍我们得知，“星链”系统需要通过 PoP 点才能接入互联网。我们以此为例，根据上面提到的搜索方法，检索网络空间中主机名称包含 pop.starlinkisp.net 的网络空间资产。搜索结果如图 11-24 所示。

根据“星链”系统的工作原理，地面站会选择离其相近的 PoP 点接入互联网，所以我们可以通过 PoP 的位置分布情况推断出地面站的位置分布。通过 ZoomEye 的检索结果可以看到，通过 PoP 点接入互联网的网络空间资产数据量为 4774，其中 2022 年的数据占 90%，符合“星链”的商业推广进度。另外，这些网络空间资产主要分布在美国、巴西和英国，其分布情况和“星链”官方发布的地面站的建址是吻合的。

除此之外，我们还可以直接通过 ZoomEye 内置的 Dork 语句 app:"Starlink" 对所有“星链”相关的网络空间资产进行检索（见图 11-25）。当然，我们还有很多检索方法，这里就不一一列举了。

以 2015 年到 2022 年为时间范围检索“星链”的网络空间资产，按时间、地理位置、端口、设备类型服务、操作系统等维度对搜索结果进行统计，我们可以分析出“星链”相关网络空间资产的变化趋势。

搜索结果
统计报告
全球视角
相关漏洞
订阅 | 收藏 | 下载 | 贡献 | 分词
找到约 4,774 条结果 (最近一年数据：4,774 条) 用时 1.705 秒
价值排序
hostname:*.pop.starlinkisp.net.*
98. .173
customer.sttlwax1.pop.starlinkisp...
80/http/TCP
Ubuntu
美国, 佛罗里达州
2022-06-07 07:24
starbucks.com
ASN: AS7018
TITLE: Nextcloud
Banner
文件
数据更新
HTTP/1.1 200 OK
Date: Mon, 06 Jun 2022 23:24:47 GMT
Server: Apache/2.4.41 (Ubuntu)
Last-Modified: Wed, 04 Aug 2021 05:41:46 GMT
ETag: "9c-5c8b54207da80"
Accept-Ranges: bytes
Content-Length: 156
Vary: Accept-Encoding
Connection: close
Content-Type: text/html
<!DOCTYPE html>
<html>
<head>
98. 155
customer.sttlwax1.pop.starlinkisp...
80/http/TCP
美国, 佛罗里达州
2022-06-07 07:24
starbucks.com
ASN: AS7018
TITLE: Web Site Blocked
Banner
数据更新
HTTP/1.0 403 Forbidden
Content-Type: text/html; charset=utf-8
Window-target: _top
Connection: close
<html><head><meta http-equiv="Content-Type" content="text/html;cha
搜索类型
设备 4,774
ipv4设备 4,774
ipv6设备 0
年份
2022 4,280
2021 494
更多
国家
美国 4,184
巴西 562
英国 27
智利 1
更多
组件
Apache httpd 1,073

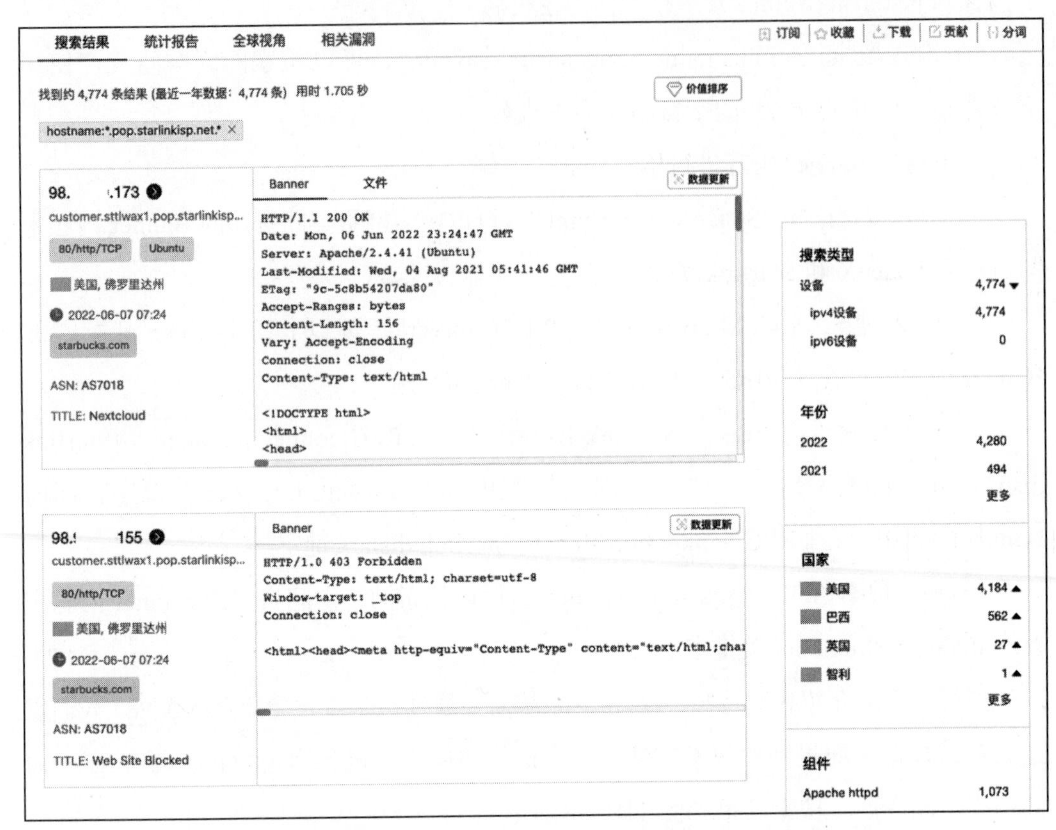

图 11-24 “星链”系统中通过 PoP 点接入互联网的网络空间资产情况

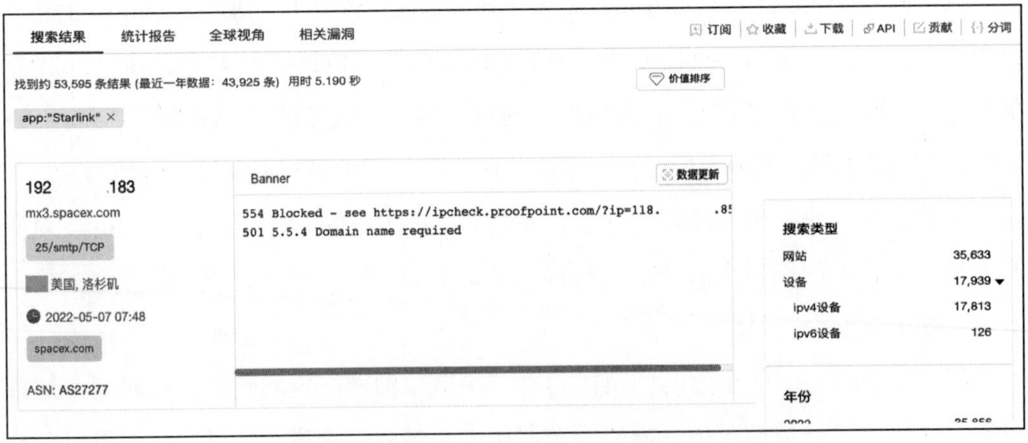

搜索结果
统计报告
全球视角
相关漏洞
订阅 | 收藏 | 下载 | API | 贡献 | 分词
找到约 53,595 条结果 (最近一年数据：43,925 条) 用时 5.190 秒
价值排序
app:"Starlink"
192 .183
mx3.spacex.com
25/smtp/TCP
美国, 洛杉矶
2022-05-07 07:48
spacex.com
ASN: AS27277
Banner
数据更新
554 Blocked - see https://ipcheck.proofpoint.com/?ip=118. .85
501 5.5.4 Domain name required
搜索类型
网站 35,633
设备 17,939
ipv4设备 17,813
ipv6设备 126
年份

图 11-25 “星链”相关的网络空间资产情况

（1）按时间维度统计

从图11-26中可以看到，从2020年开始，“星链”相关网络空间资产数据量有明显的上升趋势。公开资料显示，马斯克从2015年1月宣布了SpaceX计划之后，在2020年起频繁发射卫星，开展一系列商业推广活动，符合ZoomEye对“星链”相关网络空间资产测绘结果。

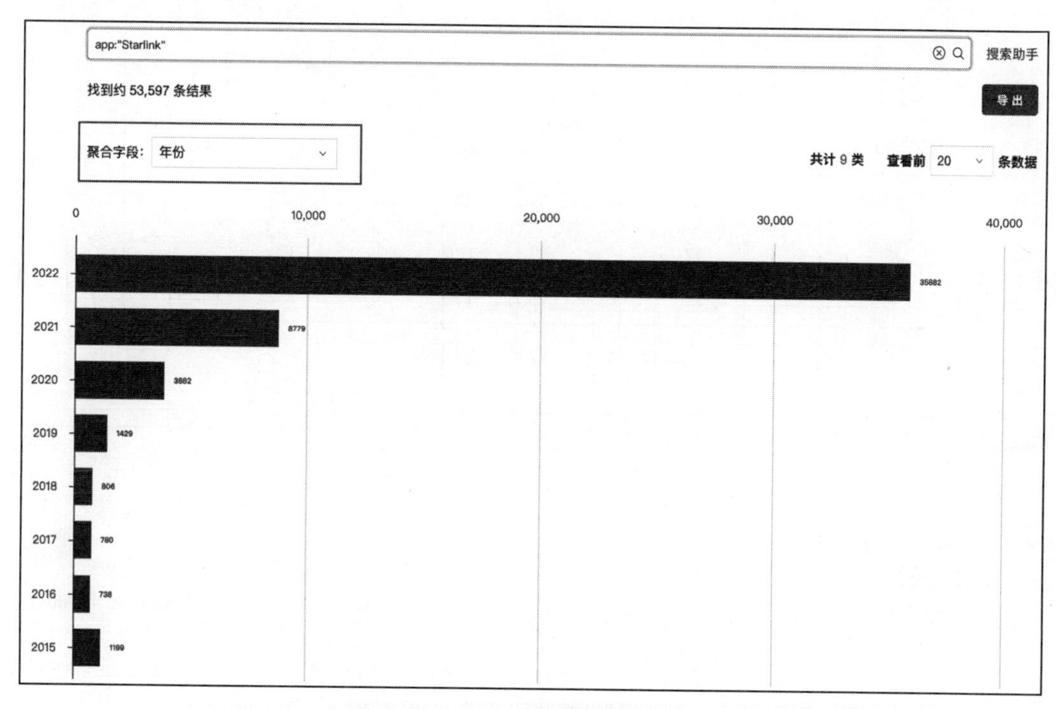

图11-26　按年聚合分析

通过ZoomEye监测到的每个月“星链”相关网络空间资产变化（见图11-27），我们可以发现“星链”相关网络空间资产在2021年11月出现明显增长，而SpaceX恰好是从2021年11月正式为用户开放官网注册、使用渠道。在2022年1月和2022年3月，“星链”相关网络空间资产数量增长更为迅速，这和当时卫星发射和“星链”市场推广直接关系。

（2）按地理位置维度统计

通过ZoomEye对地理位置进行聚合分析（见图11-28），我们可以看到“星链”相关的网络空间资产目前还是主要分布在美国、巴西、英国等国家。该分布情况和其业务发展方向和推广进度也是吻合的。

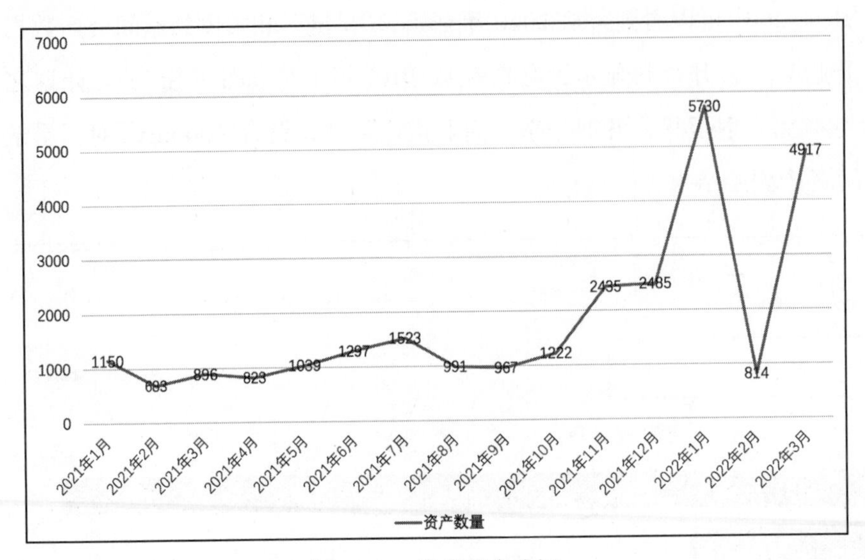

图 11-27 按月聚合分析

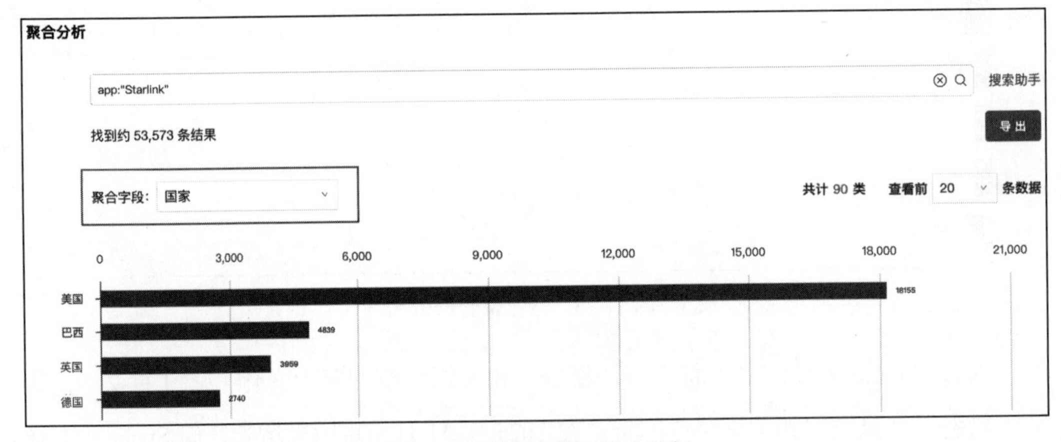

图 11-28 按地理位置聚合分析

我们进一步对美国“星链”相关网络空间资产数据进行下钻分析，可以看到网络空间资产主要分布在如下几个州（见表 11-2）。

（3）按端口维度统计

通过 ZoomEye 对端口进行聚合分析（见图 11-29），我们可以看到“星链”相关网络空间资产主要开放的端口是 22、80、443。

表 11-2 “星链”相关网络空间资产在美国的分布

所属州	网络空间资产数量
加利福尼亚州	3 035
弗吉尼亚州	1 168
得克萨斯州	1 086
华盛顿州	1 010
亚利桑那州	621
纽约州	561

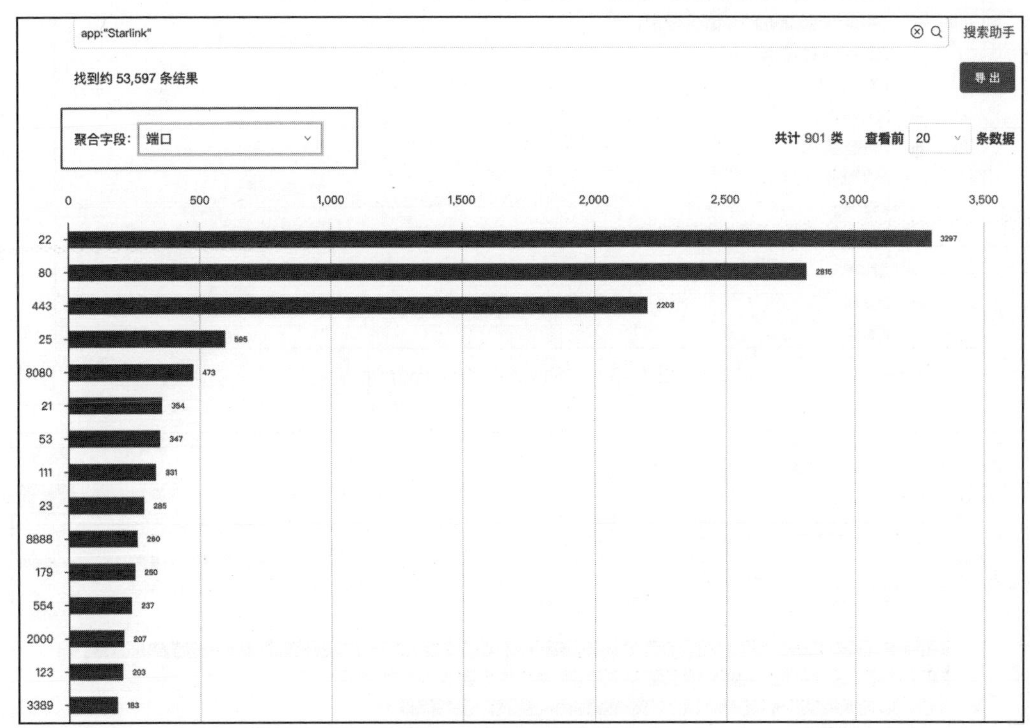

图 11-29　按端口聚合分析

（4）按设备类型维度统计

通过 ZoomEye 对设备类型进行聚合分析（见图 11-30），我们可以看到“星链”相关网络空间资产的设备类型主要为邮件服务器、路由器和 Web 应用等。

（5）按服务维度统计

通过 ZoomEye 对网络空间资产提供的服务进行聚合分析（见图 11-31），我们可以看到“星链”相关网络空间资产开启的服务主要为 http、ssh、https 服务。

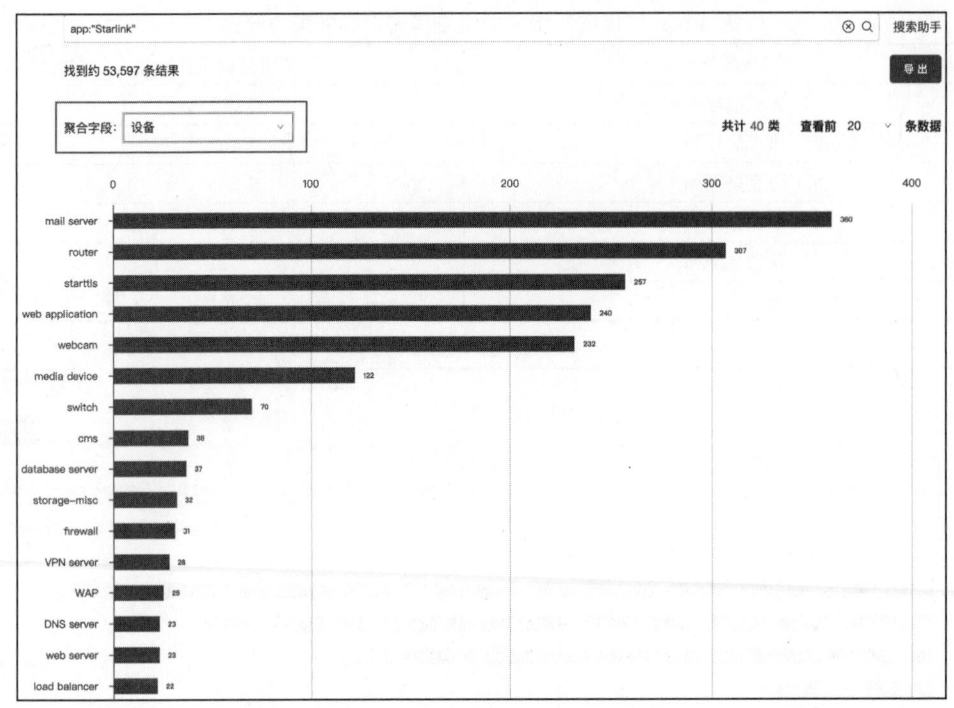

图 11-30 按设备类型聚合分析

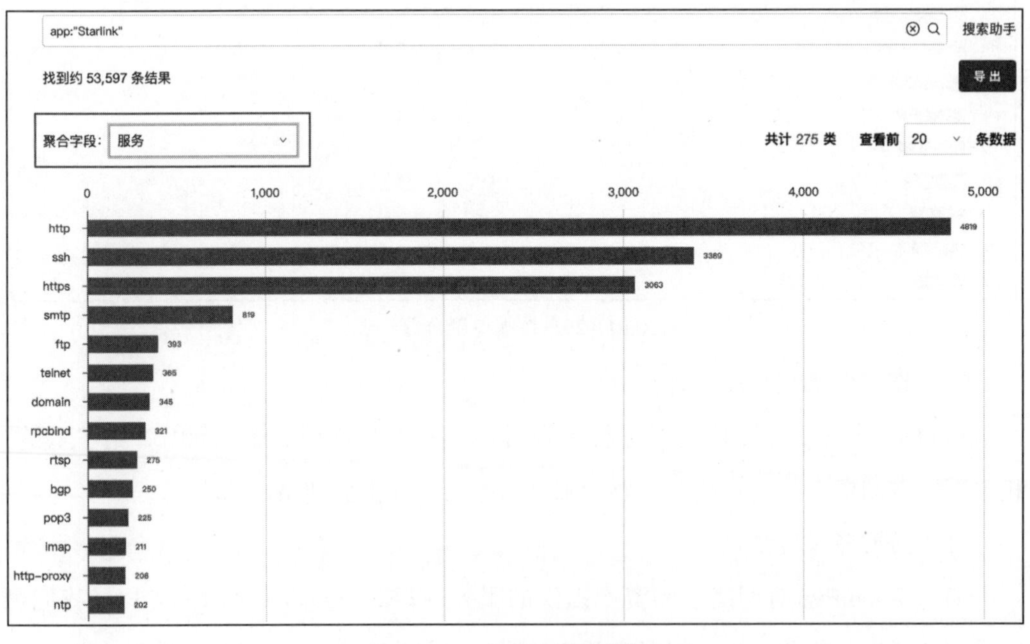

图 11-31 按服务聚合分析

（6）按操作系统维度统计

通过 ZoomEye 对操作系统进行聚合分析（见图 11-32），我们可以看到“星链”相关网络空间资产使用的操作系统主要为 Linux 和 Windows，说明“星链”系统提供的业务还没有推广到移动网络终端。

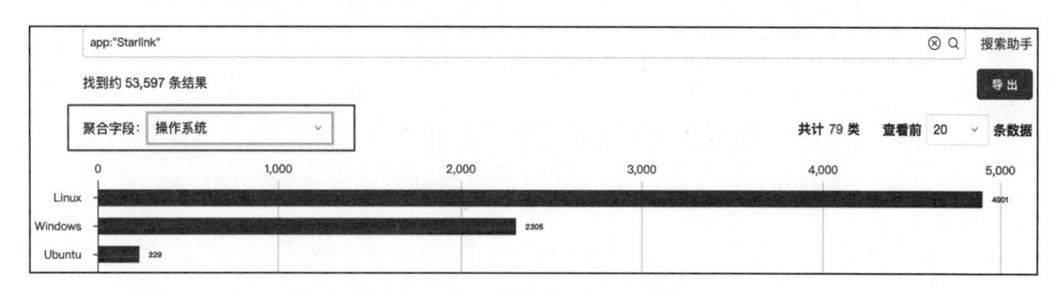

图 11-32 按操作系统聚合分析

“星链”业务还处于快速发展阶段，所以从整体来看，其相关网络空间资产数量呈持续上升趋势。另外，根据“星链”系统的工作原理，能够被探测到的网络空间资产主要是互联网侧的资产，比如 Web 服务、邮件服务、博客、监控系统、办公设备、PoP 点等，而卫星系统、地面站、位于内网的卫星接收器、无线路由器等无法被直接探测到。

通过上述几个例子可以看出，利用 ZoomEye 进行互联网新技术进化的分析和研究是行之有效的。基于动态测绘理念，辅以时空测绘、交叉测绘、行为测绘等方法，观察网络空间资产的变化趋势，我们可以判断出互联网技术是在持续发展的，并且已在实际场景中落地。

11.4 实践收益

通过 ZoomEye 进行全球范围内网络空间测绘，我们可以获得如下收益。

（1）助力全球网络空间研究工作

通过对全球范围内网络空间进行测绘，我们能及时掌握全球主流互联网技术的推广及应用状况，有利于研究全球互联网的健康状态、发展水平；在网络安全事件爆发时，可以根据采取的安全措施和应急修复情况，对各国网络安全响应能力进行评估。

（2）掌握全球信息化建设进程

通过对采集到的全球网络空间资产数据进行分析，我们能实时掌握全球信息化建设进程并做出准确的趋势预测；对于发展落后的国家或地区，利用搜索结果制定改进措施、发展规划。

（3）跟踪新兴技术发展状况

我们可通过不间断地网络空间测绘持续追踪技术热点，紧密观察互联网新兴技术的进化过程，帮助新兴技术持续改进和提升，推动互联网领域有序发展。

附　　录

术语说明

- Banner：网络空间资产的服务信息一般称为 Banner 信息。对于 Web 服务器，Banner 是网站的响应信息；对于 Telnet，Banner 是登录屏幕回显。Banner 的内容因服务类型不同而产生变化。

注意：因为同类型的 Banner 信息存在一定的相似性，所以在 ZoomEye 上搜索时，尽量使用过滤器和搜索语句来更精准地进行查询。

- Dork：Dork 是指检索网络空间资产时使用的检索语句。比如搜索 Nginx 组件的 Dork 语句是 app:"Nginx"，具体介绍详见 4.3.11 节。
- 指纹规则：指纹规则是用来对资产进行识别和有用信息提取的正则表达式。
- 指纹：通过规则识别后的网络空间资产信息称为指纹。

过滤器说明

地理搜索说明如表 1 所示。

表 1　地理搜索说明

语法	说明	备注
country:"CN"	搜索相关国家资产	可以使用国家缩写，也可以使用国家中 / 英文全称，如 country:" 中国 "，country:"china"
subdivisions:"guangdong"	搜索相关省 / 州的资产	省 / 州支持中 / 英文描述搜索，如 subdivisions:" 广东 "，subdivisions:"guangdong"
city:"changsha"	搜索相关城市资产	城市支持中 / 英文描述搜索，如 city:"changsha"，city:" 长沙 "

证书检索说明如表 2 所示。

表 2　证书检索说明

语法	说明	备注
ssl:"google"	根据证书内容搜索相关资产	
ssl.cert.availability:1	根据证书有效性搜索相关资产	搜索有效证书语法：ssl.cert.availability:1 搜索无效证书语法：ssl.cert.availability:0
ssl.cert.fingerprint:"F3C98F223D82CC41CF83D94671CCC6C69873FABF"	根据证书指纹搜索相关资产	
ssl.chain_count:3	根据 SSL 链计数搜索相关资产	
ssl.cert.alg:"SHA256-RSA"	根据证书签名算法搜索相关资产	
ssl.cert.issuer.cn:"DigiCert"	根据用户证书签发者通用域名搜索相关资产	
ssl.cert.pubkey.rsa.bits:2048	根据 RSA 证书公钥位数搜索相关资产	
ssl.cert.pubkey.ecdsa.bits:256	根据 ECDSA 证书公钥位数搜索相关资产	
ssl.cert.pubkey.type:"RSA"	根据证书公钥类型搜索相关资产	
ssl.cert.serial:"18460192207935675900910674501"	根据证书序列号搜索相关资产	
ssl.cipher.bits:"128"	根据加密套件位数搜索相关资产	
ssl.cipher.name:"TLS_AES_128_GCM_SHA256"	根据加密套件名称搜索相关资产	
ssl.cipher.version:"TLSv1.3"	根据加密套件版本搜索相关资产	
ssl.version:"TLSv1.3"	根据 SSL 证书的版本搜索相关资产	
ssl.cert.subject.cn:"baidu.com"	根据证书持有者通用域名搜索相关资产	

IP/ 域名检索说明如表 3 所示。

表 3　IP/ 域名检索说明

语法	说明	备注
ip:"8.8.8.8"	搜索指定 IPv4 地址相关资产	
ip:"2600:3c00::f03c:91ff:fefc:574a"	搜索指定 IPv6 地址相关资产	
site:baidu.com	搜索域名是百度的资产	可以通过搜索二级域名来获得子域名的资产信息
cidr:52.2.254.36/24	搜索 IP 同网段下的资产	
port:80	搜索端口号是 80 的资产	

（续）

语法	说明	备注
org:" 北京大学 " 或 organization:" 北京大学 "	搜索组织是“北京大学”的资产	
isp:"China Mobile"	搜索网络服务提供商是“中国移动”的资产	
asn:42893	搜索自治系统编号是 42893 的资产	
hostname:nmkschool	搜索主机名为 nmkschool 的资产	
industry: 金融	搜索金融行业的资产	常见的行业类型包括科技、能源、金融、制造等
icp:" 京 ICP 备 10040***"	按照 ICP 备案号搜索资产	可以检索 ICP 相关的公司名称、备案信息、管理员信息等

指纹检索说明如表 4 所示。

表 4　指纹检索说明

语法	说明	备注
app:"Cisco ASA SSL VPN"	搜索思科 ASA-SSL-VPN 设备资产	
service:"ssh"	搜索 SSH 服务的资产	常见服务协议包括 HTTP、HTTPS、SSH 等
device:"router"	搜索设备类型是路由器的资产	常见设备类型包括 Router（路由器）、Switch（交换机）、Storage-misc（存储设备）等
os:"linux"	搜索操作系统是 Linux 的资产	常见操作系统包括 Linux、Windows 等
title:"cisco"	搜索 HTML 标题中存在 cisco 的资产	

时间检索说明如表 5 所示。

表 5　时间检索说明

语法	说明	备注
after:"2020-01-01" +port:"50050"	搜索更新时间为 2020 年开始且端口号为 50050 的资产	时间过滤器需配合其他过滤器一起使用
before:"2020-01-01" +port:"50050"	搜索 2020 年之前且端口号为 50050 的资产	时间过滤器需配合其他过滤器一起使用

高级搜索说明如表 6 所示。

表 6　高级搜索说明

语法	说明	备注
jarm:"29d29d15d29d29d00029d29d29d29dea0f89a2e5fb09e4d8e099befed92cfa"	根据 Jarm 内容搜索相关资产	

（续）

语法	说明	备注
dig:"baidu.com 220.181.38.148"	根据 Dig 内容搜索相关资产	
iconhash:"f3418a443e7d841097c714d69ec4bcb8"	根据图标搜索相关资产，图标 Hash 的方式是 MD5	
iconhash:"1941681276"	根据图标搜索相关资产，图标 Hash 的方式是 MMH3	
filehash:"0b5ce08db7fb8fffe4e14d05588d49d9"	根据文件内容搜索相关资产	

运算逻辑说明如表 7 所示。

表 7　运算逻辑说明

语法	说明	举例
空格	在搜索框中输入“空格”，表示“或”的运算逻辑	service:"ssh" service:"http" 表示搜索 SSH 或 HTTP 的资产
+	在搜索框中输入“+”，表示“且”的运算逻辑	device:"router"+after:"2020-01-01" 表示搜索探测时间是 2020 年开始且设备类型是路由器的资产
-	在搜索框中输入“-”，表示“非”的运算逻辑	country:"CN"-subdivisions:"beijing" 表示搜索除了北京之外的中国其他地区的资产
()	在搜索框中输入“()”，表示“优先处理”的运算逻辑	(country:"CN" -port:80) (country:"US" -title:"404 Not Found") 表示搜索中国排除 80 端口或美国排除 Banner 中携带 404 Not Found 的资产

数据样本

设备资产样本如下：

```
{
    "protocol": {
        "application": "mongodb-databases",
        "probe": "mongodb-databases",
        "transport": "tcp"
    },
    "timestamp": "2020-01-18T17:29:03",
    "ip": "27.152.*.*",
```

```
"raw_data": "errmsg = need to login\n  ok = 0",
"geoinfo": {
    "city": {
        "geoname_id": null,
        "names": {
            "zh-CN": "厦门",
            "en": "Xiamen"
        }
    },
    "idc": "",
    "organization_CN": null,
    "country": {
        "geoname_id": null,
        "code": "CN",
        "names": {
            "zh-CN": "中国",
            "en": "China"
        }
    },
    "isp": "ChinaTelecom",
    "asn": "4134",
    "subdivisions": {
        "geoname_id": null,
        "code": null,
        "names": {
            "zh-CN": "福建",
            "en": "Fujian"
        }
    },
    "location": {
        "lat": "24.490474",
        "lon": "118.11022"
    },
    "PoweredBy": "",
    "organization": "",
    "base_station": "",
    "aso": null,
    "continent": {
        "geoname_id": null,
        "code": "AP",
        "names": {
            "zh-CN": "亚洲",
            "en": "Asia"
        }
    }
```

```
    },
    "portinfo": {
        "product": "MongoDB",
        "extrainfo": "",
        "service": "mongodb",
        "title": "",
        "hostname": "",
        "version": "",
        "device": "",
        "os": "",
        "port": 27017
    },
    "ssl": ""
}
```


域名资产样本如下：


```
{
    "description": "",
    "language": [],
    "title": "域名资产数据demo",
    "ip": ["222.76.*.*"],
    "keywords": "",
    "component": [],
    "system": [],
    "site": "sh*.com",
    "db": [],
    "headers": "HTTP/1.1 200 OK\r\nCache-Control: private\r\nContent-Length:
        1288\r\nContent-Type: text/html; charset=utf-8\r\nServer: micro_httpd\
        r\nDate: Sun, 19 Jan 2020 17:16:25 GMT\r\n",
    "timestamp": "2020-01-20T01:16:36.396871",
    "framework": [],
    "waf": [],
    "geoinfo": {
        "city": {
            "geoname_id": null,
            "names": {
                "zh-CN": "厦门",
                "en": "Xiamen"
            }
        },
        "idc": "IDC",
        "organization_CN": null,
        "country": {
            "geoname_id": null,
```

```
            "code": "CN",
            "names": {
                "zh-CN": "中国",
                "en": "China"
            }
        },
        "isp": "ChinaTelecom",
        "continent": {
            "geoname_id": null,
            "code": "AP",
            "names": {
                "zh-CN": "亚洲",
                "en": "Asia"
            }
        },
        "subdivisions": {
            "geoname_id": null,
            "code": null,
            "names": {
                "zh-CN": "福建",
                "en": "Fujian"
            }
        },
        "location": {
            "lat": "24.490474",
            "lon": "118.11022"
        },
        "PoweredBy": "",
        "organization": "",
        "base_station": "",
        "aso": "",
        "asn": "133775"
    },
    "webapp": [{
        "rules": ["http://sh*.com/ckeditor/ckeditor.js"],
        "url": "http://sh*.com/",
        "version": "3.6.1",
        "name": "CKEditor",
        "chinese": "CKEditor"
    }],
    "server": [],
    "domains": ["7i*.com"]
}
```

数据属性说明

设备资产说明如表 8 所示。

表 8 设备资产说明

名称	说明
protocol	传输协议
protocol.application	应用
protocol.probe	探针
protocol.transport	传输协议
rdns	反向域名解析记录
timestamp	时间戳
ip	IP 地址
raw_data	原始数据
geoinfo	地理信息
geoinfo.city	城市
geoinfo.city.geoname_id	城市 ID
geoinfo.city.name	城市名称
geoinfo.city.name.zh-CN	城市中文名称（ASCII 编码）
geoinfo.city.name.en	城市英文名称
geoinfo.idc	IDC 信息
geoinfo.organization_CN	所属组织中文信息
geoinfo.country	所属国家
geoinfo.country.geoname_id	国家 ID
geoinfo.country.code	国家码
geoinfo.country.name	国家名称
geoinfo.country.name.zh-CN	国家中文名称（ASCII 编码）
geoinfo.country.name.en	国家英文名称
geoinfo.isp	运营商信息
geoinfo.asn	自治系统编号
geoinfo.subdivisions	所属省份
geoinfo.subdivisions.geoname_id	省份 ID
geoinfo.subdivisions.code	省份码
geoinfo.subdivisions.name	省份名称
geoinfo.subdivisions.name.zh-CN	省份中文名称（ASCII 编码）
geoinfo.subdivisions.name.en	省份英文名称
geoinfo.location	位置信息
geoinfo.location.lat	纬度
geoinfo.location.lon	经度

（续）

名称	说明
geoinfo.PoweredBy	地理信息提供者
geoinfo.organization	所属组织
geoinfo.base_station	基站标识
geoinfo.aso	自治系统组织名称
geoinfo.continent	所属洲
geoinfo.continent.geoname_id	洲际地理 ID
geoinfo.continent.code	洲际码
geoinfo.continent.name	洲际名称
geoinfo.continent.name.zh-CN	洲际中文名称（ASCII 编码）
geoinfo.continent.name.en	洲际英文名称
portinfo	端口信息
portinfo.product	产品信息
portinfo.extrainfo	额外信息
portinfo.service	服务信息
portinfo.title	标题
portinfo.hostname	主机名
portinfo.version	版本信息
portinfo.device	设备信息
portinfo.os	操作系统
portinfo.port	端口信息
ssl	证书信息

网站资产说明如表 9 所示。

表 9　网站资产说明

名称	说明
description	站点描述
language	Web 编程语言
title	HTTP 标题
ip	IP 地址
keyword	关键词
component	Web 容器
component.name	Web 容器名称
component.version	Web 容器版本
system	系统信息
system.distrib	系统发行版本
system.release	系统版本号
system.name	系统名称

（续）

名称	说明
system.chinese	中文名称
site	网站地址
db	数据库信息
db.name	数据库名称
db.version	数据库版本
headers	HTTP 请求头
timestamp	时间戳
framework	Web 框架信息
waf	WAF 信息
waf.name	Web 防火墙名称
waf.version	Web 防火墙版本
geoinfo	地理信息
geoinfo.city	城市
geoinfo.city.geoname_id	城市 ID
geoinfo.city.name	城市名称
geoinfo.city.name.zh-CN	城市中文名称（ASCII 编码）
geoinfo.city.name.en	城市英文名称
geoinfo.idc	IDC 信息
geoinfo.organization_CN	所属组织中文信息
geoinfo.country	所属国家
geoinfo.country.geoname_id	国家 ID
geoinfo.country.code	国家码
geoinfo.country.name	国家名称
geoinfo.country.name.zh-CN	国家中文名称（ASCII 编码）
geoinfo.country.name.en	国家英文名称
geoinfo.isp	运营商信息
geoinfo.asn	自治系统编号
geoinfo.subdivisions	所属省份
geoinfo.subdivisions.geoname_id	省份 ID
geoinfo.subdivisions.code	省份码
geoinfo.subdivisions.name	省份名称
geoinfo.subdivisions.name.zh-CN	省份中文名称（ASCII 编码）
geoinfo.subdivisions.name.en	省份英文名称
geoinfo.location	位置信息
geoinfo.location.lat	纬度
geoinfo.location.lon	经度
geoinfo.PoweredBy	地理信息提供者

（续）

名称	说明
geoinfo.organization	所属组织
geoinfo.base_station	基站标识
geoinfo.aso	AS 组织
geoinfo.continent	所属洲
geoinfo.continent.geoname_id	洲际地理 ID
geoinfo.continent.code	洲际码
geoinfo.continent.name	洲际名称
geoinfo.continent.name.zh-CN	洲际中文名称（ASCII 编码）
geoinfo.continent.name.en	洲际英文名称
Webapp	Web 应用
Webapp.url	Web 应用地址
Webapp.name	Web 应用名称
Webapp.version	Web 应用版本
server	服务器信息
server.version	Web 服务器版本
server.name	Web 服务器名称
server.Chinese	Web 服务器中文名称
domains	站点包含的子域名信息
ssl	证书信息